Teoria e Prática do
Tratamento de Minérios

*Arthur Pinto Chaves e
Antonio Eduardo Clark Peres*

Britagem, Peneiramento e Moagem

volume 3

5ª edição
revista e ampliada

oficina de textos

© 2012 Oficina de Textos

1ª reimpressão 2020 | 2ª reimpressão 2021 | 3ª reimpressão 2024

Grafia atualizada conforme o Acordo Ortográfico da Língua Portuguesa de 1990, em vigor no Brasil a partir de 2009.

Conselho editorial Cylon Gonçalves da Silva; Doris C. C. K. Kowaltowski; José Galizia Tundisi; Luis Enrique Sánchez; Paulo Helene; Rozely Ferreira dos Santos; Teresa Gallotti Florenzano

CAPA Malu Vallim
DIAGRAMAÇÃO Casa Editorial Maluhy & Co.
PROJETO GRÁFICO Douglas da Rocha Yoshida
PREPARAÇÃO DE TEXTO Gerson Silva
REVISÃO DE TEXTO Renata Assumpção

Dados Internacionais de Catalogação na Publicação (CIP)
(Câmara Brasileira do Livro, SP, Brasil)

Chaves, Arthur Pinto, 1946- .
    Britagem, peneiramento e moagem / Arthur Pinto Chaves, Antonio Eduardo Clark Peres. – 5. ed. – São Paulo : Oficina de Textos, 2012. – (Coleção teoria e prática do tratamento de minérios ; v. 3)

    Bibliografia
    ISBN 978-85-7975-061-8

    1. Minérios - Tratamento I. Peres, Antonio Eduardo Clark. II. Título. III. Série.

12-12465   CDD-622.7

Índices para catálogo sistemático:
1. Minérios : Tratamento : Engenharia de minas   622.7
2. Tratamento de minérios : Engenharia de minas   622.7

Todos os direitos reservados à **Editora Oficina de Textos**
Rua Cubatão, 798
CEP 04013-003 São Paulo SP
tel. (11) 3085 7933
www.ofitexto.com.br
atend@ofitexto.com.br

Prefácio à Quinta Edição

Entregamos aos nossos leitores esta quinta edição do terceiro volume. Desde a primeira edição, em 1999, este foi o livro mais bem recebido da nossa série e que demandou maior número de reedições. A cada uma delas, foram feitas revisões do texto, melhorias da parte gráfica e a busca de uma redação cada vez mais clara. Agradecemos à equipe da Oficina de Textos pela minuciosa e criteriosa revisão e pela introdução de modificações que melhoraram em muito a leitura.

Novos assuntos foram introduzidos (daí a nota sobre a edição ser "revista e ampliada"). Neste volume, especificamente, há um item redigido pelo Dr. Octavio Deliberato Neto sobre automação da britagem e outro redigido pelo Dr. Maurício Guimarães Bergerman sobre moagem fina, ambos a partir de suas teses de doutorado, ambas orientadas pelo Prof. Homero Delboni Jr. Permanece o belíssimo estudo do cálculo das cargas circulantes feito pelo Prof. Eldon Azevedo Masini. Ao contrário das edições anteriores, o registro da autoria de cada um destes itens é feito em nota de rodapé, pois não se tratam de capítulos inteiros, mas de partes de um capítulo, como nos explicou a editora.

Desde o começo, muitos leitores e amigos nos escreveram apontando dificuldades de leitura ou compreensão, equívocos e erros de digitação, assim como levantando dúvidas conceituais. Todas elas foram respondidas e incorporadas a cada nova edição, num esforço permanente para apresentar sempre um texto mais claro e mais completo. Agradecemos imensamente a todos esses colaboradores e pedimos que continuem com essa crítica construtiva.

Esta edição foi feita pela Oficina de Textos. Aos jornalistas Francisco E. Alves e Sérgio Oliveira, da Signus Editora, nossos parceiros até aqui, fica nosso reconhecimento e agradecimento pela confiança depositada em nosso trabalho. O agradecimento à Prof. Ana Carolina Chieregati permanece.

Como os demais volumes desta série, este terceiro é essencialmente prático e voltado para o cotidiano do engenheiro dedicado à produção ou projetista e para os alunos dos últimos anos dos cursos de Engenharia.

Sumário

1 **BRITAGEM** 7
   1.1 Equipamentos 13
   1.2 Produtos de britadores 30
   1.3 WI da britagem 39
   1.4 Seleção de britadores 42
   1.5 Desgaste de peças de britadores 48
   1.6 Instalações 53
   1.7 Operação 56
   1.8 Automação e controle de instalações de britagem 67
   1.9 Britagem em minas subterrâneas 84
   1.10 Mineração subterrânea de carvão 86
   1.11 Britagens móveis e semimóveis 87
   1.12 Outros tipos de britadores e moinhos 89
   1.13 Construção e operação 112
   1.14 Equipamentos encontrados no mercado 113
   Exercícios resolvidos 116
   Referências bibliográficas 128

2 **PENEIRAMENTO** 132
   2.1 Equipamentos 132
   2.2 Características construtivas 142
   2.3 Mecanismo do peneiramento 152
   2.4 Quantificação do processo 158
   2.5 Tipos de telas 160
   2.6 Dimensionamento de peneiras 166
   2.7 Efeito da umidade 180
   Exercícios resolvidos 182
   Referências bibliográficas 196

3 Moagem ... 198

- 3.1 Equipamentos utilizados ... 199
- 3.2 Dinâmica interna dos moinhos de carga cadente ... 211
- 3.3 Moagem a úmido e a seco ... 219
- 3.4 Moinhos de barras ... 221
- 3.5 Moinhos de bolas ... 227
- 3.6 Aproximações teóricas da moagem ... 232
- 3.7 Balanço populacional ... 239
- 3.8 Desgaste em moinhos ... 242
- 3.9 Carga circulante ... 248
- 3.10 Prática operacional ... 253
- 3.11 Dimensionamento de moinhos segundo Bond e Rowland ... 260
- 3.12 Cargas de corpos moedores ... 268
- 3.13 O método do trapezoide de possibilidades ... 271
- Exercícios resolvidos ... 274
- Referências bibliográficas ... 286

4 Cominuição do carvão ... 288

- 4.1 Distribuição de tamanhos ... 291
- 4.2 Medida da cominuibilidade dos carvões ... 294
- 4.3 Mecanismos de cominuição dos carvões ... 297
- 4.4 Equipamentos ... 301
- Exercícios resolvidos ... 306
- Referências bibliográficas ... 309

5 Moagem fina ... 312

- 5.1 Remoagem em moinhos com carga agitada por impelidores ... 317
- Referências bibliográficas ... 323

Britagem

Cominuição é o conjunto de operações de redução de tamanhos de partículas minerais, executado de maneira controlada e de modo a cumprir um objetivo predeterminado. Isso inclui as exigências de controlar o tamanho máximo dos produtos e de evitar a geração de quantidades excessivas de finos.
As operações de cominuição são necessárias na realidade industrial por diversas razões:
1) para permitir o manuseio do material de mineração: um pedaço de rocha de 44" só pode ser movimentado por uma caçamba de 4 jd³. É muito volumoso, 1,4 m³, e pesado – se for um bloco de calcário ou de granito, pesará 3,8 t. Esse material precisa, portanto, ter o seu volume reduzido para poder ser movimentado;
2) para permitir o transporte contínuo: transportadores de correia são, em princípio, muito mais convenientes que caminhões ou outros veículos a diesel, pois custam mais barato, usam energia elétrica, são silenciosos e, sobretudo, operam continuamente. Entretanto, são limitados quanto ao tamanho das peças que podem transportar: para cada largura de correia existe um tamanho máximo capaz de ser transportado sem problemas (que é de aproximadamente um terço da largura da correia). Então, para qualquer transporte em transportadores de correia, o minério precisa estar britado;
3) para permitir a utilização do minério: a brita para concreto ou pavimentação deve ter tamanhos bem definidos; para ser queimado em grelhas, o carvão precisa ser graúdo e isento de finos, e para ser queimado em maçaricos, precisa estar finamente pulverizado; calcário para calagem de solos deve estar numa granulometria suficientemente fina para oferecer uma área de superfície adequada a uma boa dissolução pelos ácidos do solo, mas não tão fina que

leve o calcário a ser arrastado pelo vento e a corrigir o solo do terreno vizinho...;

4) para liberar as partículas dos minerais úteis e dos minerais de ganga e permitir a sua separação, por meio dos processos de concentração, em concentrados, rejeitos e produtos intermediários.

As operações de cominuição são a britagem e a moagem. Elas são diferentes não só em termos da faixa de tamanhos considerada, mas principalmente dos mecanismos de redução de tamanhos envolvidos. Nos processos de britagem, as partículas grosseiras sofrem a ação de forças de compressão ou de impacto. Os processos de moagem se restringem às frações mais finas e utilizam mecanismos de abrasão e arredondamento (quebra de arestas).

A britagem, dependendo de forças de compressão, impacto ou cisalhamento, exige um volume de partícula em que possa se desenvolver. Fica, portanto, restrita aos tamanhos maiores. A fratura se desenvolve segundo as tensões principais de cisalhamento, com inclinação constante em relação à direção das tensões de compressão. Em consequência, as partículas tendem a apresentar certa cubicidade e faces relativamente planas.

A britagem tem, necessariamente, uma relação de redução (RR) pequena: as forças aplicadas são elevadas e a geometria do equipamento tem importância fundamental. A moagem leva a relações de redução grandes e usualmente é feita em dois estágios: a grossa em moinho de barras e circuito aberto, e a fina em moinho de bolas e circuito fechado. No total são distinguidos seis estágios, relacionados na Tab. 1.1 (a britagem quaternária e a moagem grossa se superpõem no que se refere à faixa de tamanhos considerada, embora difiram quanto ao equipamento de cominuição).

Um exemplo de circuito de cominuição que envolve britagem e moagem – que até alguns anos atrás seria considerado um exemplo clássico da etapa de preparação (por preparação entende-se etapas de cominuição e separação por tamanho associadas) – é apresentado na Fig. 1.1.

Tab. 1.1 ESTÁGIOS DE BRITAGEM

Estágio	Relação de redução	Tamanho Máximo Alimentação	Produto
Britagem primária	8:1	5 a 2 ½ ft	> 1 ft a 4"
Britagem secundária	6 a 8:1	25" (cônicos)	4 a 3/4"
Britagem terciária	4 a 6:1	Depende da câmara do britador	1 a 1/8"
Britagem quaternária	até 20	3" ou 1 ¼"	12" a 20#
Moagem grossa	até 20	3/4" a 3/8"	6 a 35#
Moagem fina	100 a 200	1/2"	fino

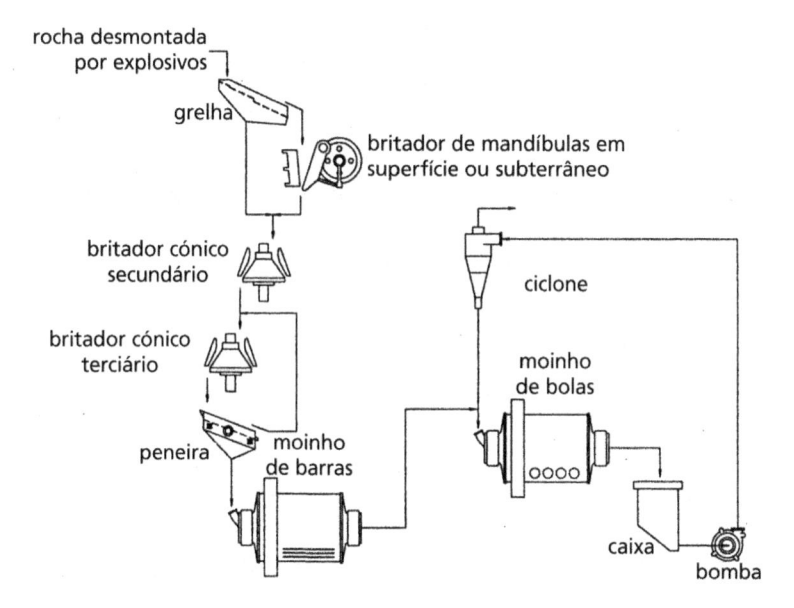

Fig. 1.1 Circuito "clássico" de cominuição
Fonte: adaptada de Beraldo (1987).

Nesse circuito nota-se que as últimas etapas, tanto da britagem quanto da moagem, são operadas em circuito fechado, com peneiras no primeiro caso e ciclones no segundo.

O circuito clássico, com seus equipamentos dimensionados corretamente, cumpre bem seus objetivos, mas apresenta um sério problema operacional ligado aos moinhos de barras. Esses moinhos geram menos finos que os moinhos de bolas, característica importante para a operação em circuito aberto, porém são passíveis de paradas frequentes e prolongadas, causadas principalmente pelo atravessamento de barras dentro do moinho. Em casos extremos, há necessidade de romper com maçarico a carcaça do moinho, e o tempo de parada pode atingir vários dias.

Entre os projetistas de equipamentos de cominuição existe uma busca contínua por equipamentos e circuitos que dispensem o moinho de barras. Dois exemplos brasileiros de solução para o problema são discutidos a seguir.

Na Caraíba Metais (atual Caraíba Mineração), foi adotado um circuito semelhante ao "circuito clássico", mas sem o moinho de barras. O resultado não foi bom. O produto da britagem terciária mostrou-se muito grosseiro para alimentar os moinhos de bolas. A britagem, operando em seu limite de potência, não tolerou ajustes. Uma solução paliativa foi o aumento do diâmetro das bolas.

Na expansão da Samarco Mineração, em 1997, optou-se pela introdução de um estágio designado como pré-moagem ou moagem pré-primária. Trata-se de um moinho de bolas de grandes dimensões (um moinho pré-primário alimenta dois moinhos primários), operado em circuito aberto (a principal razão para o circuito aberto é evitar o bombeamento). O moinho apresenta características de aparelhos para moagem SAG mas, pela ausência de blocos competentes no minério, é carregado com bolas maiores que as utilizadas na moagem primária (3" × 2,5"). O produto apresenta 30% de material retido em 100#.

Outra alternativa para a substituição dos moinhos de barras são os equipamentos designados como britadores quaternários. Esses aparelhos, em termos construtivos, assemelham-se a britadores cônicos terciários, porém o princípio de fragmentação, "cominuição interpartículas", pode ser considerado como intermediário entre a britagem e a moagem, pois ocorrem tanto compressão quanto abrasão. O britador quaternário fabricado pela Nordberg recebeu o nome de Gyradisc. Máquina semelhante foi desenvolvida pela Allis Chalmers (atual Metso), mas foi retirada de linha, não constando da 6ª edição do *Manual de britagem* da empresa. Um britador quaternário da Faço chegou a ser utilizado na Mineração Casa de Pedra. Os equipamentos introduzidos na década de 1980 apresentavam problemas mecânicos, exigindo excesso de manutenção, exatamente a mesma grande limitação dos moinhos de barras.

Outras alternativas serão discutidas na seção 1.6.

As operações de cominuição podem ser feitas a seco ou a úmido. "A úmido" significa que a moagem é feita numa polpa com água suficiente para o transporte dos sólidos; "a seco" significa com a umidade natural do minério, isto é, sem adição de água, o que é possível somente até um certo limite de umidade.

A regra do Tratamento de Minérios é a operação a úmido na moagem e a seco na britagem. As vantagens do processamento a úmido são muitas:

♦ facilidade de transporte do material: a seco são necessários ventiladores ou sistemas especiais para remover o material já moído;
♦ dissipação do calor gerado (que é elevado): esse calor frequentemente causa problemas de lubrificação muito difíceis de resolver;
♦ não emissão de poeiras.

Têm sido feitas tentativas de introdução de britadores a úmido, operação denominada *water flush*, mas os resultados são questionados. Parece haver um aumento sensível do desgaste das mandíbulas.

A única vantagem dos processos de cominuição a seco é a redução do desgaste abrasivo. Com efeito, uma polpa é um sistema eletrolítico, no qual estão dissolvidos íons de diferentes espécies. Ela é sempre, portanto, potencialmente corrosiva. Os processos corrosivos, eletroquímicos por natureza, são acelerados na presença de processos abrasivos. O efeito conjunto dos dois processos é maior que a soma dos efeitos dos processos individuais, o que se chama sinergismo. Por essa razão, minérios e minerais muito abrasivos têm de ser obrigatoriamente moídos a seco, assim como minerais que não podem ser contaminados com o ferro removido dos corpos moedores e revestimentos. Outra razão para moer a seco é a reação do material que está sendo cominuído com a água, como nos casos de clínquer de cimento portland ou de sal de cozinha.

O problema das poeiras na cominuição a seco é o mais sério de todos. Para abatê-las são necessários periféricos que aumentam o investimento e o custo operacional, e que consomem muita energia. A Tab. 1.2 compara as virtudes e os defeitos dos processos a seco e a úmido na operação de moagem (os números referem-se à moagem de minério com ganga silicosa). A Fig. 1.2 mostra uma instalação de moagem a seco e os periféricos associados. É notável a importância dos periféricos e a sua predominância em relação ao moinho.

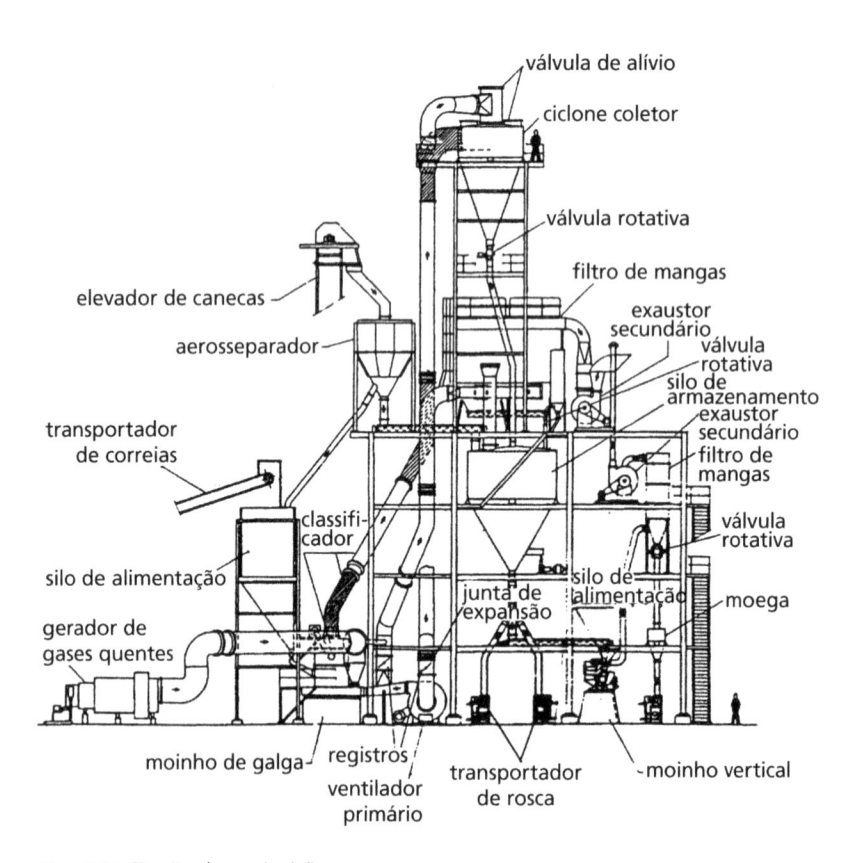

Fig. 1.2 Circuito de cominuição a seco

Tab. 1.2 COMPARAÇÃO ENTRE MOAGEM A SECO E A ÚMIDO

Item	A úmido	A seco
Consumo de energia	3/4	1
Equipamentos periféricos	Desnecessários	Essenciais
Condições de trabalho (poeiras)	Boas	Ruins
Transporte	Facilitado	Difícil
Operação em circuito fechado	Mais eficiente; mais barata	–
Mistura no moinho (homogeneidade do produto)	Melhor	–
Aquecimento do moinho	Inexistente	Crítico
Nível de ruído	Menor	Maior
Consumo metálico (desgaste)	100	20
Contaminação com ferro	–	Menor
Manutenção/substituição de peças de desgaste	–	Menor
Reação com a carga	–	Não ocorre
Work index operacional (kWh/st)	12	16
Potência consumida (kWh/t)	9	12
Potência dos periféricos (kWh/t)	1	4
Custo da energia (US$ 0,01/t a US$ 0,15/KWh)	15	24
Consumo metálico (lb bolas/t)	1,43	0,34
Consumo metálico (US$ 0,01/t a US$ 0,08/lb)	11,4	2,7
Consumo metálico (lb revestimento/t)	0,30	0,07
Consumo metálico (US$ 0,01/t a US$ 0,14/lb)	4,2	1,0
kWh/lb de revestimento	30	175

1.1 Equipamentos

Existem inúmeros tipos de britadores. Nem todos, entretanto, têm aplicação industrial tão generalizada que mereçam destaque. O interessado deverá procurar a literatura especializada. Os que examinaremos estão descritos no Quadro 1.1.

Quadro 1.1 Tipos de britadores a serem examinados

Família	Tipo	Função
Mandíbulas	1 eixo ou Dodge	Primários a terciários
	2 eixos ou Blake	Primários
Giratórios	Giratórios	Primários
	Cônicos *standard*	Secundários
	Cônicos *short head*	Terciários
	Interpartículas	Quaternários/moagem grossa
Impacto	Britadores de eixo horizontal	Primários a terciários
	Britadores de eixo vertical	Secundários e terciários
	Moinhos de martelo	Terciários e quaternários
Especiais	Bradford	Primários
	Outros	Carvão e minerais moles

Os moinhos mais usados no Tratamento de Minérios são os moinhos de carga cadente – moinhos de bolas, de rolos e de seixos –, além dos moinhos autógenos. Eles são estudados no Cap. 3.

Nos britadores de mandíbulas, a energia é aplicada às partículas por compressão das mandíbulas; nos britadores da família dos giratórios, por compressão entre manto e cone. A fratura ocorre ao longo do plano principal de cisalhamento. Nos britadores de impacto, por sua vez, a energia cinética do impactor é aplicada à partícula e ocorre a fratura.

O Quadro 1.2 resume algumas das características principais dos tipos de britadores mencionados, incluindo outros equipamentos que serão vistos mais adiante.

1.1.1 Britadores de mandíbulas

A Fig. 1.3 mostra um esquema construtivo de um britador de mandíbulas de dois eixos. Os elementos mecânicos ativos desse

1 Britagem

Quadro 1.2 Principais características dos britadores e de outros equipamentos

		Tamanho (mm)	Potência (kW)	Velocidade (rpm)	Relação de redução	Características e aplicações
BRITADORES DE MANDÍBULAS	Blake (2 eixos)	125 (gape) x 150 (larg.) a 1.600 x 2.100	2,25 a 225	300 a 100	Média 7:1 Limites 4:1 A 9:1	Originalmente, o britador de mandíbulas padrão para as britagens primária e secundária de rochas duras e muito abrasivas. Também para material grudento. Produto relativamente grosseiro, com poucos finos. O volante acumula a energia.
	1 eixo (excêntrico superior)	125 x 150 a 1.600 x 2.100	2,25 a 400	300 a 120	Média 7:1 Limites 4:1 A 9:1	Originalmente, restrito a tamanhos pequenos, por limitações estruturais. Atualmente, nos mesmos tamanhos do Blake, o qual procurou substituir, pois o excêntrico superior favorece a alimentação e a descarga, permitindo maiores velocidades e maior capacidade, porém com maior desgaste, em razão de forças de atrição, e eficiência energética ligeiramente mais baixa. Inadequado para rocha muito dura e abrasiva.

Quadro 1.2 Principais características dos britadores e de outros equipamentos (cont.)

	Tamanho (mm)	Potência (kW)	Velocidade (rpm)	Relação de redução	Características e aplicações
Giratório	760 (passagem) x 1.400 (diâm. da base do cone) a 2.135 x 3.300	5 a 750	450 a 110	Média 8:1 Limites 3:1 A 10:1	Cone e manto com perfil aberto para cima. Utilizado para britagem primária ou secundária, gerando poucos finos. Mais alto, maior capacidade e mais adequado para alimentações grosseiras do que o britador de mandíbulas. Projetado para grandes capacidades.
Cônico	600 (diâm. do cone) a 3.050	22 a 600	290 a 220	Britagem secundária 6:1 a 8:1 Britagem terciária 4:1 a 6:1	Cone e manto com perfil convergente. Utilizado para britagem secundária e terciária. Existem diferentes perfis de câmara para produtos sucessivamente mais finos. Britadores terciários são frequentemente alimentados afogados.
Quaternário	900 (diâm. do manto) a 2.100	100 a 400	325 a 260	2:1 a 4:1	Para britagem muito fina ou quaternária. Alimentação afogada e baixo ângulo do cone causam fratura entre as camadas da partícula, reduzem o desgaste e fornecem uma forma de partícula mais cúbica. Compete com o moinho de barras na faixa de utilização e funciona mais como moinho do que como britador. Inadequado para material aderente.

FAMÍLIA DOS BRITADORES GIRATÓRIOS

1 Britagem

Quadro 1.2 Principais características dos britadores e de outros equipamentos (cont.)

		Tamanho (mm)	Potência (kW)	Velocidade (rpm)	Capacidade (t/h)	Relação de redução	Características e aplicações
BRITADORES DE ROLO	Rolo único	500 (diâm.) x 450 (larg.) a 1.500 x 2.100	15 a 300	60 a 23	20 a 1.500	até 7:1	Basicamente, um britador primário ou secundário, adequado para materiais brandos, friáveis e não abrasivos, tais como carvão e calcário. Melhor que os britadores de mandíbulas e giratório para material úmido e aderente.
	2 rolos	750 (diâm.) x 350 (larg.) a 1.800 x 900 ou 860 x 2.100	27 a 112	150 a 50	20 a 2.000	3:1	A baixas relações de redução, o produto produz comparativamente poucos finos.
BRITADORES BRADFORD		2.100 (diâm.) x 3.650 (compr.) a 4.300 x 9.750	7 a 112	18 a 12	400 a 2.000	carvão run-of-mine a produto de 40 a 1.500 mm	Britagem de carvão run-of-mine a um top size predeterminado (com um mínimo de finos). Permite a remoção de rejeitos grosseiros.

Quadro 1.2 Principais características dos britadores e de outros equipamentos (cont.)

		Tamanho (mm)	Potência (kW)	Velocidade (rpm)	Capacidade (t/h)	Relação de redução	Características e aplicações
MÁQUINA DE IMPACTO	Moinho de martelo	Abertura de alim. 160 x 230 a 640 x 1.470	11 a 375	1.800 a 600	até 2.500	até 20:1 circuito aberto	A câmara é fechada por uma grelha. Diversos modelos; reversível/não reversível, câmara ajustável/não ajustável, granulador, de anel, à prova de entupimento. Parte da quebra por impacto, parte por atrito. Utilizado para britagens primária, secundária e terciária; gera formas cúbicas e grande quantidade de finos. O material não pode ser duro ou abrasivo.
	Eixo horizontal	Abertura de alim. até 1.400 x 2.300	até 450	até 900	até 2.500	até 40:1 circuito fechado	Câmara aberta para britagens primária, secundária e terciária de materiais brandos e friáveis. Recomendado quando são requeridos elevada relação de redução, alta capacidade, produto bem classificado, formas cúbicas e mínimo de finos. A quantidade de finos gerados é função da velocidade.
	Moinho de gaiolas	750 (diâm.) a 1.300	22 a 260	1.500 a 480	5 a 80	até 40:1 circuito fechado	Pode ter 1, 2, 4 ou 6 gaiolas concêntricas que giram em sentidos opostos. A alimentação é feita no centro da câmara interna e é centrifugada para fora, sendo sujeita a forças de impacto cada vez maiores a cada estágio.
	Eixo vertical	685 (diâm. do rotor) a 990	55 a 150	2.300 a 1.400	200 a 100	3:1	A alimentação é centrifugada pelo rotor. Um fluxo vertical provoca choque entre as partículas e intenso trabalho de abrasão. Essencialmente, um britador terciário para rocha muito dura e abrasiva. Menos desgaste e um produto mais cúbico em relação aos moinhos de martelos.

Fonte: adaptado de Kelly e Spotiswood (1982).

tipo de britador são uma placa metálica móvel (mandíbula móvel), que se move em movimento recessivo (aproxima-se e afasta-se) de uma placa metálica fixa (mandíbula fixa). A distância entre as duas mandíbulas na extremidade superior do britador é muito importante e chamada de *gape*.

O fragmento de rocha ou minério a ser britado é introduzido no espaço entre as duas mandíbulas e esmagado durante o movimento de aproximação. Os fragmentos resultantes escoam para baixo, durante o movimento de afastamento, cada qual se deslocando até uma posição em que fique contido pelas mandíbulas e seja novamente esmagado na próxima aproximação da mandíbula móvel.

A mandíbula móvel movimenta-se em torno de um eixo cêntrico. O movimento é gerado por um outro eixo, excêntrico, que aciona uma biela. Essa biela está ligada a duas placas rígidas de metal, chamadas "abanadeiras". A abanadeira da direita tem sua extremidade à direita

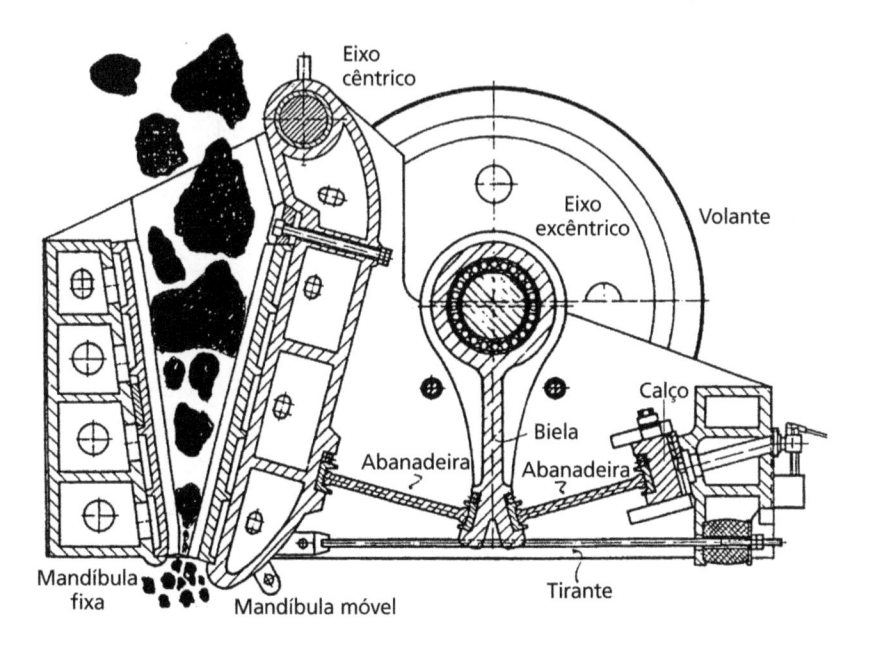

Fig. 1.3 Corte de um britador de mandíbulas de dois eixos
Fonte: IBAG (s.n.t.).

fixa. Veja a Fig. 1.4. A extremidade da esquerda sobe e desce com o movimento da biela, percorrendo um arco de círculo e empurrando a ponta inferior da biela para a frente, retornando com ela depois. A abanadeira da esquerda tem um movimento mais complexo: sua ponta direita sobe e desce, vai para a frente e retorna, transmitindo esses movimentos para a mandíbula, à qual está presa pela sua extremidade esquerda. Como a mandíbula móvel está presa pelo eixo cêntrico, o movimento que ela tem liberdade para fazer é percorrer um arco de círculo, aproximando e afastando a sua extremidade inferior da mandíbula fixa (abrindo e fechando).

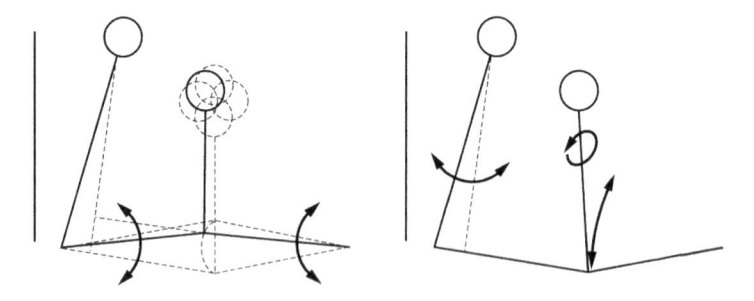

Fig. 1.4 Britador de dois eixos: movimento das peças e da mandíbula

Todo o conjunto mandíbula móvel – abanadeira esquerda – biela – abanadeira direita é mantido solidário e rígido por outra peça, o tirante, que é aparafusado à carcaça do britador. Note-se que a abanadeira da direita apoia-se num calço. Esse calço pode ser substituído por outro, maior ou menor. O efeito é aumentar ou diminuir a distância entre as extremidades inferiores das mandíbulas – a "abertura" do britador.

Equipamentos mais modernos substituem o calço por um macaco hidráulico. Isso permite regular a abertura com o britador em funcionamento e facilita a automatização do circuito.

Finalmente, nota-se na Fig. 1.3 a presença de um volante (na realidade são dois, mas o outro está no plano anterior ao corte). Esses volantes têm a função principal de armazenar energia cinética durante a operação do britador. Como veremos adiante, esta é intermitente, e o equipamento passa períodos operando em vazio, isto é, sem receber alimentação. Nesses períodos, o volante gira e acumula energia cinética, que será dispendida no momento em que o britador for alimentado e tiver que quebrar as partículas entre as mandíbulas. Dessa forma, o motor do equipamento é aliviado.

A outra função de um dos volantes é trabalhar como uma grande polia, acionada por correias em V, a partir do motor. Isso é vantajoso porque vale como um dispositivo de segurança: em caso de travamento do britador (p.ex., por causa de um fragmento grande demais para ser britado), as correias patinam ou acabam por se romper, protegendo o motor.

A Fig. 1.5 é o corte de um britador de apenas um eixo. Os elementos mecânicos ativos são novamente as duas mandíbulas. A móvel

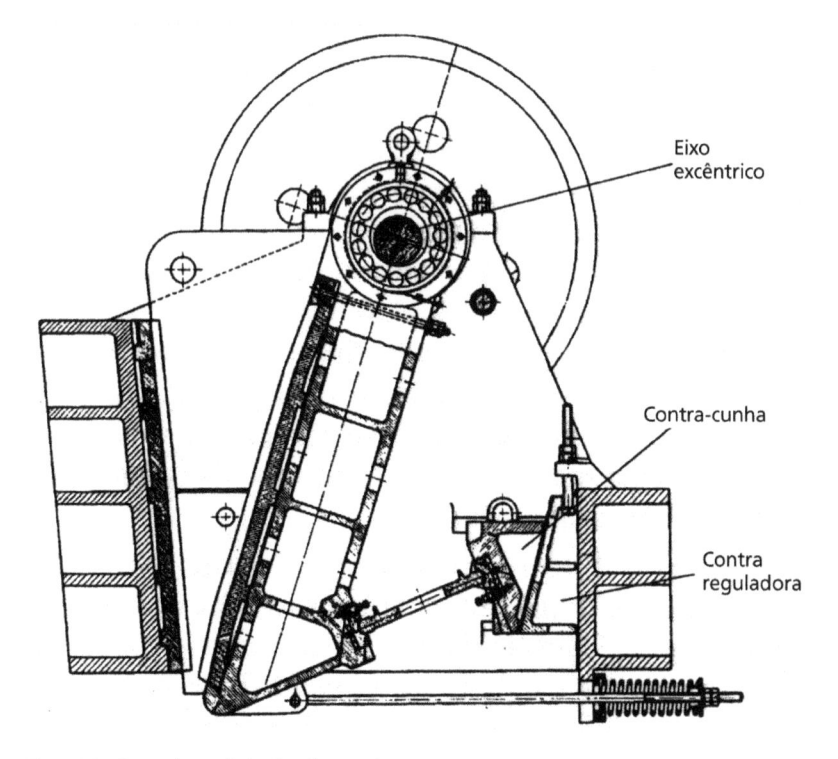

Fig. 1.5 Corte de um britador de um eixo
Fonte: Faço (s.n.t.-b).

aproxima-se e afasta-se da mandíbula fixa. A partícula introduzida no espaço entre as duas mandíbulas é esmagada durante o movimento de aproximação. Durante o movimento de afastamento, os fragmentos resultantes escoam para baixo até ficarem contidos pelas mandíbulas e serem esmagados no próximo movimento de aproximação.

Nesse modelo, a mandíbula móvel movimenta-se em torno de um eixo excêntrico. O movimento é gerado nesse eixo excêntrico, que aciona a extremidade superior da mandíbula móvel num movimento circular. Essa mandíbula está ligada a uma única abanadeira, que tem sua extremidade à direita fixa. A extremidade à esquerda da abanadeira sobe e desce com o movimento da mandíbula, percorrendo um arco de círculo e empurrando a ponta inferior da mandíbula para a frente e para baixo, retornando depois com ela para trás e para cima. A mandíbula móvel tem, então, um movimento mais complexo do que no modelo anterior: toda ela sobe e desce, vai para a frente e retorna, num movimento circular (e não reto como no modelo anterior) (Fig. 1.6).

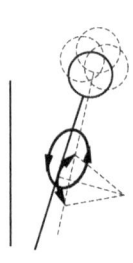

Fig. 1.6 Britador de um eixo: movimento das peças e da mandíbula

No britador de um eixo, há também o tirante para manter todo o sistema solidário. A regulagem da abertura é feita pelo calço. Na Fig. 1.5, tem-se uma cunha atrás do calço, para permitir uma regulagem fina mais rápida. Em modelos mais recentes, a cunha ou o calço são substituídos por um macaco hidráulico, o qual permite a regulagem da abertura com o britador em movimento. Há também dois volantes, que exercem as mesmas funções dos volantes do britador de dois eixos.

À vista do exposto, verificamos que a mandíbula móvel do britador de um eixo (chamado de Dodge) executa um movimento circular, com componentes de velocidade na direção do fechamento e abertura das mandíbulas, e componentes de velocidade ao longo do plano das mandíbulas. Isso favorece o aparecimento de forças de atrito entre mandíbula e partículas. Dessa forma, o desgaste das mandíbulas do britador de um eixo é maior que no de dois eixos (chamado de Blake), em que o

1 Britagem 23

movimento da mandíbula móvel só tem a componente abrir-fechar. Essa característica é que define a utilização do britador Blake: ele tem uso obrigatório cada vez em que se trabalha com algum minério abrasivo – quartzo, granitos silicosos, minérios silicosos, itabiritos etc.

As mandíbulas, como se pode ver na Fig. 1.3, têm placas de desgaste, feitas de aço Hadfield. Esse material é um aço com 12% a 14% de manganês, elemento de liga cuja presença torna o aço austenítico.

A característica especial do aço Hadfield que o torna tão adequado para uso em mandíbulas é que o impacto localizado encrua a estrutura austenítica (deforma e alinha os grãos de metal) naquele local, tornando a superfície muito dura.

É importante saber que, de modo geral, para os materiais de engenharia, existem duas propriedades mecânicas incompatíveis: dureza (capacidade de resistir ao riscamento) e tenacidade (capacidade de resistir ao impacto). Materiais duros são resistentes à abrasão, mas tendem a ser frágeis, isto é, a quebrar-se com facilidade. O exemplo mais familiar é o do vidro: duro o suficiente para riscar o aço doce e não ser riscado por ele, mas frágil, como todos nós sabemos. O comportamento ideal, de unir tenacidade e dureza numa peça mecânica, é conseguido por meio de tratamentos térmicos como a têmpera, que mantêm o núcleo da peça tenaz e capaz de resistir aos esforços mecânicos, ao mesmo tempo que tornam a sua superfície dura e capaz de cortar, riscar e resistir à abrasão.

O revestimento de aço Hadfield funciona desta maneira: ele é tenaz, mas, onde sofre impacto, encrua e endurece.

1.1.2 Britadores da família dos giratórios
Esses britadores (ver corte na Fig. 1.7) têm um elemento móvel, que é o cone, e um elemento fixo, que é o manto (também referido como côncavo). O cone tem um movimento excêntrico, isto é, ele gira em torno de um eixo que não é o eixo do cone. Dessa forma, ele se aproxima e se afasta das paredes internas do manto num

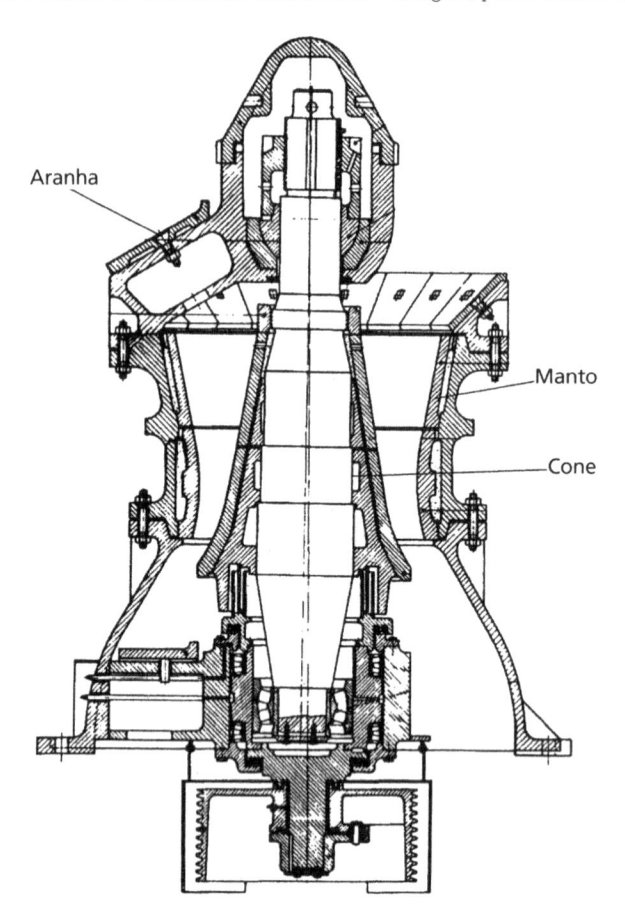

Fig. 1.7 Britador giratório: corte
Fonte: Allis Chalmers (s.d.).

movimento recessivo circular, como mostra a Fig. 1.8. Nesse movimento, uma parte do cone se aproxima do manto, ao passo que a parte às suas costas se afasta. A parte que se aproxima esmaga as partículas entre o manto e o cone. Atrás, no afastamento, as partículas encontram espaço para caírem até serem contidas e depois, no movimento de aproximação, serem esmagadas.

O britador giratório funciona, portanto, da mesma maneira que o britador de mandíbulas, exceto que a ação de cominuição ocorre num volume muito maior e que a seção desse volume tem a forma de uma coroa circular, como mostra a Fig. 1.9. Em consequência, a capacidade do britador giratório é muito maior que a do britador de mandíbulas, e é exatamente essa a finalidade do seu projeto.

Outra vantagem sobre o britador de mandíbulas é que neste a área da seção transversal do espaço entre as mandíbulas diminui de cima para baixo. Ora, conforme o material vai sendo britado, ele aumenta de volume, fenômeno conhecido como empolamento. Portanto, quanto mais o material aumenta de volume, menos espaço o britador de mandíbulas oferece. É muito fácil entupir um britador de mandíbulas quando ele trabalha afogado, problema que exige um projeto especial do perfil das mandíbulas para ser resolvido.

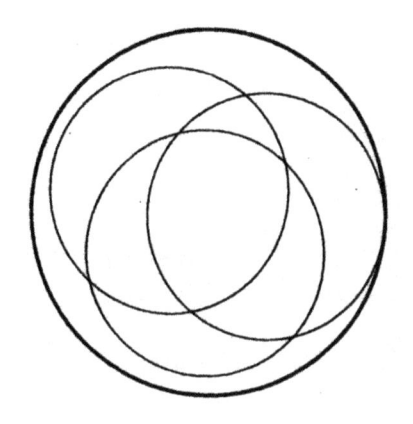

Fig. 1.8 Movimento do cone no britador giratório

A Fig. 1.7 mostra também que o cone está sustentado por uma estrutura em ponte apoiada nos dois lados do côncavo. Essa estrutura

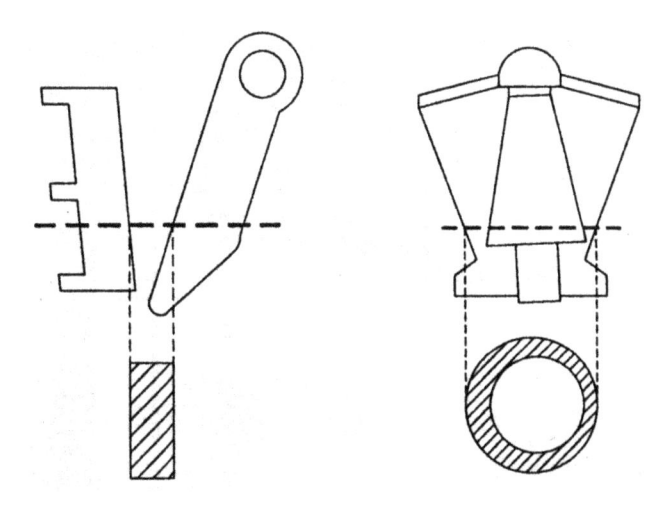

Fig. 1.9 Espaço efetivo para a britagem nos dois equipamentos

é chamada "aranha" (em inglês, *spider*) e é muito forte, pois aguenta todo o peso do cone e todo o esforço mecânico sobre ele, bem como o impacto das pedras que caem para dentro do britador.

Como já foi explicado, os britadores – tanto de mandíbulas como giratórios ou de impacto – têm uma limitação de processo para a relação de redução, tornando necessários três ou quatro estágios sucessivos: as britagens primária, secundária, terciária e quaternária. Os britadores de mandíbulas, usados para as britagens primária, secundária e terciária (não fazem britagem quaternária), têm projeto mecânico razoavelmente parecido. Com os britadores da família dos giratórios, porém, isso não ocorre, razão pela qual cada estágio exige um projeto diferente. A Fig. 1.10 mostra os respectivos cortes desses equipamentos.

- Nos britadores giratórios, o cone é longo e a câmara (espaço entre o cone e o manto) é aberta para cima, o que possibilita receber fragmentos de grandes dimensões e efetuar a britagem primária. Esses britadores podem, eventualmente, ser utilizados em britagem secundária, quando o britador primário é muito grande.
- Nos britadores cônicos, utilizados para a britagem secundária, a altura do cone é reduzida em relação ao diâmetro da base e o manto fecha-se no topo, permitindo melhor aproveitamento do volume da câmara para realizar o trabalho de britagem secundária ou terciária. Os fabricantes oferecem equipamentos com diferentes desenhos de câmara (câmara para grossos, médios ou finos). Essas câmaras permitem variar a distribuição granulométrica do produto de britagem: respectivamente 60%, 68% e 75% passantes na APF. Isso permite conciliar as necessidades do tamanho de alimentação com o do produto e aumentar a versatilidade desse equipamento, que pode, com uma câmara fina, ser usado como terciário. Os britadores mais curtos e de câmara mais fechada são chamados de *short head*. A Barber Greene fabricava um britador em que o cone era substituído por uma semiesfera, chamado *esférico* ou *gyrasphere*.

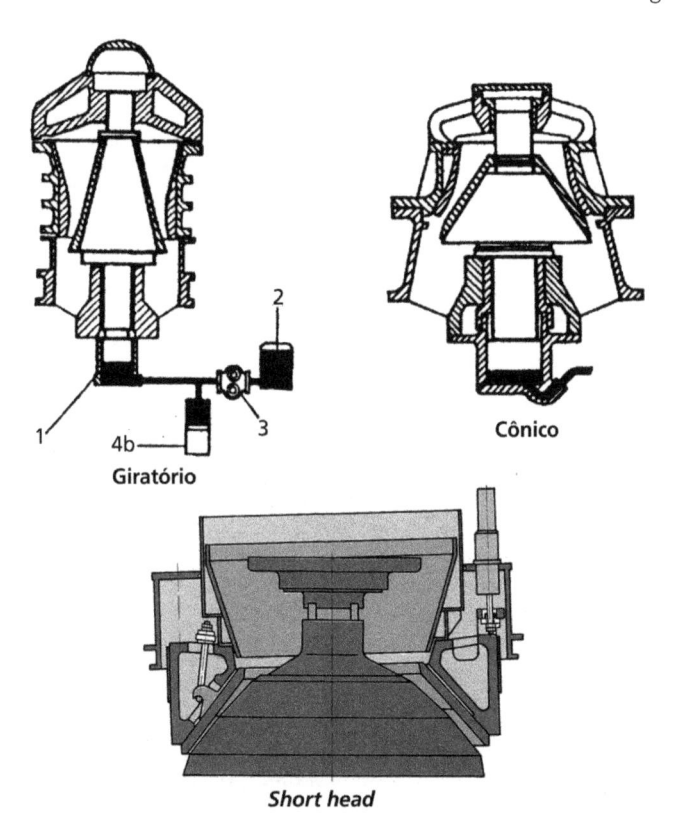

Fig. 1.10 Britadores da família dos giratórios: corte
Fonte: Allis Chalmers (s.d.).

♦ Os britadores quaternários, na realidade, não são britadores, mas quase moinhos. A altura do cone é ainda mais diminuída em relação ao diâmetro da base. A câmara tem o seu desenho modificado, ficando mais larga que nos modelos anteriores. Ela trabalha sempre afogada e a redução de tamanho ocorre por atrito partícula contra partícula, e não pelo esmagamento da partícula entre o cone e o côncavo. Esses equipamentos trabalham, portanto, como moinhos (moagem por atrição), e não como britadores (britagem por compressão), e competem com os moinhos de barras na faixa de utilização. O seu funcionamento é descrito na Fig. 1.11.

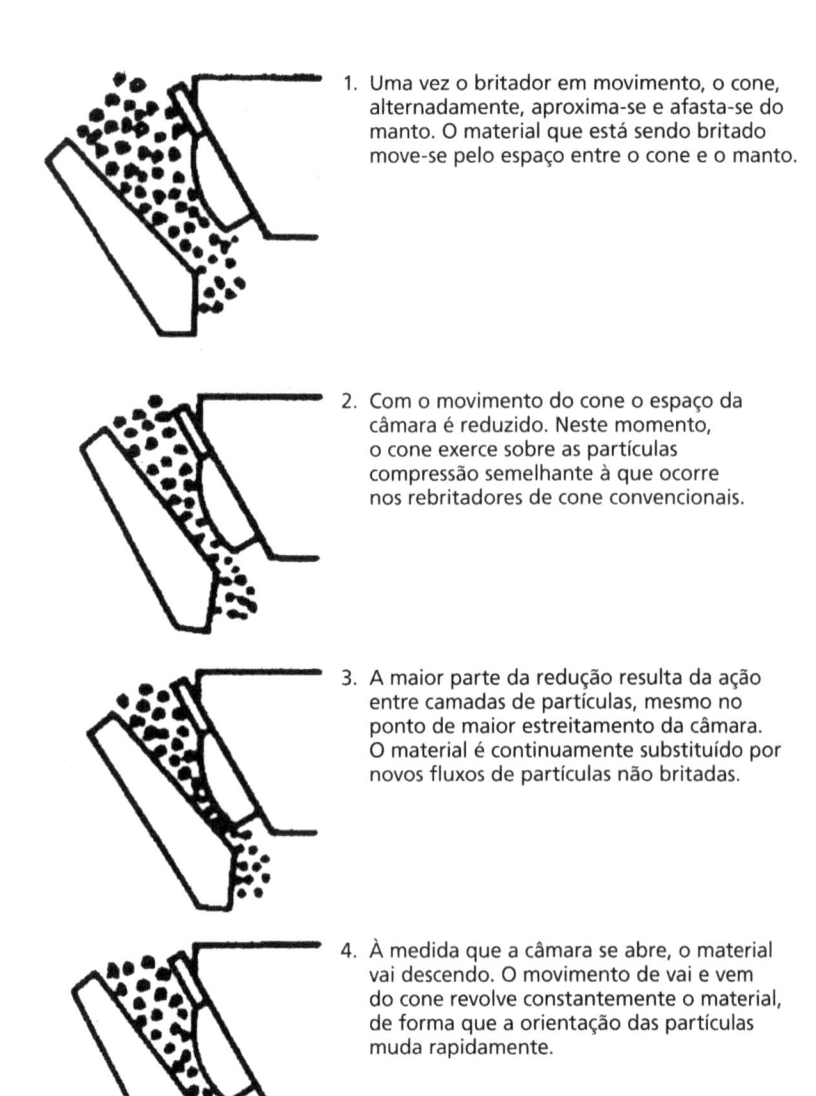

1. Uma vez o britador em movimento, o cone, alternadamente, aproxima-se e afasta-se do manto. O material que está sendo britado move-se pelo espaço entre o cone e o manto.

2. Com o movimento do cone o espaço da câmara é reduzido. Neste momento, o cone exerce sobre as partículas compressão semelhante à que ocorre nos rebritadores de cone convencionais.

3. A maior parte da redução resulta da ação entre camadas de partículas, mesmo no ponto de maior estreitamento da câmara. O material é continuamente substituído por novos fluxos de partículas não britadas.

4. À medida que a câmara se abre, o material vai descendo. O movimento de vai e vem do cone revolve constantemente o material, de forma que a orientação das partículas muda rapidamente.

Fig. 1.11 Funcionamento da britagem quaternária
Fonte: adaptada de Allis Mineral Systems/Faço (1994).

1.1.3 Tamanhos

Em Tratamento de Minérios, o tamanho dos equipamentos é sempre referido a uma ou duas dimensões características deles. Já vimos os ciclones serem referidos pelo diâmetro da parte cilíndrica; os classificadores espirais, pelo diâmetro da espiral; e assim por diante.

Para os britadores de mandíbulas, usam-se as duas dimensões da abertura de entrada: o *gape* e a largura da mandíbula móvel. 10060 representa um britador de mandíbulas de 60 cm de *gape* e 100 cm de largura da mandíbula. O primeiro número está associado ao tamanho máximo de partícula que o britador pode receber e britar; o segundo número, à capacidade de produção do equipamento.

No caso dos britadores giratórios, usam-se números semelhantes: a abertura de passagem entre o manto e a aranha (relativo ao tamanho máximo da alimentação) e o diâmetro da base do cone (relativo à capacidade do equipamento). Assim, um britador giratório 5474 tem uma abertura livre de 54" e um cone com base 74". O leitor precisa ficar atento à unidade do símbolo que designa o tamanho do britador (centímetros ou polegadas).

Os britadores cônicos podem ser fornecidos com diferentes desenhos de câmara (câmara para grossos, intermediários ou finos), de modo que fica mais cômodo usar apenas o segundo número. Assim, muitas vezes eles são referidos pelo diâmetro da base do cone: 26", 51", 60" etc., ou em mm: 300 mm, 500 mm etc.

Os britadores de impacto precisam de dupla designação: o tamanho da boca de alimentação (largura e abertura) e as dimensões do rotor (diâmetro e comprimento).

As capacidades dos britadores de mandíbulas e giratórios variam com o tamanho do equipamento, e, para um mesmo equipamento, variam muito em função da abertura de descarga. Isso será visto com detalhes nos exercícios de dimensionamento.

1.2 Produtos de britadores

O britador, como não poderia deixar de ser, brita. Ele, portanto, executa um processo de redução de tamanhos mediante forças de compressão ou de impacto, com a mínima ação possível de forças de atrito. Nos britadores de mandíbulas e giratórios, as forças de compressão são aplicadas por superfícies rígidas que se aproximam e se afastam.

Nesse movimento das mandíbulas (ou, de modo equivalente, cone e manto):
- as partículas grossas presas entre as mandíbulas são quebradas;
- os fragmentos caem no espaço entre mandíbulas até serem aprisionados;
- aí sofrem novo quebramento, com os seus fragmentos repetindo o movimento de queda até serem aprisionados e novamente quebrados etc.

Esse processo cíclico tem várias limitações:
- o comprimento da superfície britante é finito, isto é, o processo se repete apenas um número limitado de vezes;
- as partículas se rompem sempre pelo mesmo mecanismo, ou seja, as tensões de compressão induzem tensões de cisalhamento segundo o plano principal de tensões, a 45° com a direção das tensões de compressão, como mostra a Fig. 1.12;

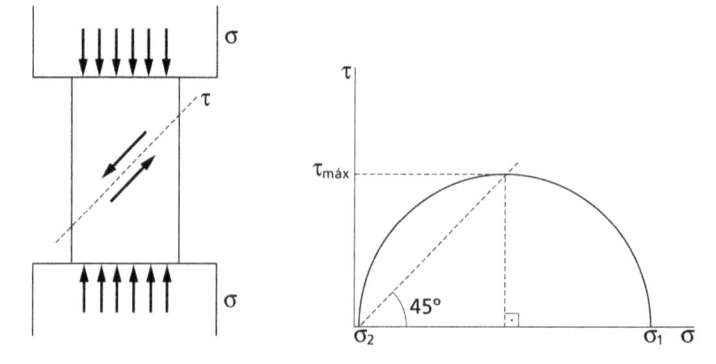

Fig. 1.12 Ruptura na compressão

1 Britagem   31

♦ em razão da intensidade dos esforços mecânicos aplicados sobre as partículas, o projeto da câmara de britagem é limitado, isto é, o seu perfil não pode sofrer grandes variações. Isso decorre das relações de redução limitadas que cada britador pode fornecer.

Em consequência, parece lógico que as distribuições granulométricas fornecidas por esses equipamentos de britagem tendam a ser sempre as mesmas, independentemente do material que esteja sendo britado, dependendo apenas da geometria da câmara de britagem (ou seja, para um dado tamanho de britador e de abertura de descarga).

Prova disso é que os fornecedores de equipamentos publicam as curvas de distribuição granulométrica de seus produtos, como mostram as Figs. 1.13 e 1.14, que se referem à posição *aberta*.

A Fig. 1.13, referente a britadores de mandíbulas, mostra que a distribuição granulométrica é função apenas da abertura de saída, medida na posição aberta. A Fig. 1.6 mostrou que, durante o movimento da mandíbula móvel, essa abertura passa por um máximo (posição aberta) e por um mínimo (posição fechada).

Na prática, mede-se sempre a posição *fechada*. Isso é feito com o britador operando em vazio, introduzindo-se dentro dele um pedaço de cano de chumbo, ou então uma bola ou um cilindro de solda, fundidos na própria oficina, pendurados da extremidade do arame. O britador morde o cilindro (ou a bola) até o limite da sua abertura. Sai um corpo deformado, como mostrado na Fig. 1.15, no qual é fácil medir a abertura na posição fechada.

Os fabricantes de equipamento fornecem a informação sobre o movimento de queixo dos britadores de mandíbulas ou sobre a excentricidade do cone dos britadores da família dos giratórios. As duas aberturas relacionam-se da seguinte forma:

abertura na posição aberta (APA) = abertura na posição fechada (APF) + movimento de queixo

abertura na posição aberta (APA) = abertura na posição fechada (APF) + excêntrico

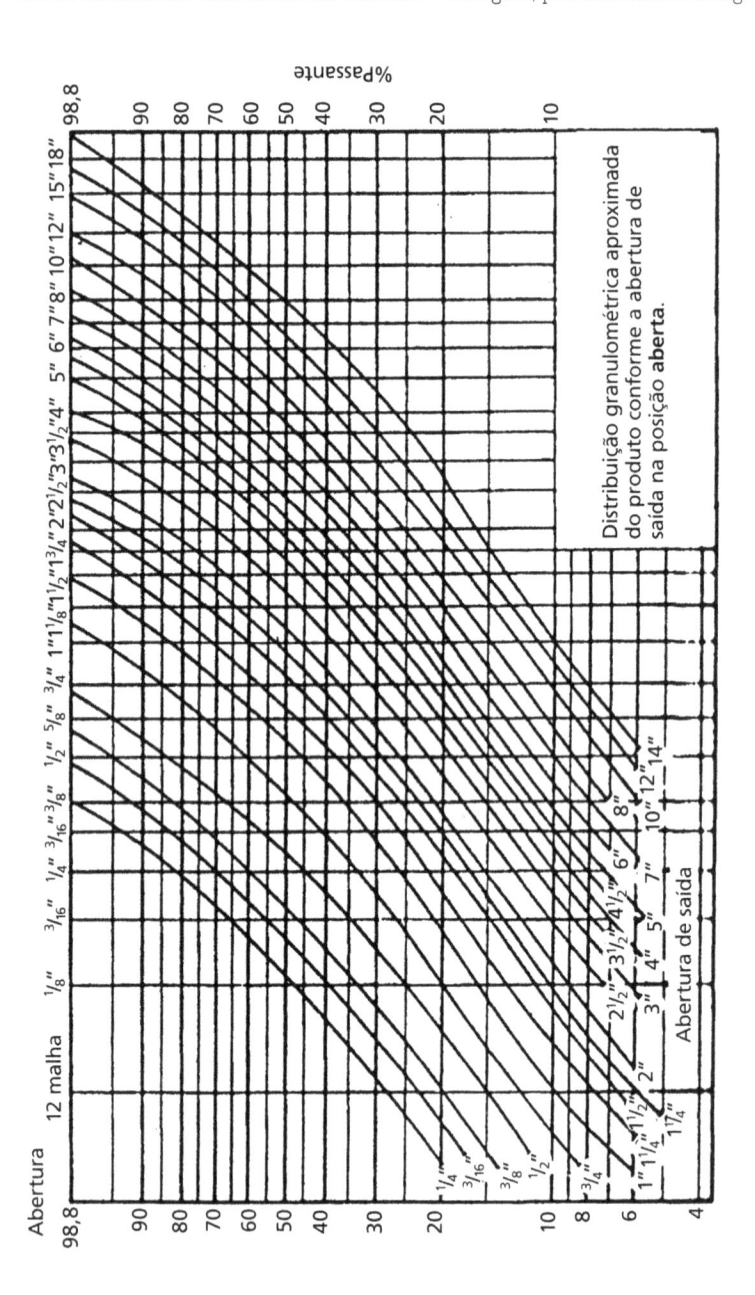

Fig. 1.13 Distribuições granulométricas de britadores de mandíbulas
Fonte: Allis Mineral Systems/Faço (1994).

1 Britagem 33

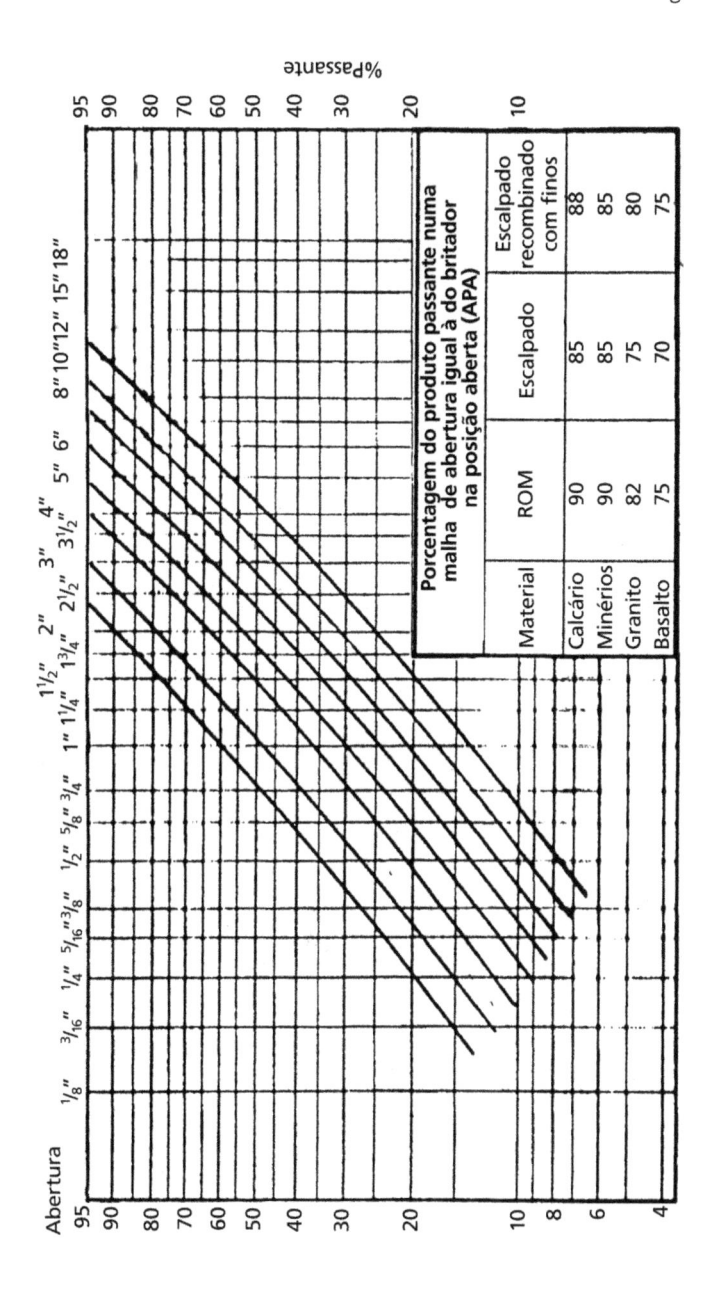

Porcentagem do produto passante numa malha de abertura igual à do britador na posição aberta (APA)			
Material	ROM	Escalpado	Escalpado recombinado com finos
Calcário	90	85	88
Minérios	90	85	85
Granito	82	75	80
Basalto	75	70	75

Fig. 1.14 Distribuições granulométricas de britadores giratórios
Fonte: Allis Mineral Systems/Faço (1994).

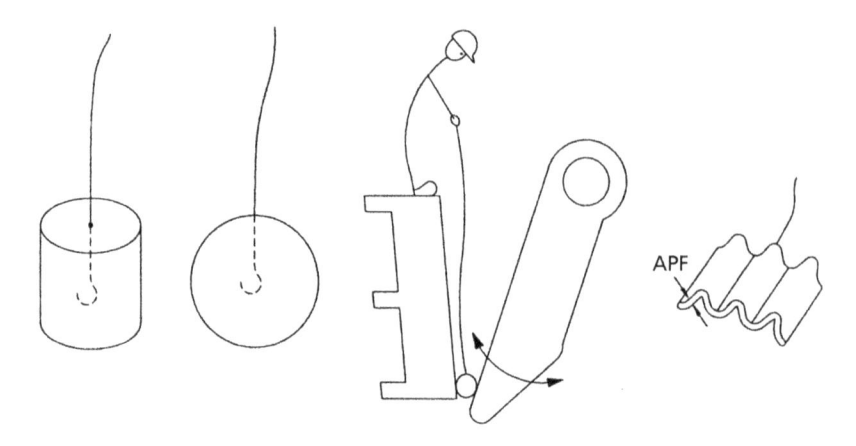

Fig. 1.15 Medida da abertura de um britador

Verifique na Fig. 1.13 a distribuição granulométrica do produto de um britador de mandíbulas operando com APA = 2". Ela é apresentada na Tab. 1.3.

Tab. 1.3 Distribuição granulométrica em britador de mandíbulas (APA = 2")

Malha (")	4	2	1	1/2	1/4	1/8
Passante	100	85	45	26	16	9

Dois fatos interessantes chamam a atenção:
1) não se faz menção a que material está sendo britado;
2) passando por uma abertura na posição aberta de 2", há 15% de material maior que 2".

O primeiro fato confirma o raciocínio exposto anteriormente sobre o mecanismo de geração de tamanhos para os produtos de britagem; o segundo reflete as limitações do processo de medida de tamanhos (veja a seção 1.3.7 no primeiro volume desta série): a peneira mede a segunda maior dimensão da partícula. A partícula que sai do britador sai com a sua menor dimensão alinhada entre as mandíbulas, daí o aparente disparate.

Verifique agora, na Fig. 1.14, a distribuição granulométrica do produto de um britador giratório operando com APA = 2". A distribuição granulométrica é afetada por alguns outros fatores: natureza do minério e sequência de processamento. No canto inferior direito dessa figura existe um pequeno quadro com definições sobre:

◆ minério: calcário, minérios metálicos, granito e basalto;
◆ sequência de processamento:

* ROM (*run-of-mine*) é o minério alimentado diretamente ao britador, sem nenhum processamento anterior;
* escalpado é o minério que foi peneirado para remover os finos, e só os grossos foram alimentados ao britador;
* escalpado recombinado com finos é a composição do produto de britagem do escalpado com os finos removidos no peneiramento.

Essa sequência de processamento é ilustrada na Fig. 1.16.

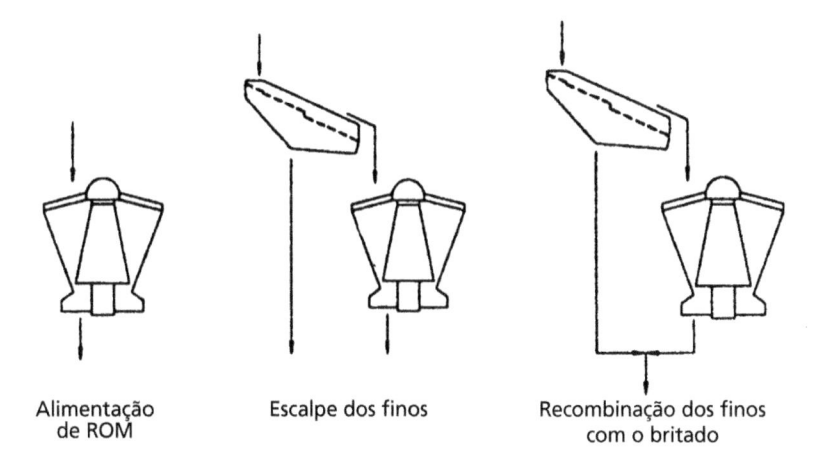

Alimentação de ROM   Escalpe dos finos   Recombinação dos finos com o britado

Fig. 1.16 Configurações de circuito de britagem

Dessa forma, se definirmos que o material a ser britado será um granito previamente escalpado e que a APA será 6", a distribuição granulométrica ficará como consta na Tab. 1.4.

Tab. 1.4 Distribuição granulométrica em britador giratório (granito escalpado; APA = 6")

Malha (")	8	4	2	1	1/2
Passante	94	60	33	18	10

1.2.1 Modelos matemáticos de distribuição granulométrica de produtos de britagem

As curvas apresentadas na Fig. 1.13 são empíricas, isto é, foram levantadas experimentalmente, sem nenhuma consideração teórica subjacente. Existe uma fundamentação teórica que as justifica e explica, conforme já apresentado, mas essa justificação não foi usada para parametrizá-las.

Como relatam Goto e Sampaio (1986), Fred Bond, engenheiro da Allis Chalmers, apresentou uma equação, aplicável aos britadores giratórios, que, além da APA, considerava o WI do material a ser britado:

$$P = 25.400 \times APA \times (0,04 WI + 0,40) \qquad (1.1)$$

onde P é o d_{80} do produto de britagem (em μm).

Esse modelo é a origem da Fig. 1.14, que leva em conta o material que está sendo britado, ao contrário da Fig. 1.13, que não o faz.

Semelhantemente, Bond desenvolveu para britadores cônicos a equação:

$$P = \frac{25.400 \times APF \times 7e \times (0,02\ WI + 0,7)}{7e - 2 \times APF} \qquad (1.2)$$

onde e é a excentricidade, em polegadas.

Existem na literatura modelos teóricos baseados em considerações de balanço populacional semelhantes àquelas apresentadas no Cap. 3.

1.2.2 Escalpe e operação em circuito fechado

Escalpe é a eliminação dos finos antes de uma operação de britagem, como mostrado na Fig. 1.16. Na britagem primária, usam-se

1 Britagem   37

grelhas fixas ou vibratórias para separar os finos que serão desviados do britador. Nas demais operações de britagem, usam-se peneiras vibratórias. A MBR (atual Vale) utiliza peneiras para esse serviço.

O escalpe é feito por três razões:

a) para diminuir a vazão alimentada ao britador;
b) para diminuir o desgaste – os finos menores que a abertura fechada do britador (APF) passam direto por ele, mas passam abradindo, contribuindo para o desgaste das mandíbulas, razão pela qual devem ser eliminados;
c) conforme a partícula é mais fina, a sua área de superfície aumenta. A umidade das frações granulométricas é proporcional à área de superfície disponível e, por isso, aumenta para as frações mais finas. Estas contribuem, portanto, para empastar as mandíbulas, e podem mesmo chegar a atolar o britador, razão por que a sua eliminação é sempre conveniente.

Para garantir que todo o produto de uma britagem seja limitado superiormente (menor que um dado tamanho), é necessário fechar o circuito com uma peneira. Isso raramente é necessário nas britagens primária e secundária, mas é regra nas terciária e quaternária. Existem dois arranjos possíveis, como mostrado na Fig. 1.17, isto é, fechando o circuito na peneira (circuito normal) ou fechando o circuito no britador (circuito reverso). O material que é retido na peneira e retorna é chamado de carga circulante.

É fácil entender a formação da carga circulante. Vamos imaginar um britador que gere 30% (que designaremos por r) de material maior que a tela da peneira de fechamento do circuito. Vamos imaginar também, para efeito de raciocínio, que a peneira trabalhe com 100% de eficiência. Acompanhemos agora, por meio da Tab. 1.5, o que acontece em cada unidade de tempo em que são alimentadas 100 t/h ao britador:

Tab. 1.5 Exemplo de formação de carga circulante (peneiramento com 100% de eficiência)

Unidade de tempo	Alimentação nova	Oversize da peneira	Oversize do material recirculado	Total	Valor
1	100	0	0	100	100
2	100	0,3x100	0	100+r.100	130
3	100	0,3x100	0,3x(0,3x100)	100+r.100+r^2.100	139
4	100	0,3x100	0,3x[0,3x(0,3x100)]+0,3x(0,3x100)	100+r.100+r^2.100+r^3.100	141,7
...	...	...	...	...	...
10	100	0,3x100	0,3x[0,3x(0,3x100)]+...+0,3^{9}x100	100+r.100+r^2.100+...+r^9.100	143
...	...	...	...	...	...
16	100	0,3x100	0,3x[0,3x(0,3x100)]+...+0,3^{15}x100	100+r.100+r^2.100+...+r^{15}.100	143
...	...	...	...	...	...
n	100	0,3x100	$\Sigma(100.r^{n-1})$, i = 2 a n	$\Sigma(100.r^{n-1})$, i = 1 a n	143

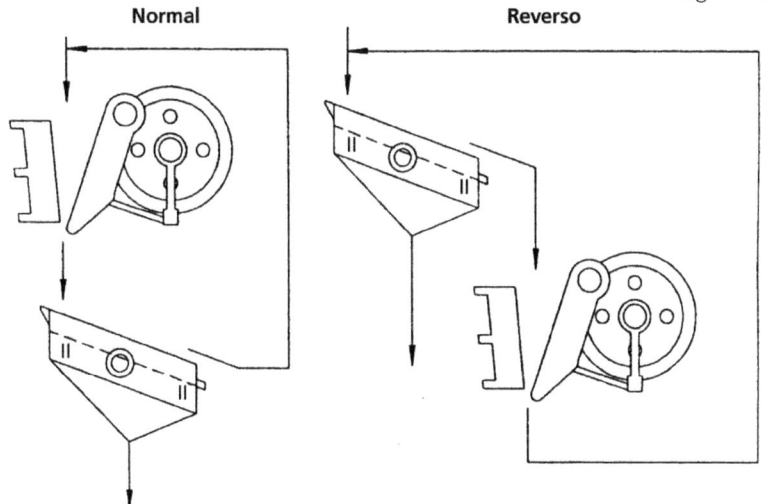

Fig. 1.17 Circuito fechado

Trata-se, portanto, de uma série convergente, e que converge rapidamente. Quando n tende para o infinito, o limite da série é:

$$\text{carga circulante} = 100/(1 - r) \quad (1.3)$$

Isso, porém, não ocorre na prática, porque não existe peneiramento com eficiência de 100%. Se considerarmos uma eficiência e = 90% (ou 0,9), a Tab. 1.5 modifica-se ligeiramente (Tab. 1.6). Temos, novamente, outra série convergente, que também converge rapidamente. Quando n tende para o infinito, o limite da série é:

$$\text{carga circulante} = 100/(1 - r/e) \quad (1.4)$$

Esta é uma das fórmulas da carga circulante existentes na literatura. No Cap. 3 são dadas outras fórmulas.

1.3 WI da britagem

Neste ponto é importante discutir o conceito de WI de britagem. Bond propôs ensaios padrão para determinação do Work Index (WI) tanto para a britagem quanto para a moagem. No caso da moagem,

Tab. 1.6 Exemplo de formação de carga circulante (peneiramento com 90% de eficiência)

Unidade de tempo	Alimentação nova	Oversize da peneira	Oversize do material recirculado	Alimentação nova + oversize	Valor
1	100	0	0	100	100
2	100	$(0{,}3/0{,}9) \times 100$	0	$100 + (r/e).100$	133,3
3	100	$(0{,}3/0{,}9) \times 100$	$(0{,}3/0{,}9) \times ((0{,}3/0{,}9) \times 100)$	$100 + (de).100 + (r/e)2.100$	144,4
4	100	$(0{,}3/0{,}9) \times 100$	$(0{,}3/0{,}9) \times [(0{,}3/0{,}9) \times ((0{,}3/0{,}9) \times 100)] + (0{,}3/0{,}9) \times ((0{,}3/0{,}9) \times 100)$	$100 + (r/e).100 + (r/e)2.100 + (r/e)^3.100$	148,1
...	...	...	...	...	...
10	100	$(0{,}3/0{,}9) \times 100$	$(0{,}3/0{,}9) \times [(0{,}3/0{,}9) \times ((0{,}3/0{,}9) \times 100)] + ... + (0{,}3/0{,}9)^9 \times 100$	$100 + (r/e).100 + (r/e)^2.100 + ... + (de)^9.100$	150
...	...	...	...	...	...
16	100	$(0{,}3/0{,}9) \times 100$	$(0{,}3/0{,}9) \times [(0{,}3/0{,}9) \times ((0{,}3/0{,}9) \times 100)] + ... + (0{,}3/0{,}9)^{15} \times 100$	$100 + (r/e).100 + (de)^2.100 + ... + (r/e)^{15}.100$	150
...	...	...	...	...	...
n	100	$(0{,}3/0{,}9) \times 100$	$\Sigma(100.r(r/e)^{n-1})$, $i = 2$ a n	$\Sigma(100 \times (r/e)^{n-1})$, $i = 1$ a n	150

seu colaborador Chester Rowland introduziu oito fatores de correção multiplicativos. Apesar de todos os avanços da modelagem matemática, o método energético de Bond foi e continua sendo a principal ferramenta para o dimensionamento de novos moinhos de bolas e de barras. Os modelos matemáticos desenvolvidos nas últimas décadas são de grande valia para o controle e a otimização de instalações existentes, mas ainda não se mostraram capazes de substituir com vantagem o método energético de Bond no dimensionamento de moinhos de bolas e de barras.

O ensaio de laboratório proposto por Bond, em 1946, para a determinação do WI de britagem, conhecido como ensaio de britabilidade, é bastante simples: pedaços de rocha fragmentada, passantes em 3" e retidos em 2" (malhas quadradas), são montados entre dois pesos de 30 lb iguais e opostos, pendurados em rodas (volantes). Quando as rodas são liberadas, os pesos atingem simultaneamente lados opostos da menor dimensão medida do fragmento. A altura de queda é sucessivamente aumentada até a fratura da rocha. A força (resistência) à britagem por impacto, em ft × lb por polegada de espessura de rocha, é designada por C, e Sg é a massa específica (specific gravity). O WI é tomado como a média de dez rupturas:

$$WI = 2,59C/Sg \qquad (1.5)$$

Esse ensaio fornece valores pouco realísticos, podendo superestimar a energia em mais de 100%. Por isso, a tendência atual é o emprego de ensaios baseados em princípios de Mecânica de Rochas, considerados melhores.

Ensaios específicos foram desenvolvidos na Universidade de Utah (Hopkinson Pressure Bar, que é uma adaptação do ensaio Charpy da conformação mecânica) e no Julius Kruttschnitt Mineral Research Centre (drop weight/twin pendulum).

O drop weight test consiste em deixar cair um peso, de uma altura de 1 m ou menos, sobre uma partícula do minério a ser testado. Existe uma relação entre a energia líquida aplicada e a área de superfície gerada. Esse teste fornece, ainda, informações para gerar a função de quebra. A Fig. 1.18 mostra o esquema do equipamento para esse ensaio.

Um guincho eleva o cilindro metálico que, em seguida, é solto e cai sobre o fragmento de rocha, colocado sobre uma base de aço chumbada a um bloco de concreto.

Ao se variar a altura da queda e a massa do cilindro, varia-se a energia aplicada à partícula. Segundo Chieregati (2001), esse dispositivo é adequado para estimar os parâmetros de quebra por impacto nos moinhos autógenos e semiautógenos e nos britadores. Ele também pode ser usado para analisar os efeitos que o tamanho da partícula e a história prévia (segundo Bond) da amostra exercem sobre a cominuição.

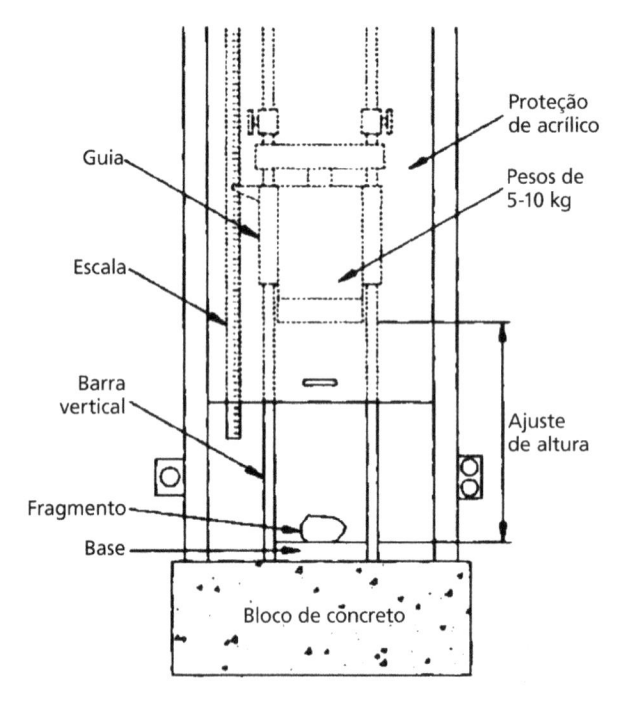

Fig. 1.18 Equipamento para o *drop weight test*

1.4 Seleção de britadores

A escolha de um britador para um dado serviço deve atender a uma série de exigências, cada qual independente das demais. Uma delas é que vai impor o tamanho do equipamento a ser escolhido. São elas:

1) **Condição de recepção**: o britador deve ter um *gape* suficientemente grande para deixar passar o fragmento máximo da alimentação. Não só deixá-lo passar, mas fazê-lo chegar até uma posição dentro da câmara de britagem em que haja condição de ele ser britado. Isso é traduzido pela condição de recepção:

$$\text{gape} = \frac{\text{tamanho da maior partícula da alimentação}}{0,8 \text{ a } 0,85} \quad \text{(1.6)}$$

2) **Critério de Taggart**: Taggart estabeleceu um critério para optar por britadores de mandíbulas ou giratórios:

$$x = \frac{\text{vazão em t/h}}{(\text{gape em polegadas})^2} \quad \text{(1.7)}$$

Se $x > 0,115$, deve-se adotar britador giratório; caso contrário, de mandíbulas.

3) **Condição de processo**: o britador deve gerar a distribuição granulométrica desejada pelo engenheiro de processos. Isso significa que ele deve operar numa certa APA, conforme as Figs. 1.13 ou 1.14. Cada britador tem uma série limitada de regulagens, e é preciso verificar se ele pode operar na abertura desejada.

4) **Capacidade**: o britador tem uma capacidade que varia com o seu tamanho e, para cada tamanho, com a abertura. As Tabs. 1.7 a 1.10 mostram as capacidades dos britadores fornecidos no Brasil pela Metso. As capacidades mencionadas são volumétricas (outros fabricantes fornecem capacidades em t/h para material de densidade aparente 100 lb/ft^3). Para vazões maiores, os britadores giratórios são mais convenientes. Os britadores operam de maneira intermitente: o caminhão encosta de ré, bascula, abaixa a báscula e se afasta. Então o próximo caminhão da fila encosta de ré, bascula etc. Resulta que o britador fica muito tempo ocioso (razão pela qual os britadores de mandíbulas têm os volantes para armazenar energia durante esses períodos). Em consequência, é necessário

Tab. 1.7 Capacidade de produção (m³/h) de britadores de mandíbulas de um eixo em circuito aberto

Máquina	Boca de alimentação (cm)	Movimento do queixo (pol.)	Abertura da boca de saída – posição fechada															
			1/4"	1/2"	3/4"	1"	1½"	2"	3"	3½"	4"	4½"	5"	6"	7"	8"	9"	10"	12"
2015E	20 × 15	1/2"	1,5-2	2-3	3-4	4-5	5-6,5												
3020E	30 × 20	3/4"			5-6,5	6-8	8-10	10-13											
4230E	42 × 30	3/4"			7-8	8-10	10-13	12-15	15-20										
6240E	62 × 40	3/4"				17-22	22-29	28-35	39-50	42-52	44-45								
8050E	80 × 50	1"					45-56	55-72	60-80	72-95	77-110	88-115							
10060E	100 × 60	1"						72-95	76-105	88-115	95-130	105-140	120-160	140-180	155-200				
10080E	100 × 80	1"							78-120	90-140	100-155	110-170	140-200	160-230	177-260	200-290			
12090E	120 × 90	1"								130-180	145-205	155-230	185-275	210-310	240-370	265-410	280-450		
150120E	150 × 120	1½"											260-390	300-430	350-520	390-560	405-600	470-690	

As capacidades de produção indicadas podem variar com a natureza da rocha ou minério, a umidade, a presença de argila e com a granulometria do material de alimentação.

Fonte: Allis Mineral Systems/Faço (1994).

Tab. 1.8 Capacidade de produção (m³/h) de britadores de mandíbulas de dois eixos

Máquina	Movimento do queixo (pol.)	Abertura da boca de saída – posição fechada										
		1"	2"	3"	4"	4 ½"	5"	6"	7"	8"	9"	10"	12"	14"
4535B	1"	10-13	15-20	20-25	25-32								
9060B	1"			40-50	50-65	55-70	60-75	70-90	80-100				
120901B	1 ½"				90-110	95-120	100-125	110-140	125-160	140-180	160-200	180-220	
48" × 60 A-1	1 ½"				170-250	180-265	190-280	210-310	230-330	240-360	260-390	300-400	
60" × 84 A-1	1 ½"									400-500	450-560	500-620	580-720	650-800

As capacidades de produção indicadas podem variar com a natureza da rocha ou minério, a umidade, a presença de argila e com a granulometria do material de alimentação.

Fonte: Allis Mineral Systems/Faço (1994).

Tab. 1.9 Capacidade de produção (m³/h) de britadores giratórios primários em circuito aberto

Máquina	rpm	rpm do pinhão	Potência hp máx.	Excêntrico padrão	Capacidade de produção em circuito aberto (m³/h) Abertura de saída (APA) mm e (polegadas)							
					140 (5 ½")	150 (6")	165 (6 ½")	175 (7")	190 (7 ½")	200 (8")	215 (8 ½")	230 (9")
4265	175	600	500	1 ½"	862	993	1.112	1.221				
4874	157	600	600	1 ⅝"	1.456	1.550	1.617	1.731	1.815	1.890		
5474	157	600	600	1 ⅝"		1.362	1.481	1.594	1.694	1.790		
6089	149	600	800	1 ¹³⁄₁₆"			2.159	2.337	2.500	2.650	2.794	2.928

As capacidades indicadas são baseadas na operação com material de alimentação limpo e seco, com baixa porcentagem de finos.

Tab. 1.10 Capacidade de produção (m³/h) de britadores giratórios secundários em circuito aberto

Máquina	rpm	rpm do pinhão	Potência hp máx.	Excêntrico padrão	Capacidade de produção em circuito aberto (m³/h) Abertura de saída (APA)				
					2"	2 ½"	3"	3 ½"	4"
1336*	285	925	100-125	1"	115	140	170		
1645*	250	880	150-200	1"	160	180	200	230	
1650	225	764	150-200	1 ¼"	200	225	240	270	
2060	260	870	250-300	1 ¼"		280	320	380	420

As capacidades indicadas são baseadas na operação com material de alimentação limpo e seco, com baixa porcentagem de finos.

* não mais fabricada.

utilizar um fator de serviço para que o britador possa atender à capacidade necessária. Esse fator é 1,5 para os britadores primários e 1,25 para os demais.

As capacidades fornecidas pelos catálogos dos fabricantes são superiores à realidade. A Nordberg, por exemplo, informa que seus britadores têm cerca de 25% de sobrecapacidade em relação aos dados do catálogo (Rexnord, 1976). Essas capacidades podem variar em função da densidade do mineral a ser britado, do seu *work index*, da distribuição granulométrica da alimentação e da umidade da alimentação.

Como os quatro critérios apresentados têm que ser atendidos de modo independente, muitas vezes ocorrem situações em que a capacidade instalada resulta superior à capacidade necessária. Isso é uma realidade com a qual se tem de conviver, ou as demais condições deixarão de ser atendidas.

1.5 Desgaste de peças de britadores

Os dois grandes itens de custo de britagem são a energia e as peças de desgaste. Portanto, é importante saber calcular o consumo dessas peças e poder prever o momento da sua troca. O método para calcular esse desgaste foi desenvolvido pelo saudoso Prof. Fernando A. Siriani, no começo dos anos 1970, e encontra-se descrito na sua tese de doutoramento (Siriani, 1976) e em várias publicações. Resumidamente, consiste em calcular a energia consumida na britagem por meio da equação de Bond:

$$W = \frac{10 \cdot WI}{\sqrt{P}} - \frac{10 \cdot WI}{\sqrt{F}} \qquad (1.8)$$

onde:

W = energia consumida na britagem, em kWh/st;

WI = *work index* de Bond, expresso em kWh/st (não se esqueça de fazer a conversão correta das unidades! A determinação experimental desse índice será descrita no Cap. 3);

P = malha por onde passa 80% do produto;

1 Britagem   49

F = malha por onde passa 80% da alimentação. Em britadores primários, essa informação pode não estar disponível ou ser muito difícil de levantar. Recomenda-se, nesse caso, adotar 0,75 × A (75% do valor do *gape*).

O gráfico apresentado na Fig. 1.19 resume as conclusões do trabalho experimental do Prof. Siriani. Entra-se nele com o valor calculado para a energia consumida na britagem, até encontrar a linha do mineral que está sendo britado. O valor correspondente à abscissa do ponto de intersecção é o desgaste da *mandíbula fixa*, em g/t.

O cálculo do desgaste da mandíbula móvel é feito da seguinte forma:

$$\text{Desg. mandíbula móvel} = \frac{\text{desg. mandíbula fixa}}{1{,}72} \text{ (g/t)} \quad \textbf{(1.9)}$$

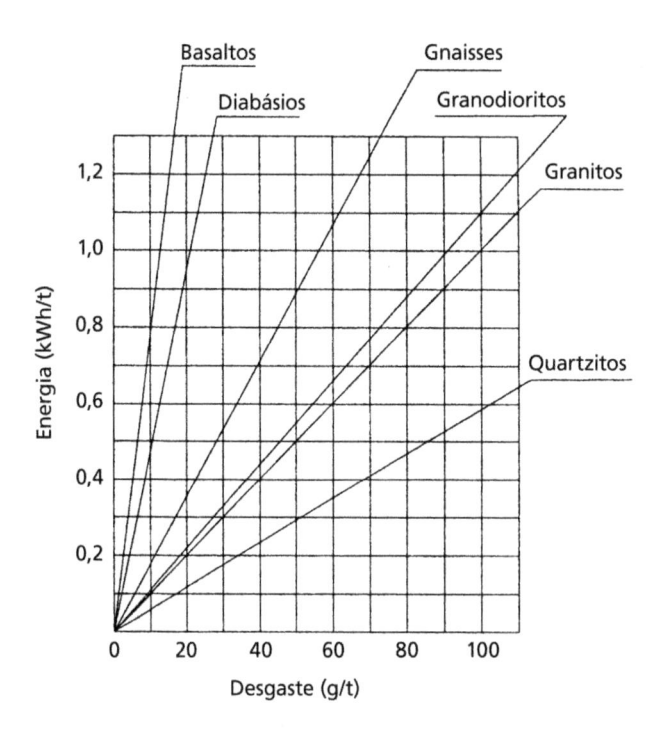

Fig. 1.19 Energia consumida × desgaste para diversos tipos de rocha
Fonte: Siriani (1976).

Para britadores de dois eixos, em vez de 1,72, divide-se por 1,45.

O aproveitamento das peças de desgaste varia com o equipamento, com a distribuição granulométrica do material alimentado e com a peça. A Tab. 1.11 foi composta a partir das informações constantes do *Manual de britagem Faço* (Allis Mineral Systems/Faço, 1994). O aproveitamento corresponde à porcentagem do peso da peça que será consumida até precisar ser trocada.

Britadores que trabalham com aberturas de descarga muito fechadas causam um desgaste acentuado da extremidade inferior das mandíbulas ou dos cones e mantos. Em consequência, as peças de desgaste precisam ser trocadas com maior frequência e muitas vezes o desgaste é localizado, daí o pequeno aproveitamento mostrado na Tab. 1.11.

Por essa razão, escolher um britador para trabalhar com a sua abertura mínima é condená-lo a trabalhar sempre no limite de sua capacidade. Recomenda-se sempre escolher o britador que tenha flexibilidade para abrir ou fechar em relação à abertura desejada.

Essa avaliação tornou-se mais precisa, conforme mostrado no *Manual de britagem* (câmara para médios ou grossos):

$$\text{vida da peça} = \frac{\text{peso} \times \text{aproveitamento} \times \text{produção}}{\text{desgaste}} \quad (1.10)$$

$$= [(g \times \%) \times t/h]/g/t = [h]$$

O referido *Manual de britagem* oferece fórmulas empíricas para calcular o desgaste em função do *índice de abrasão* (AI, de *abrasion index*), para as diferentes peças (Quadro 1.3). Esse parâmetro também foi definido por Bond, que se preocupou com o desgaste abrasivo dos equipamentos de cominuição. Sua determinação será descrita no Cap. 3.

As fórmulas constantes no *Manual* são válidas para índices de abrasão entre 0,02 e 0,8 e para aço Hadfield. Para usá-las, multiplica-se a energia consumida (kWh/t) pelo britador pela vazão alimentada, obtendo-se o consumo horário. A Tab. 1.11 mostra a porcentagem aproveitável de cada peça de desgaste. A vida útil não é o desgaste de toda a peça, mas

1 Britagem

Tab. 1.11 Aproveitamento de peças de desgaste em britadores

Peça	Alimentação	Abertura	Aproveitamento (%)
Britadores de mandíbulas	Uniforme, top size = 0,7 a 0,8 A	Grande ou média pequena	40-50 30-40
mandíbulas fixas e móveis	Distrib. granul. concentrada, top size < 0,5 A	Grande ou média pequena	20-30 15-25
Britadores giratórios	Uniforme, top size = 0,7 a 0,8 A	Grande ou média pequena	40-45 20-30
revestimento do cone e do manto	Distrib. granul. concentrada, top size < 0,5 A	Grande ou média pequena	20-25 10-20
Britadores cônicos	Uniforme, top size = 0,6 a 0,7 A	Grande ou média pequena	50-60^2/ 40-50^3 40-50^2/ 25-40^3
revestimento do cone e do manto	Distrib. granul. concentrada, top size < 0,5 A	Grande ou média pequena	30-40^2/ 20-30^3 20-30^2/ 10-20^3
Britadores de rolos	Abundante	Grande ou média pequena	45-60 30-40
revestimento do rolo	Insuficiente	Grande ou média pequena	30-40 15-25

Fonte: Allis Mineral Systems/Faço (1994).

apenas da parte aproveitável, isto é, a peça será descartada com uma quantidade de metal remanescente. A porcentagem aproveitável de cada peça é apresentada nessa tabela. Essa porcentagem, multiplicada pelo peso da peça, fornecerá a quantidade de metal consumível durante a sua vida útil.

Fica evidente que o parâmetro de referência para a avaliação do desgaste é, portanto, o índice de abrasão (AI). Para entendermos o seu significado, vamos imaginar dois materiais, um deles com AI = 0,2 e o outro com AI duas vezes maior. Se ambos estiverem sendo britados à mesma vazão em britadores de mandíbulas de um eixo, o desgaste da mandíbula fixa do segundo britador será 2,6 vezes maior.

Rolfsson (1983) apresenta a Fig. 1.20, relacionando AI e um "fator de vida" dos revestimentos. Esse fator seria função do tipo de britador – não se informa como –, mas a inclinação da curva e sua posição, não. Dessa forma, essa figura, em princípio, deve poder ser utilizada para estimar a vida útil de um material de AI conhecido, a partir da experiência de outro material de AI também conhecido.

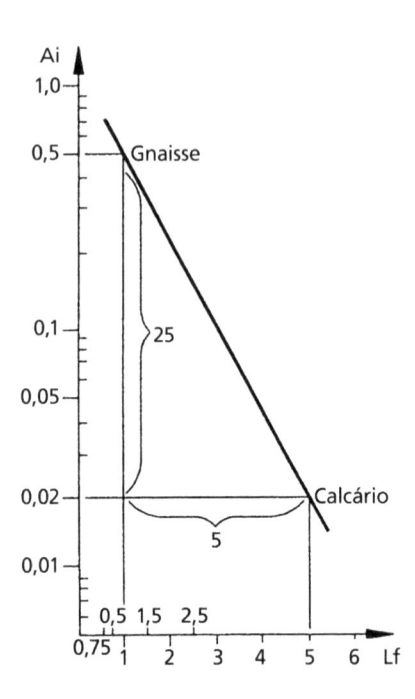

Fig. 1.20 "Fator de vida"
Fonte: Rolfsson (1983).

QUADRO 1.3 Consumo de material em peças de desgaste

Máquina	Peça de Desgaste	Consumo
Mandíbulas, um eixo	Mandíbula fixa	$5,81 \cdot e^{4,74 \cdot AI}$
	Mandíbula móvel	$3,38 \cdot e^{4,74 \cdot AI}$
Mandíbulas, dois eixos	Mandíbula fixa	$1,941 \cdot e^{4,74 \cdot AI}$
	Mandíbula móvel	$1,55 \cdot e^{4,74 \cdot AI}$
Giratórios	Manto e revestimento	$e^{4,16 \cdot AI}$
Cônicos terciários	Manto e côncavo	$0,72 \cdot e^{4,16 \cdot AI}$
Cônicos	Manto e côncavo	$0,87 \cdot e^{4,16 \cdot AI}$
Britadores de rolos	Revestimento dos rolos	$48,6 \cdot AI^{0,66}$

1.6 Instalações

A Fig. 1.21 mostra um esquema típico de instalação de britagem primária de pequena produção. O caminhão descarrega em uma moega, no fundo da qual existe um alimentador de esteiras (ou vibratório) que alimenta o britador primário.

Quando é feito o escalpe da alimentação, usam-se grelhas vibratórias, que são equipamentos da família das peneiras, porém muito mais robustos e pesados. Sua eficiência de peneiramento é muito baixa, da ordem de 60%.

Muitas vezes, a moega é coberta por uma grelha fixa, de trilhos, que impede que os fragmentos muito grandes, capazes de obstruir o britador, sejam alimentados. A Fig. 1.22 mostra um *rock buster*, que é um martelete pneumático instalado na ponta de um braço articulado, que permite romper rapidamente esses blocos.

Antigamente, antes do advento dessa facilidade, era comum ter de parar a instalação para a penosa tarefa de desobstruir o britador, ou então os blocos retidos na grelha eram marroados manualmente.

Fig. 1.21 Instalação de britagem
Fonte: Faço (s.n.t.-a).

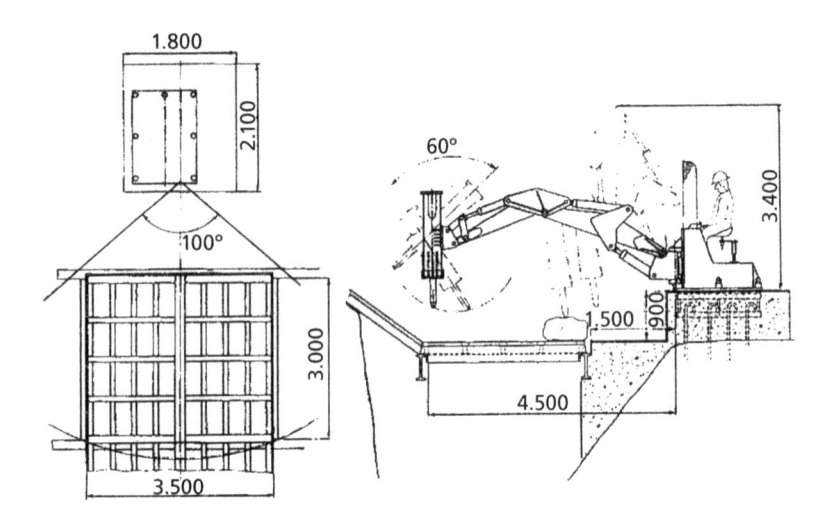

Fig. 1.22 Grelha fixa e *rock buster*

A Fig. 1.23 mostra uma perspectiva da britagem primária de Carajás, de 35 × 10^6 t/ano. Duas moegas recebem, cada uma, dois caminhões. Abaixo delas, há alimentadores de esteiras que alimentam grelhas vibratórias. O *oversize* das grelhas alimenta o britador primário. Abaixo do britador, há uma câmara (necessidade operacional da máquina) e, abaixo desta, outro alimentador de esteiras, que alimenta o transportador de correia, o qual retira o produto de britagem.

Debaixo das grelhas, há um transportador de correia muito largo, que recolhe os finos que passam entre as esteiras. Esses finos são juntados ao passante na grelha e acumulados num silo, de onde descarregam sobre o transportador de saída.

O espaço sobre o britador é livre e usado para a retirada da aranha e do cone, por meio de uma ponte rolante. Essa ponte é necessária por causa do peso elevado de algumas peças. Em alguns modelos de britador, o acesso ao cone é feito por baixo e existe uma câmara com um carrinho para retirá-lo.

A instalação tem um desnível de 42 m desde a base do túnel do transportador de correia até a praça de descarga. Ela é beneficiada pela

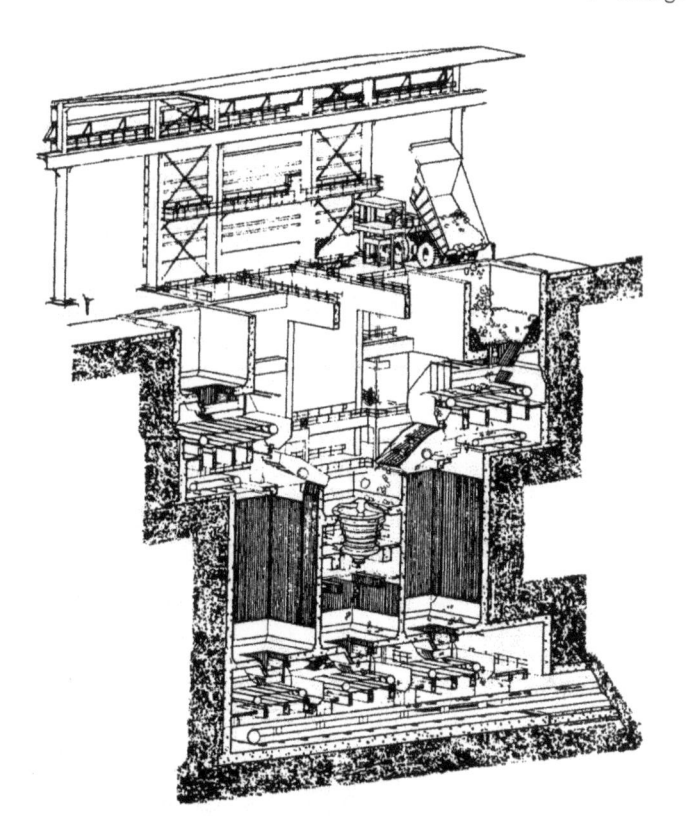

Fig. 1.23 Perspectiva da britagem primária de Carajás
Fonte: Duarte e Amantes (1985).

topografia local, e essa é a correta aplicação de um princípio geral de projeto: o de usar o terreno e as forças de gravidade para auxiliar o escoamento do minério.

O projeto deve levar em conta as necessidades de drenagem das instalações de nível mais baixo, bem como as necessidades de acesso para limpeza e manutenção dos equipamentos. Os sistemas de lubrificação são muito importantes para a operação e também devem ser facilmente acessíveis. O mesmo vale para o sistema de regulagem hidráulica da abertura do cone.

A cabine de controle não é mostrada na Fig. 1.23. Ela deve prover ampla visão do britador e do pátio para permitir a correta orientação da manobra dos caminhões, o que é frequentemente conseguido por câmeras de televisão.

Finalmente, as fundações são muito pesadas para absorver não somente as cargas estáticas como também as dinâmicas.

Uma alternativa de projeto é mostrada na Fig. 1.24 e consiste na alimentação direta do britador giratório pelo caminhão, sem alimentador. Ela foi preconizada durante muito tempo como uma vantagem desse modelo, mas a tendência, já de muitos anos, é usar o alimentador, e não só este, mas também o escalpe em grelha vibratória.

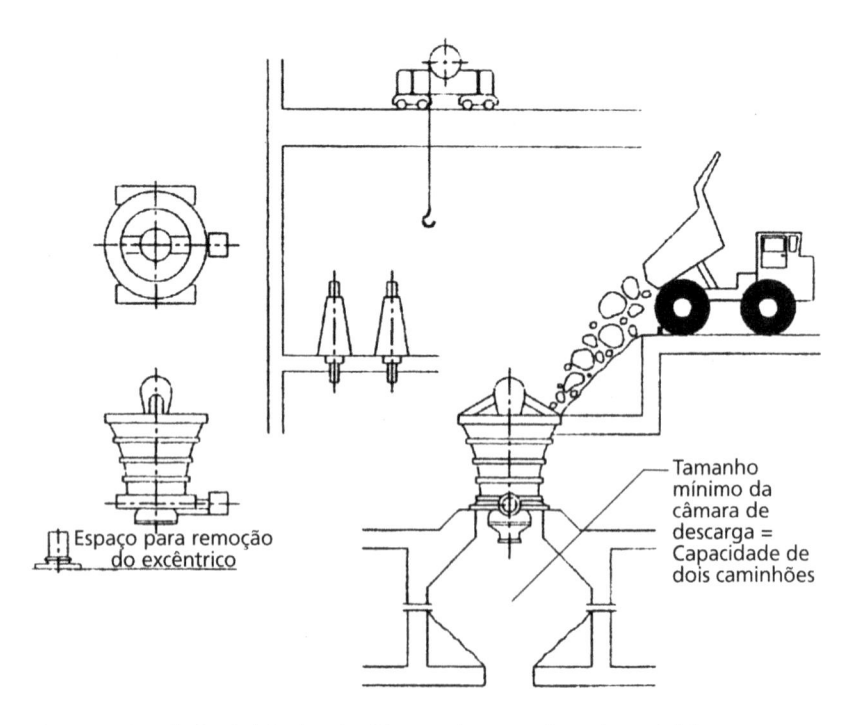

Fig. 1.24 Instalação de britador giratório com descarga direta do caminhão

1.7 Operação

1.7.1 Lubrificação

A lubrificação do britador é uma preocupação constante. Os equipamentos modernos trabalham com lubrificação forçada. Muitos

1 Britagem   57

modelos têm um dispositivo de proteção (intertravamento) que funciona da seguinte forma: quando se liga o equipamento, inicialmente é acionada a bomba de óleo lubrificante. Somente quando este penetrou entre os eixos e os mancais é que o motor do britador é liberado para a partida.

Os sistemas de lubrificação de alguns modelos são grandes e ocupam áreas significativas. É necessário, no projeto, prever espaço para eles, acesso e facilidades para manutenção (Fig. 1.25).

1.7.2 Regulagem

A regulagem da abertura do britador é o parâmetro operacional mais importante. Nos britadores de mandíbulas, ela é feita mediante a cunha ou o encosto da abanadeira. Equipamentos mais modernos têm um macaco hidráulico para fazer essa tarefa.

Nos britadores da família dos giratórios, essa regulagem é feita levantando ou abaixando o cone. Antigamente, todos esses britadores precisavam girar a parte superior do manto (conhecida como "anel") para rosquear a aranha. Utilizavam-se sistemas de macacos hidráulicos para fazer esse movimento. Essa regulagem tinha de ser feita com o britador parado e vazio, e era feita por tentativa e erro, isto é, fechava-se a abertura, ligava-se o britador e verificava-se a medida da abertura. Se ela estivesse muito aberta, fechava-se mais um pouco, até chegar no valor desejado; se ela estivesse muito fechada, abria-se um pouco, até acertar.

Esse sistema foi substituído pela regulagem hidráulica. Uma câmara cheia de óleo, por baixo do cone, sustenta-o. Ao se bombear óleo para essa câmara, o cone é levantado. Para abaixá-lo, retira-se o óleo. Em caso de sobrecarga do britador ou de entrada de alguma peça metálica, como um dente de escavadeira, existe um dispositivo de alívio que abre o britador, descarrega a peça e, depois, retorna às condições normais de operação. A Fig. 1.26 ilustra essa explicação.

Já mencionamos que não é recomendável trabalhar com o britador regulado em sua abertura mínima, por causa do desgaste excessivo da

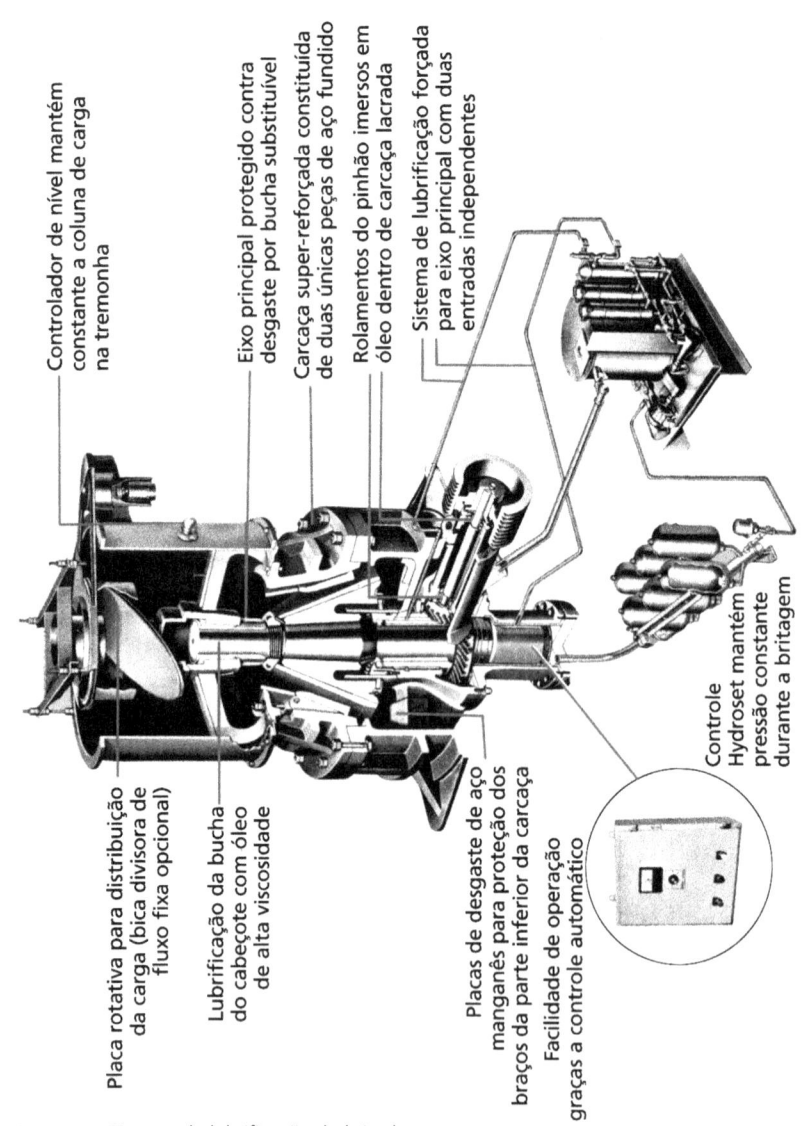

Fig. 1.25 Sistema de lubrificação do britador
Fonte: Allis Chalmers (s.d.).

extremidade inferior da mandíbula ou do cone, que torna impossível regulagens subsequentes. Moraes (1998) informa que essa prática, além do desgaste, leva a produções reduzidas, ao aumento da potência

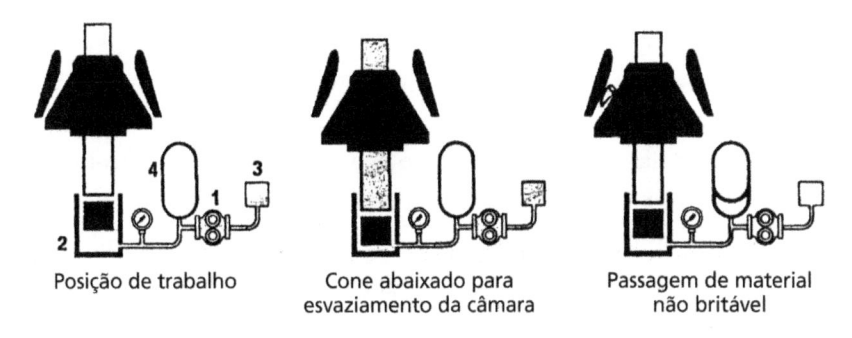

Posição de trabalho | Cone abaixado para esvaziamento da câmara | Passagem de material não britável

Fig. 1.26 Regulagem hidráulica de abertura

consumida e a problemas de engaiolamento. Sua recomendação é que a relação de redução máxima admissível seja de 7:1.

1.7.3 Problemas operacionais

O britador pode trabalhar mal por diversas razões:

◆ empastamento: quando a alimentação tem grande proporção de finos e está úmida, ela pode grudar nas mandíbulas. Se esses finos forem argilosos, tornam-se plásticos e não escoam para baixo: a cada movimento da mandíbula, o material é amassado mas não desce;

◆ entupimento (*blocking*): blocos grandes, maiores que o tamanho máximo admitido pelo britador, podem entrar nele. Se isso acontecer, o britador não pode quebrá-los, e eles ficam entalados numa posição tal que impedem o movimento da mandíbula. Essa situação é muito frequente em britadores primários que não têm grelha de proteção, e é necessário parar toda a operação até retirar o bloco. Algumas vezes, a única solução possível é desmontar o bloco dentro do britador com explosivo;

◆ atolamento (*bridging*): as partículas podem se arrumar dentro do britador de mandíbulas de tal maneira que formam um arco que as sustenta acima do britador e impede a passagem delas. Cessa o escoamento através do britador, apesar de ele continuar funcionando.

♦ afogamento (*choking*): conforme o material vai sendo britado, o volume total ocupado pelas partículas aumenta (fenômeno do empolamento). Isso acontece continuamente. Nos britadores de mandíbulas, à medida que isso ocorre, a seção disponível para o escoamento das partículas diminui. Então, dentro do britador, existe uma posição em que a capacidade de vazão é mínima. Quando a vazão com que o britador é alimentado excede essa vazão crítica, o britador afoga.

1.7.4 Projeto das mandíbulas e dos mantos

Ao ser identificado e entendido o problema do afogamento, os fabricantes passaram a reprojetar os perfis das mandíbulas e dos mantos, de modo a minorar a situação anteriormente descrita. Surgiram, então, as *non-choking liners* (mandíbulas curvas), que permitem que o britador trabalhe afogado. Com isso, a técnica operacional passou a ser manter o britador sempre totalmente carregado (afogado). Essa técnica é chamada de *choking feeding* (operação com a câmara cheia) (Fig. 1.27).

É claro que, no caso de britadores de mandíbulas, apenas os de mandíbula curva poderão operar nessa condição. Moraes (1998) enfatiza que essa prática resulta em três benefícios para a operação:

1) se a parte superior do volume entre as mandíbulas estiver carregada, a mordida fica equilibrada ao longo da superfície das mandíbulas, o que é bom para o funcionamento (mecânico) da máquina;
2) o escoamento das partículas sobre as mandíbulas é mais lento, sem impacto (pois a chegada de uma partícula é amortecida pelas demais);
3) o fraturamento pedra contra pedra passa a ocorrer dentro da câmara de britagem, o que diminui o desgaste e aumenta a produção.

O desenho das mandíbulas também é uma consideração importante. O material padrão será sempre o aço Hadfield. Sua fundição é uma técnica difícil e que exige experiência do fundidor, não pela operação de

Côncavo de perfil reto   **Non choking perfil**

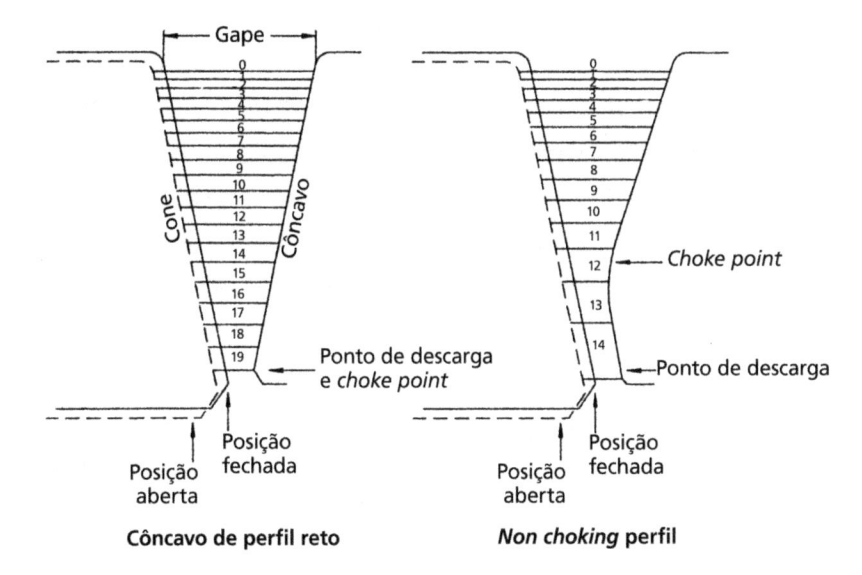

Fig. 1.27 Perfis de côncavos

fundição em si, pois as contrações de resfriamento e de solidificação são similares às das outras ligas, mas por causa das variações volumétricas durante o encruamento. O fundidor deve saber prevê-las e levá-las em conta durante o projeto da peça.

Utilizam-se diferentes perfis da seção transversal da mandíbula (Moraes, 1998):

- mandíbulas lisas: têm mais volume de aço manganês para ser desgastado e, por isso, maior vida. São muito usadas com materiais macios e friáveis ou com materiais grudentos (entopem menos). Em compensação, são mais pesadas, o que aumenta o esforço da máquina. Alguns fabricantes as fornecem com rasgos verticais, na tentativa de que esses sulcos absorvam a deformação do aço e impeçam um eventual abaulamento da mandíbula;
- mandíbulas corrugadas (denteadas): têm a vantagem de concentrar os esforços nas pontas dos dentes, o que é bom para o mecanismo de endurecimento do aço manganês e para a transmissão dos esforços sobre as partículas, pois a carga é concentrada numa

área menor, resultando em esforços menores nos componentes mecânicos do britador. A desvantagem é oferecerem uma área maior para os materiais grudentos grudarem e empastarem o britador. Nesse caso, dentes de formato arredondado são mais indicados.

Existem no mercado diferentes perfis de mandíbulas (Fig. 1.28). Cada uma tem sua aplicação específica e o *Manual de britagem Faço* (Allis Mineral Systems/Faço, 1994) ou o fornecedor devem ser consultados. O desenho pesado tem rasgos para compensar a expansão do aço manganês durante o endurecimento.

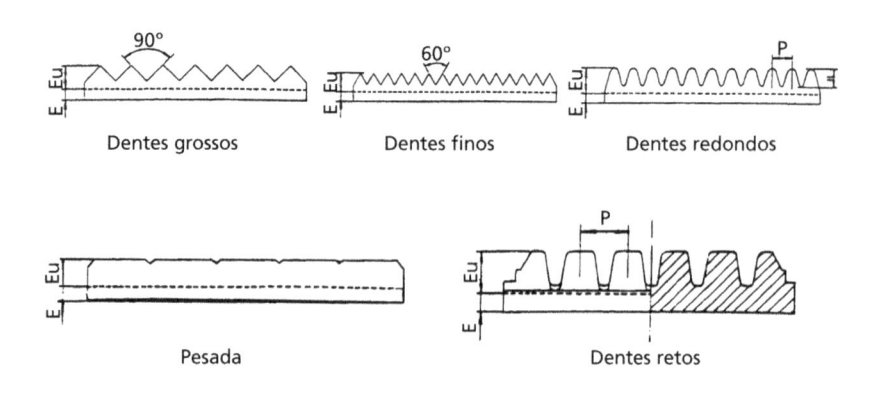

Dentes grossos   Dentes finos   Dentes redondos

Pesada   Dentes retos

Fig. 1.28 Diferentes desenhos de mandíbulas
Fonte: Allis Mineral Systems/Faço (1994).

A espessura da mandíbula também pode variar, sendo encontradas mandíbulas superpesadas para materiais extremamente abrasivos, ou para alterar o ângulo de mordida do britador (caso de materiais com dureza ou elasticidade excepcionalmente alta).

Modernamente, as mandíbulas passaram a ser oferecidas em duas, três ou quatro partes, o que permite substituir apenas as partes de desgaste mais intenso. O fato de serem peças mais leves também facilita a manutenção e diminui os custos de fabricação. Alguns projetos vão mais longe e permitem, inclusive, manejá-las, trocando-as de posição, virando-as ou trocando-as da mandíbula fixa para a móvel, ou vice-versa.

1.7.5 Prática operacional

Os britadores cônicos devem sempre trabalhar totalmente afogados. Muitos modelos têm uma placa inclinada, fixada ao topo do cone, que gira com ele e distribui a alimentação igualmente por todo o espaço útil (ver Fig. 1.25). Trabalhar com a câmara não totalmente cheia aumenta a geração de partículas lamelares.

Com base nas considerações anteriores, fica evidente a necessidade de escalpar a alimentação quando ela tiver uma quantidade significativa de finos. Além da diminuição da vazão que passa abradindo as mandíbulas, a diminuição de volume é seletiva, pois os finos estão preenchendo os vazios entre as partículas maiores. Como há empolamento em toda redução de tamanhos, resulta mais espaço livre para as partículas empolarem.

O engenheiro José Luiz Beraldo adotava o valor de 30% de finos na alimentação para recomendar o escalpe na britagem primária. Como já comentamos, esse valor é a regra nas britagens secundária e terciária, e a britagem quaternária trabalha sempre em circuito fechado.

Finos estão quase sempre associados a argila e a umidade. A combinação desses dois fatores é uma dificuldade muitas vezes insuperável, e os britadores da família dos giratórios são especialmente sensíveis à umidade. Britadores de mandíbulas também são afetados, de modo que, nessas circunstâncias, é necessário escolher outro tipo de britador: de impacto ou de rolos. Os fabricantes de equipamentos para carvão desenvolveram modelos especiais para materiais muito grudentos, modelos estes que também se aplicam para bauxita e outros minérios lateríticos.

É comum construir-se uma pilha de estocagem após a britagem primária ou secundária. Essa pilha permite tornar a operação a montante (mina e britagem) independente da operação a jusante (britagens mais finas e usina de concentração). Assim, se a pilha é construída após a britagem primária, a mina e o britador primário operam em seu ritmo (p.ex., até mesmo um turno por dia), enquanto que as demais britagens e a usina trabalham em outro ritmo (p.ex., 24 horas diárias). Isso permite o uso de equipamentos menores e a diminuição do investimento.

Se o material necessita ser homogeneizado para alimentar a usina de beneficiamento, as pilhas de homogeneização precisam ser construídas após a britagem secundária ou mesmo após a terciária, sob pena de o material ainda estar muito grosseiro e a homogeneização mostrar-se inócua.

As tabelas de capacidades fornecidas pelos fabricantes referem-se a calcário de WI 14. Ao variar o WI, a capacidade do britador também variará. A Tab. 1.12 fornece uma ordem de grandeza dos ganhos ou perdas de capacidade.

Tab. 1.12 Variação da capacidade de britadores com o WI (%)

WI (kWh/st)	10	12	14	18	22
Produção (%)	115	110	100	90	80

Temos sempre nos referido ao material em termos de dificuldade de cominuição. As avaliações são, muitas vezes, subjetivas e, por isso mesmo, impróprias. Está plenamente estabelecido que o "duro" para a cominuição não tem nada a ver com a "dureza", propriedade superficial. Rolfsson (1983) relaciona essa dificuldade ao WI segundo a Tab. 1.13.

Os fabricantes calculam a potência consumida pelo britador operando cheio pela lei de Bond:

$$P = Q \cdot WI \cdot \left(\frac{10}{\sqrt{P}} - \frac{10}{\sqrt{F}} \right) \quad \text{(1.11)}$$

onde:

P é a potência (kWh);
Q é a vazão (st/h);

WI é o *work index* (kWh/st);
P é o d_{80} do produto (μm);
F é o d_{80} da alimentação (μm).

Acreditamos tratar-se de uma mera aproximação, pois na britagem, em princípio, o consumo energético seria governado pela lei de Kick. Entretanto, a dar-se crédito a essa equação, os números da Tab. 1.12 se justificariam em decorrência da variação linear com o WI.

Tab. 1.13 DIFICULDADE DE COMINUIR × WI

Descrição	Faixa de WI
"Muito brando"	< 8
"Brando"	8-12
"Médio"	12-16
"Duro"	16-20
"Muito duro"	20-24
"Extremamente duro"	> 24

Fonte: Rolfsson (1983).

A sílica é o padrão de material abrasivo e que recomenda sempre o uso de britadores de dois eixos. Teores de sílica livre superiores a 15% proíbem o uso de britadores de impacto. O uso de britadores de rolos também fica complicado com materiais muito silicosos, pois o desgaste ocorre, preferencialmente, na parte central da superfície externa dos rolos e com menor intensidade junto às faces externas. Fica difícil, então, acertar a abertura dos rolos.

Rolfsson (1983) também fornece a Fig. 1.29, que relaciona o teor de sílica livre e a textura do minério com o AI.

Em britagem fina, a literatura (dos fabricantes de equipamentos) recomenda o uso de britadores de impacto de eixo vertical (VSI) para materiais abrasivos. Como será discutido adiante, para tais britadores, por se tratarem de máquinas autógenas, a abrasividade do minério passa de desvantagem a vantagem.

Fig. 1.29 Relação entre teor de sílica, textura e WI
Fonte: Rolfsson (1983).

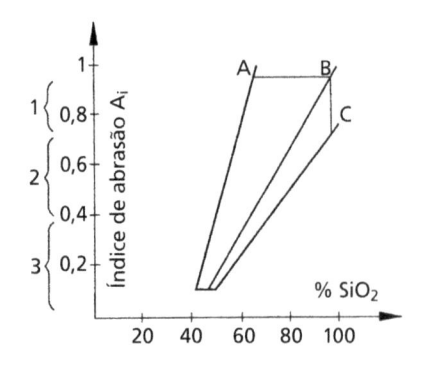

A Alto grau de homogeneidade
B Tipos de rochas "normais"
C Rochas altamente metamorfizadas

1 Rochas com alto teor de quartzo, tais como quartzitos, filitos.
2 Rochas ácidas e intermediárias, tais como gnaisse, granito.
3 Rochas básicas, tais como basalto, diabásio, anfibólio.

1.7.6 Cubicidade das partículas

Para muitas aplicações, especialmente na indústria de agregados para construção civil, além da distribuição granulométrica, a forma das partículas é uma exigência importante. Para a fabricação de concreto, o ideal é o cascalho do leito dos rios, que tem superfície lisa e forma arredondada. Isso é importante em termos da reação superficial da rocha com o cimento e para o bombeamento. A brita tem uma resistência mecânica maior por ter sido britada. Sua superfície é mais rugosa, o que aumenta o efeito das forças de atrito, fazendo as pedras intertravar-se, o que é especialmente benéfico para uso em pavimentação.

Quanto mais cúbico, isto é, com largura, altura e espessura aproximadamente iguais, melhor é o agregado. A medida é feita sobre amostras estatisticamente significativas (200 a 300 pedras), com paquímetro (norma alemã) ou calibres (normas inglesa e sueca) (Bern, 1998). Quando a quantidade de partículas com relação inferior a 3:1 é superior a 80%, o material é aprovado. Se for superior a 90%, o material é considerado excelente.

A xistosidade do maciço, a mineralogia da rocha e a existência de trincas ou intemperismo no maciço podem levar a uma tendência de a rocha britar em partículas lamelares. A experiência mostra que a operação com a câmara cheia favorece a cubicidade do produto de britagem. A explicação é que, nessas condições, grande parte do trabalho de britagem é interparticular. As partículas lamelares acabam sendo quebradas em formato mais cúbico. Bern (1998) recomenda menores relações de redução por estágio de britagem e não escalpar a alimentação, ao se trabalhar com britadores cônicos. Finalmente, sua recomendação é adotar britadores de impacto de eixo vertical (no seu caso, o Barmac).

1.8 Automação e controle de instalações de britagem [1]

A britagem é um processo que pode ser automatizado com sucesso, e muitos benefícios decorrem dessa prática. Pode-se dizer que uma instalação de britagem está automatizada quando se controla uma operação unitária isoladamente ou toda a instalação. A última tarefa é, sem dúvida, bem mais complexa.

Os objetivos da automação de uma instalação de britagem podem ser os mais diversos, entre os quais:

- aumentar a segurança das pessoas envolvidas na operação;
- proteger os equipamentos contra sobrecargas e danos;
- maximizar a produção de uma determinada composição granulométrica, seja do produto de um equipamento, de uma etapa do processo ou de toda a instalação;
- obter a produção máxima do circuito;
- obter a relação de redução máxima do circuito ou, de modo equivalente, maximizar a produção de finos;
- reduzir a mão de obra;
- reduzir a variação dos produtos (controle estatístico de processo);
- reduzir o consumo de energia elétrica;
- reduzir o consumo dos revestimentos dos britadores, telas de peneiras etc.

1. A autoria da presente seção é de Octávio Deliberato Neto.

Atingir um ou mais desses objetivos depende da escolha de uma estratégia de controle adequada, que, por sua vez, requer o conhecimento do comportamento dos processos que compõem o sistema em questão, tanto em regime estacionário quanto dinâmico. O objetivo é estabelecer um meio de manipular uma variável de modo que outra variável que se quer controlar tenha seus desvios do valor de referência corrigidos. Se houver somente um par "variável manipulada - variável controlada" dizemos que o sistema é SISO (*single input, single output*); caso contrário, MIMO (*multiple input, multiple output*).

Conhecer o comportamento de um sistema significa saber responder às seguintes perguntas, após determinada variação da variável manipulada:

- Qual o valor final da variável controlada?
- Quanto tempo será necessário para se chegar a esse valor?
- Qual a trajetória da variável controlada com o passar do tempo?

Para responder a essas perguntas, há duas abordagens:

1) clássica: consiste em analisar, quantitativa ou mesmo qualitativamente, a resposta do processo real a uma "entrada padrão" (por exemplo, uma variação de 10% na taxa de alimentação). Essa abordagem requer, portanto, testes de campo, os quais nem sempre são bem-vindos por parte dos operadores e gerentes de operação, por motivos como: exposição a condições inseguras, risco de instabilização do processo por longos períodos de tempo, aumento de custos etc.;

2) modelagem matemática: consiste na obtenção de modelos que descrevam uma relação entre as entradas e as saídas de um processo. Os modelos podem advir das leis fundamentais da física, da química, de relações empíricas, e podem ser escritos como equações diferenciais, algébricas, variáveis de estado etc. A vantagem dessa abordagem é que o processo real não precisa ser perturbado; a desvantagem, claro, reside no fato de o modelo ser uma *representação* do sistema real.

A abordagem mais comum, na teoria clássica de controle, consiste em modelar um sistema com uma ou mais equações diferenciais lineares, isto é, considera-se o sistema como linear (vale o princípio da superposição) e invariante no tempo (os parâmetros não mudam com o tempo). Essas premissas impõem uma grande restrição à modelagem dos processos minerais, uma vez que praticamente todos eles – e aí se incluem os circuitos de britagem – não são nem lineares nem invariantes no tempo, aliás, muito pelo contrário. Parsons et al. (2002) citam algumas das principais fontes de variação que podem afetar um circuito de britagem:

♦ variabilidade da alimentação (distribuição granulométrica, WI, vazão);

♦ abrasividade do material;

♦ sinais ruidosos (de nível, de potência etc);

♦ perturbações não medidas (pedaços de metal em transportadores de correia, chutes entupidos etc).

Herbst et al. (2002) e Deliberato Neto (2007) fazem referência ao uso de simuladores para se obter uma representação mais fiel do processo e também como ferramenta de auxílio na definição da estratégia de controle. Qualquer que seja a abordagem adotada, algumas restrições das operações de britagem devem ser observadas durante a definição da estratégia de controle. Whiten (1984) menciona algumas delas:

a) potência disponível (ou corrente consumida, que é mais comum), ou seja, se seria seguro "forçar" mais o britador, fechando-o ou aumentando a taxa de alimentação;

b) capacidade do britador;

c) capacidade das peneiras e dos transportadores de correias;

d) *topsize* do produto de britagem.

Evidentemente, um ou mais desses itens pode se aplicar a uma operação em particular, restringindo as possibilidades de controle da instalação correspondente.

O controle de processo, como o nome já diz, começa no *processo*. Como cada instalação de britagem tem uma configuração e particularidades a ela associadas, o melhor é estudar o circuito em questão para definir estratégias de controle que serão cotejadas, a fim de que seja escolhida a que melhor atender aos critérios técnicos e econômicos do projeto.

Dito de outra forma, o projeto de automação e controle, por melhor que seja, não pode sobrepujar as limitações inerentes ao processo. Segundo Morari (apud Flintoff, 2002, p. 2057): "[...] é reconhecido há tempos, tanto pela indústria quanto pela academia, que modificações no sistema físico podem eventualmente afetar a resiliência de forma significativa, mais do que mudanças no controlador". Morari define a resiliência como a capacidade de um processo em alternar rápida e suavemente entre estados, e de lidar efetivamente com perturbações.

Segundo Aström e Wittenmark (apud Flintoff, 2002, p. 2057):

> A relação entre controle de processo e projeto também é importante. Sistemas de controle são tradicionalmente introduzidos em um dado processo para simplificar ou melhorar a operação dele. Entretanto, tornou-se claro que muito pode ser ganho se o controle de processo e o projeto forem considerados em um único contexto. A disponibilidade de um sistema de controle sempre dá ao projetista um grau de liberdade adicional, o que frequentemente pode ser usado para melhorar o desempenho ou a rentabilidade. Do mesmo modo, há muitas situações em que problemas difíceis de controlar surgem por causa de um projeto incorreto.

Daí a importância da participação do engenheiro de processos na definição e no acompanhamento da execução dos projetos de automação e controle, em vez de delegar tudo a empresas ou departamentos de automação que, apesar de conhecerem a fundo arquiteturas de sistemas, protocolos de comunicação, instrumentação etc., geralmente pouco ou nada conhecem sobre o processo que se pretende controlar, o que gera vários erros e vícios no projeto, que depois serão muito caros e custosos de eliminar. Em contrapartida, isso põe sobre o engenheiro de processos a responsabilidade de conhecer ao menos o básico de automação e controle, para que ele possa participar ativamente do projeto, desde o conceito até a posta em marcha.

O esquema usado para materializar a estratégia de controle de uma instalação de britagem – a arquitetura do sistema – depende do tamanho da instalação e do orçamento disponível. Há no mercado dois esquemas predominantes: sistemas que empregam controladores lógicos programáveis (CLPs) e sistemas de controle distribuído, mais conhecidos como DCS (*distributed control systems*). Embora atualmente haja certa convergência com respeito ao que ambas as arquiteturas podem fazer, ainda restam algumas diferenças técnicas entre elas que devem ser levadas em conta.

Os sistemas que empregam CLPs são mais comuns nas instalações com poucos pontos de entrada e saída (da ordem de 1.000 pontos de E/S) e onde o controle discreto (sequencial) predomina sobre o controle analógico (geralmente feito por controladores PID, discutidos adiante), situação comumente encontrada nos circuitos de britagem. Em instalações mais complexas de tratamento de minérios e em indústrias como papel e celulose, gás, química e petroquímica, nas quais o número de pontos de E/S é alto (da ordem de 10.000) e onde o controle analógico predomina – feito não somente por controladores PID, mas também por outras estratégias avançadas de controle, como malha de controle com antecipação, em cascata, lógica nebulosa, redes neurais, sistemas especialistas, etc. –, o esforço de engenharia para usar somente os CLPs passa a não mais compensar, e os sistemas distribuídos de controle surgem como a melhor opção.

Qualquer que seja a opção adotada – os defensores do CLP e do DCS mantêm-se entrincheirados, cada qual destacando ardorosamente as vantagens do seu esquema –, o objetivo principal do controle de uma instalação de britagem é, em geral, maximizar a produção horária da instalação, objetivo que será atingido por meio do controle por retroalimentação, eventualmente combinado com outras formas de controle. Os métodos de controle supervisório (otimização) e controle avançado funcionam de maneira diferente do controle por retroalimentação, pois calculam e fornecem parâmetros aos subsistemas e *setpoints* ao controle por retroalimentação, focando na otimização do processo. O controle por retroalimentação é, portanto, a base sobre a qual esquemas mais complexos de controle poderão ser concebidos.

Segundo Parsons et al. (2002), o controle por retroalimentação dos circuitos de britagem:

♦ faz o processo perseguir uma meta de desempenho;
♦ minimiza o efeito de perturbações;
♦ reduz os efeitos da variabilidade do minério; e
♦ proporciona partida, operação e parada seguras do processo.

1.8.1 Controle de processos por retroalimentação

Considere-se a malha de controle da Fig. 1.30.

O cálculo de um sistema de controle SISO envolve, via de regra, um dispositivo ou modelo de processo que consiste de uma variável controlada pelo operador, o *setpoint*, e uma saída, a variável controlada. O sistema de controle terá suas funções desempenhadas por um algoritmo, o controlador, que, usando tanto a referência do operador (o *setpoint*) quanto a saída do processo, calculará a variável manipulada, a fim de manter a variável controlada o mais próximo possível do *setpoint* – ou, de modo equivalente, manter o sinal de erro o mais próximo possível de zero. Isso é conseguido ajustando-se o valor da variável manipulada de acordo com uma lei de controle preestabelecida.

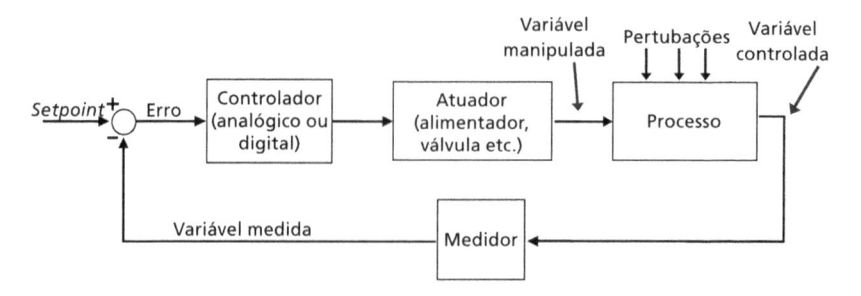

Fig. 1.30 Malha de controle

1 Britagem 73

Uma vez conhecido de antemão o comportamento desejado do sistema, a questão fundamental do cálculo de sistemas de controle envolve modificar as características físicas do sistema, de modo que o comportamento desejado aconteça. Isso requer que se conheça a dinâmica do processo e, mais do que isso, quais as modificações que produzirão o comportamento desejado. O cálculo de sistemas de controle é, portanto, um problema de engenharia reversa.

De todos os sistemas de controle, o controle por retroalimentação é um dos mais comuns e também um dos mais eficazes. Conforme o nome indica, baseia-se em uma ação de controle com base no que já ocorreu, ou seja, uma ação é tomada quando a variável controlada já se desviou do *setpoint*.

Há outras maneiras de estabelecer leis de controle sem o uso de retroalimentação; pode-se, por exemplo, medir as perturbações do processo e, com base nessas medidas, tomar uma ação de controle sem considerar o valor do sinal de erro. Uma malha de controle assim construída é denominada de malha de controle de antecipação ou de alimentação avante. Os esquemas de retroalimentação e antecipação podem ser combinados, formando esquemas mais complexos. É possível, ainda, ter malhas de retroalimentação internas a outras, mais externas, a saída de uma sendo o *setpoint* da outra. Esse esquema denomina-se malha de controle em cascata (Fig. 1.31) e constitui uma estratégia avançada de controle, comumente usada em operações de britagem. Nas Figs. 1.32 e 1.33, Gc, Gv, Gp, G_L e Gm representam, respectivamente, o controlador, o atuador, o processo, o elemento de perturbação do processo e o medidor.

1.8.2 Controladores PID

Os controladores PID são assim chamados por causa de sua ação corretiva proporcional, integral e derivativa em relação ao sinal de erro. Há vários outros tipos de controladores, mas os do tipo PID ainda são, de longe, os mais populares da indústria, em razão de sua facilidade de implementação, baixo custo e eficácia.

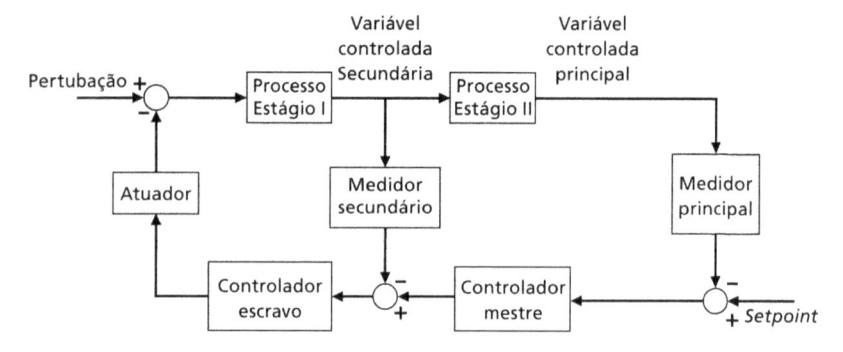

Fig. 1.31 Malha de controle em cascata

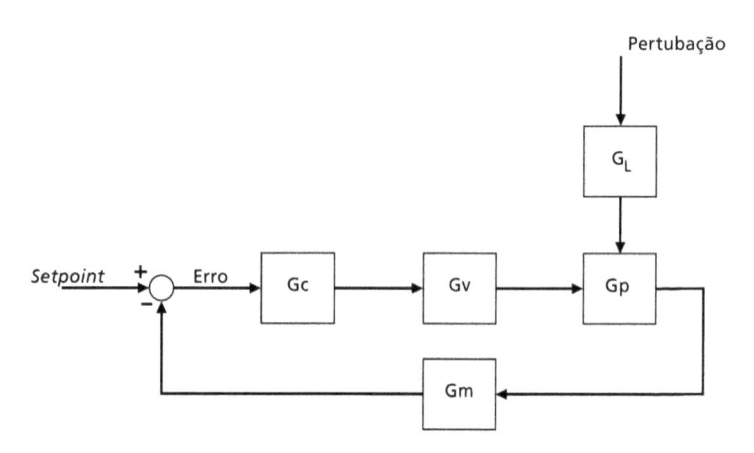

Fig. 1.32 Malha de controle com retroalimentação

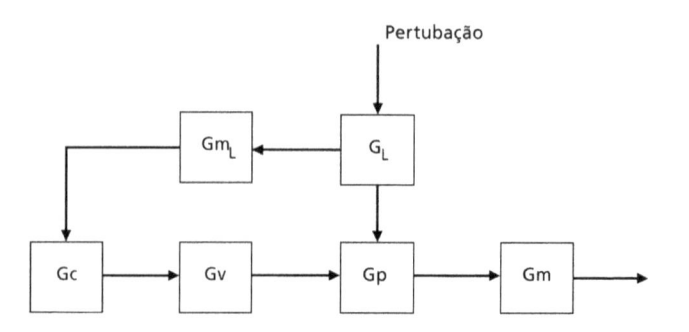

Fig. 1.33 Malha de controle com antecipação

1 Britagem 75

O controlador automático é o coração da malha de controle. Nele está a lei de controle que deverá garantir a estabilidade do processo por meio do ajuste da variável manipulada. O controlador pode ser analógico – hoje existente praticamente só em instalações mais antigas – ou digital, isto é, algum dispositivo microprocessado. Esse último, de longe, é o tipo de controlador que domina a indústria atual, qualquer que seja o ramo de atuação.

A teoria clássica de controle trata o controlador como um dispositivo analógico e, então, deriva algumas relações úteis que são usadas para a definição dos parâmetros do controlador e, portanto, da lei de controle. Essa abordagem é mais que suficiente, uma vez que os modernos controladores digitais emulam, no campo, o funcionamento dos controladores analógicos. É comum o cálculo de um controlador considerando-o analógico seguido de sua implementação com um controlador digital (Seborg; Edgar; Mellichamp, 1989).

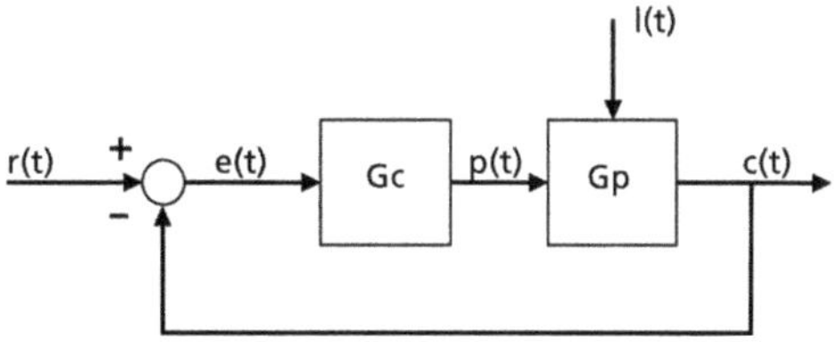

Na malha de controle da Fig. 1.34, o atuador e o medidor foram suprimidos, por simplificação.

Fig. 1.34 Malha de controle simplificada

Um controlador PID ideal tem seu funcionamento descrito pela equação:

$$p(t) = \bar{p} + K_p \left(e(t) + K_i \int_0^\tau e(t)dt + K_d \frac{de}{dt} \right) \quad (1.12)$$

onde $\bar{p}$ é a saída do controlador na ausência de erro (valor chamado de bias) e K_p, K_i e K_d são os ganhos proporcional, integral e derivativo, respectivamente.

Essa equação descreve um controlador PID ideal série. A mesma equação poderia ter sido escrita sem os parênteses; o controlador assim construído seria um PID ideal paralelo. Daqui em diante, não mencionaremos mais o PID paralelo.

Controle proporcional

Se considerarmos somente o controle proporcional, a Eq. 1.12 se reduz a:

$$p(t) = \bar{p} + K_p e(t) \qquad (1.13)$$

O conceito do controle proporcional é muito simples: o ganho proporcional K_p pode ser ajustado o quanto for necessário para fazer o controlador ser mais rápido, e o sinal de K_p pode ser ajustado para se ter ação direta ou reversa do controlador ($K_p > 0$ implica ação reversa, uma vez que a saída do controlador diminuirá com o aumento da variável controlada. O caso contrário é $K_p < 0$, ação direta).

O valor do *bias* deve ser ajustado para corresponder ao valor que se acredita ser aquele obtido em regime estacionário, como, por exemplo, uma certa rotação ou porcentagem da rotação nominal de um inversor de frequência conectado ao motor elétrico de um alimentador de sapatas.

A Eq. 1.13 indica que a saída do controlador, p(t), pode variar indefinidamente. Isso, porém, não é verdade, uma vez que, na prática, o sinal p(t) tem sua variação permitida dentro de limites definidos geralmente pelo atuador (por exemplo, 4 a 20 mA, 3 a 15 psi ou 0 a 100%).

Uma desvantagem do controle proporcional é que, após uma variação no *setpoint* ou alguma perturbação no sistema, o erro não é eliminado completamente; resultará quase sempre uma diferença entre a variável controlada e o *setpoint*, chamada *offset*, não importando o valor de K_p. Uma maneira de contornar esse problema é alterar o valor do *bias* após a ocorrência do *offset*; porém, isso geralmente requer intervenção do operador. A melhor solução é a inclusão do modo de controle integral, discutido a seguir.

Apesar do *offset*, quando este puder ser tolerado – o que é o caso em muitas aplicações em instalações de britagem (controle do nível da câmara de um rebritador, por exemplo) –, convém utilizar somente o controle proporcional, dada a sua simplicidade.

Controle integral

Novamente, da Eq. 1.12:

$$p(t) = \bar{p} + K_i \int_0^\tau e(t)dt \qquad (1.14)$$

onde $K_i = \frac{1}{\tau_i}$ e τ_i é chamado de tempo integrativo, dado em segundos ou minutos.

A grande vantagem do controle integral é a eliminação do *offset*. A menos que o sinal do controlador fique saturado, o controle integral sempre buscará $e(t) = 0$. A desvantagem é que o controle integral tende a produzir uma resposta mais oscilatória, desestabilizando o sistema. A solução é tolerar a resposta oscilatória, se for possível, ou adicionar o modo de controle derivativo, analisado adiante.

Ao se analisar a Eq. 1.14, nota-se que a saída do controlador variará pouco, até que o sinal de erro tenha persistido por algum tempo. Assim, é raro o uso do controle integral somente; ele geralmente vem acompanhado do controle proporcional, resultando no controlador proporcional-integral (PI):

$$p(t) = \bar{p} + K_p \left(e(t) + K_i \int_0^\tau e(t)dt \right) \qquad (1.15)$$

Dessa combinação vem o significado do nome "tempo integrativo" ou "tempo de *reset*", dado para τ_i. Após uma variação tipo degrau em e(t), a saída do controlador variará instantaneamente, em razão do controle porporcional, e após um intervalo de tempo de τ_i, a ação integral terá contribuído com a mesma quantidade de variação que o modo proporcional. Diz-se que a ação integral repetiu a ação proporcional uma vez. Daí alguns controladores comerciais terem $1/\tau_i$, repetições por segundo ou minuto, como parâmetro de ajuste, em vez de τ_i somente. A Fig. 1.35 mostra a saída de um controlador PI, P e I a um degrau unitário.

Um fenômeno inerente ao controle integral é o *integral windup* ou *reset windup*. Se um erro persistir por muito tempo, o termo integral na Eq. 1.15 poderá aumentar até a saturação da saída do controlador. Aumentos adicionais do termo integral enquanto o controlador estiver saturado constituem o *integral windup*.

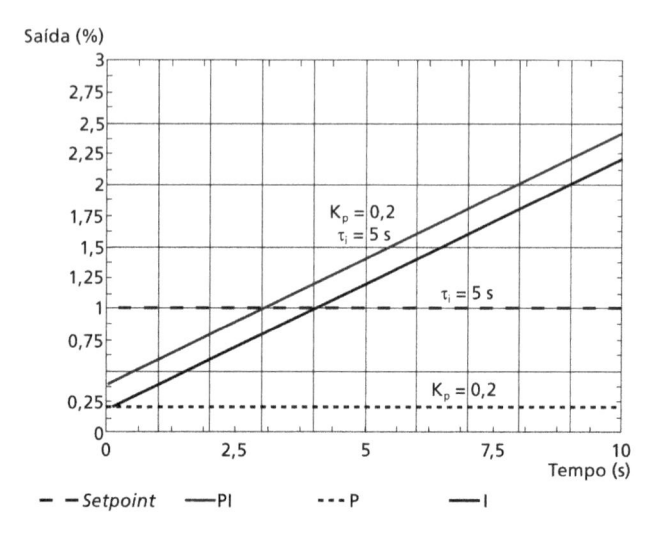

Fig. 1.35 Saída do modo de controle PI, P e I a um degrau unitário em e(t)

Esse fenômeno ocorre em controladores PI ou PID, por exemplo, durante a posta em marcha de um processo, ou após uma grande variação no *setpoint*, ou, ainda, após perturbações no sistema que excedam o poder de correção da variável manipulada. Felizmente, muitos controladores comerciais têm um mecanismo chamado *antireset windup*, que consiste na supressão do modo integral enquanto o controlador estiver saturado, retornando o controle integral quando não mais houver saturação.

Controle derivativo

O controle derivativo ideal é dado por:

$$p(t) = \bar{p} + K_d \frac{de}{dt} \qquad (1.16)$$

onde $K_d = \tau_d$ é o tempo derivativo, dado em segundos ou minutos.

À semelhança do controle proporcional, o controle derivativo nunca é usado sozinho; o controle sempre assume a forma proporcional-derivativo (PD):

$$p(t) = \bar{p} + K_p \left(e(t) + K_d \frac{de}{dt} \right) \quad (1.17)$$

O controle antecipativo proporcionado pelo modo derivativo tende a melhorar a resposta dinâmica da variável controlada; porém, se o sinal do medidor contiver ruídos de alta frequência, estes serão amplificados pela ação derivativa, a menos que o sinal do elemento de medida seja filtrado. Consequentemente, nos circuitos de britagem, o controle derivativo raramente é usado, uma vez que os sinais de nível da câmara dos rebritadores geralmente têm ruído. O controle derivativo também não é recomendado na presença de retardos, os quais são muito comuns nas instalações de britagem, em razão do transporte de minério.

Um dispositivo analógico, seja eletrônico, seja pneumático, que forneça ação derivativa ideal é impossível de ser construído, pois o controlador teria de responder de maneira infinitamente rápida a uma variação da entrada, problema esse inexistente nos controladores digitais. Diferentemente destes, os controladores analógicos não permitem o ajuste dos parâmetros K_p, K_i e K_d de forma independente, havendo interações entre os modos de tal forma que os valores podem diferir em até 30% dos valores nominais (Seborg; Edgar; Mellichamp, 1989).

O desempenho de uma malha de controle depende fundamentalmente dos parâmetros escolhidos para o controlador e da dinâmica do processo. Assim sendo, o objetivo é determinar os parâmetros do controlador – K_p, K_i (ou τ_i) e K_d (ou τ_d) – de acordo com algum critério, para controlar a resposta em malha fechada.

Para determinados processos, desenvolveram-se várias expressões para o cálculo de K_p, τ_i e τ_d (O'Dwyer, 2000). Há muitas maneiras, mais ou menos complexas, de calcular os parâmetros de um controlador, seja ele do tipo PID ou outro qualquer. No caso dos circuitos de britagem, um simples controle proporcional ou proporcional-integral é, muitas vezes, mais que suficiente para atingir os objetivos pretendidos, e apenas em casos especiais estratégias avançadas de controle têm de ser utilizadas, caso estejam presentes retardos muito grandes ou muitas não linearidades.

A literatura de controle está repleta de métodos para o cálculo de controladores, muitas vezes dispondo de um repertório matemático tão complexo que, se algumas páginas fossem isoladas, seria difícil imaginar que o assunto tratado pelo texto seria automação e controle de processos. Aos interessados, recomenda-se a leitura de Seborg, Edgar e Mellichamp (1989), um texto claro e repleto de informações valiosas para o engenheiro que queira saber mais sobre controle de processos.

O controlador PID, na sua versão digital, tem a seguinte lei de controle, no denominado *algoritmo de posição*:

$$p_n = \bar{p} + K_p \left[e_n + \frac{1}{\tau_i} \sum_{k=0}^{n} e_k \Delta t + \tau_d \frac{(e_n - e_{n-1})}{\Delta t} \right] \quad (1.18)$$

onde p_n e e_n são a saída do controlador e o erro no n-ésimo instante, respectivamente, e Δt é o intervalo de amostragem dos sinais, a princípio assumido igual para todos os sinais da malha de controle.

A Eq. 1.18 é uma aproximação por diferenças finitas do PID analógico e, se Δt for pequeno o suficiente, o controlador digital terá um desempenho praticamente igual ao seu par analógico. Uma vantagem inerente do controlador digital é que não há interações indesejáveis entre os modos de controle, que podem ser ajustados independentemente um do outro. De resto, as mesmas questões discutidas para o PID analógico, como o *integral windup*, valem para a versão digital.

1.8.3 Automação da britagem

A britagem primária não é objeto do controle de processos, na acepção do termo conforme consideramos neste texto. Entretanto, a britagem primária pode ser instrumentada e a operação, monitorada (Fig. 1.36).

O Quadro 1.4 traz algumas variáveis de controle em circuitos de britagem primária e os sensores para as medições correspondentes.

1 Britagem 81

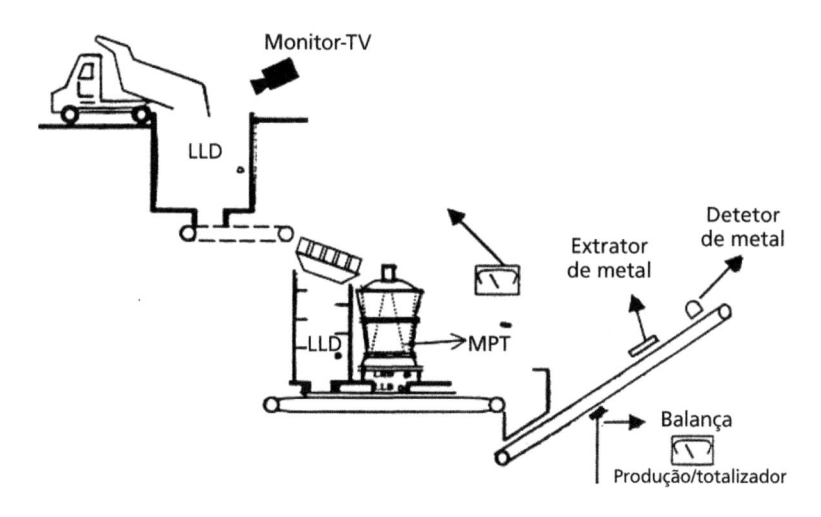

Fig. 1.36 Controle da britagem primária

QUADRO 1.4 Variáveis de controle da britagem primária

Variável	Natureza	Sensor	Uso
Nível da moega do alimentador	Analógica ou discreta	Ultrasônico; nuclear; capacitivo	Alarme; evitar avaria no alimentador
Potência	Analógica	Wattímetro	Evitar avaria no britador
Nível alto ou baixo em pilhas-pulmão	Discreta	Ultrasônico; nuclear; capacitivo	Alarme; evitar avaria no alimentador e britador
Rasgo em correias	Discreta	Mecânicos; magnéticos	Alarme
Correia patinando	Discreta	Capacitivo (gerador de pulsos montado na cabeça do TC)	Alarme
Produção	Analógica	Balança integradora	Totalização
Monitoramento remoto	Analógica ou digital	Monitores de TV; computadores com placas de vídeo	Monitoramento

1.8.4 Automação e controle da rebritagem

Em geral, o controle da rebritagem tem como objetivos principais:
- maximizar a produção do circuito;
- maximizar a produção de finos;
- maximizar a produção para fornecer um determinado *split* de produtos.

O controle de rebritagem envolve, antes mesmo da definição da estratégia de controle, a definição da política de operação. Esta será dada, basicamente, pela regulagem dos rebritadores do circuito, dada pela APF. Essa regulagem deverá atender a um ou mais critérios de interesse da gerência da operação: APF fixa ou variável, maximização dos finos, produção máxima etc. A política de operação assim definida deverá respeitar as restrições do circuito, tais como: capacidade dos transportadores, área de peneiramento, capacidade dos silos de recirculação de material e potência consumida pelos motores, principalmente dos rebritadores.

Definida a política, é conveniente que o circuito de rebritagem seja separado em subprocessos, cada qual representado por um rebritador e uma variável manipulada, sendo esta última, de preferência, a taxa de alimentação do rebritador. Políticas de operação de APF variável podem ser facilmente implementadas, mas geralmente levam a uma redução da produção máxima que poderia ser obtida naquele circuito, ou a interações indesejáveis com outras malhas de controle, tornando o processo difícil de controlar.

Definidas as malhas de controle, podem-se usar controladores digitais do tipo PI. O modo derivativo geralmente não é utilizado, dada a presença de retardos e sinais ruidosos nos circuitos de rebritagem.

Vale lembrar que os rebritadores modernos podem vir, de fábrica, com controladores dedicados embarcados. Exemplos são a série ASRi da Sandvik (Sandvik, 2008) e IC5000 da Metso (Metso, 2011), que tratam de itens como controle da potência consumida, APF e pressão do sistema hidráulico, no caso dos hidrocones. Esses controladores dedicados recebem de um sensor a informação da posição do manto e, por consequência, inferem a APF. Como tanto a potência consumida quanto a pressão do sistema hidráulico estão relacionadas à taxa e à distribuição granulométrica da alimentação, é comum deixar o controlador dedicado a cargo dessas variáveis e usar o controlador de processo para manipular a taxa de alimentação, de modo a afogar o rebritador, se houver essa possibilidade. Essa estratégia leva a malhas de controle simples, com controlador P ou PI somente. O ganho proporcional geralmente é baixo, da ordem de 0,5.

A Fig. 1.37 ilustra esse tipo de filosofia de controle e o Quadro 1.5 apresenta algumas variáveis e sensores utilizados no controle da rebritagem.

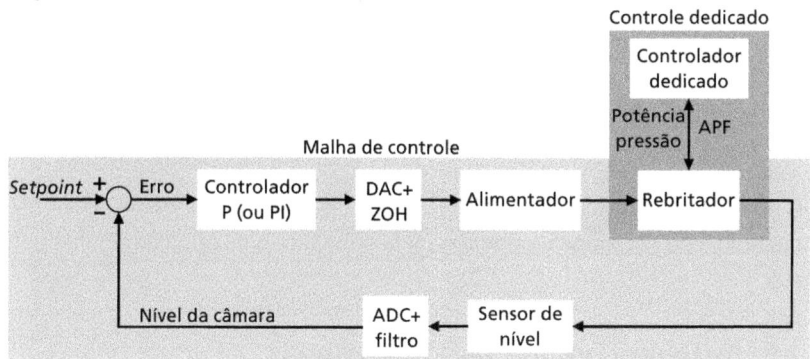

Fig. 1.37 Esquema de controle de rebritador

Excessivas atuações do algoritmo de controle dedicado podem significar uma regulagem inadequada do rebritador e, nesse caso, deve-se rever a política de operação do circuito.

Silos e pilhas são geralmente utilizados para absorver algum eventual desbalanceamento entre estágios de britagem, muitas vezes inevitáveis, em razão de outras restrições de processo. Os níveis de silos e da câmara de rebritadores são, sem dúvida, as variáveis mais importantes no controle da rebritagem, no que se refere à maximização da produção e à geração de produtos de qualidade. Sandvik (2008) recomenda que silos de 6 a 8 m^3, pelo menos, sejam empregados

Quadro 1.5 Variáveis e sensores usados no controle da rebritagem

Variável	Sensor	Uso
Produção / carga	Balança integradora	Totalização de produção; malha de controle
APF	Detector de posição do manto	Proteção do equipamento; malha de controle
Potência	Wattímetro; pressão do sistema hidráulico; amperímetro	Proteção do equipamento; malha de controle
Monitoramento remoto	Monitores de TV; computadores com placas de vídeo	Monitoramento
Nível da câmara	Ultrassônico ou nuclear	Malha de controle

antecedendo rebritadores em circuito fechado, de modo a absorver perturbações originadas nas operações unitárias anteriores.

1.9 Britagem em minas subterrâneas

Conforme já foi mencionado, uma das razões de se britar o material de mineração é permitir o seu transporte contínuo, especialmente em transportadores de correia. Isso pode acontecer em uma mina subterrânea. O transporte contínuo de minério através de transportadores de correia instalados em rampas tem maior capacidade que o transporte descontínuo em *skips* ou elevadores. Torna-se, assim, uma tendência irreversível para minas de grande capacidade, e é preciso conhecer os problemas de instalação de britadores ou outros equipamentos pesados em subsolo.

O problema maior é sempre o tamanho do equipamento. Esse porte exige, primeiramente, espaço, ou seja, a construção de uma caverna de grandes dimensões para hospedar a instalação de britagem, o que é uma obra cara. Por outro lado, as peças constituintes do equipamento também são pesadas, e a tarefa de levá-las para o subsolo torna-se difícil e trabalhosa – as rampas e galerias permanentes precisam ser dimensionadas para dar passagem às peças maiores e ao carro que as está levando. Além disso, há necessidade de guinchos, talhas e paus de força para executar a montagem. A descida do equipamento rampa ou poço abaixo é uma tarefa delicada e perigosa.

A caverna que abrigará a britagem precisa ter mais de um nível. Ela deve receber:

♦ o alimentador do silo de alimentação do ROM (o silo é escavado na rocha);
♦ eventualmente, a grelha de escalpe;
♦ o britador e todos os seus acessórios, o sistema hidráulico de regulagem da abertura, o conjunto de lubrificação, câmaras, ponte rolante para manutenção (se for o caso), painéis;
♦ eventualmente, peneiras e transportadores de correia para o fechamento do circuito, coisa que não é usual e só se justifica, em tais circunstâncias, numa britagem primária.

Três exemplos de instalações foram encontrados na literatura:
♦ Mina de hematita de Meramec Mine Corp. (Irvine, 1992): essa mina, próxima de St. Louis, nos EUA, tem um britador giratório de 42" instalado no nível 2.475 ft, trabalhando em circuito fechado. O britador é alimentado por um alimentador vibratório de 72" × 20 ft e fecha o circuito numa peneira de 5 × 20 ft. O produto de britagem é transportado até a superfície por transportador de correia;
♦ Mina de molibdênio Urad (New, 1967): nessa mina, os três estágios de britagem são feitos em subsolo. O método de lavra é o de *block caving* e o minério sai de um *ore pass* para o britador primário (de mandíbulas, 48" × 60") através de um alimentador de gavetas. Há um escalpe em peneira vibratória antes da britagem secundária, feita num britador cônico de 7 ft. O produto de britagem secundária é peneirado em 3/8". O passante é estocado num silo e o retido vai

para a britagem terciária, realizada por dois britadores *short head* de 7 ft. O produto da britagem terciária retorna à peneira de 3/8";

◆ Mina do Baltar (Anon, s.n.t.): essa mina de calcário, no município de Votorantim, Estado de São Paulo, tem capacidade de produção de 7.700.000 t/ano. A lavra é feita pelo método de desmonte em salões por subníveis (*sub level stoping*), com salões e pilares alternados. Os salões têm 40 m de largura, 110 m de altura e 200 m de comprimento. Os pilares têm largura preliminar entre 32 m e 40 m. O acesso é feito a partir da cota 616 na superfície, por um túnel de 1.820 m e seção de 7,5 m × 5 m, que permite o acesso de máquinas e equipamentos e a circulação de pessoal. A retirada do minério é feita por um túnel de 5,5 m × 6 m de seção, comprimento de 1.100 m e inclinação de 26,5%. O britador é um giratório de 46" × 65" e está implantado na cota 405, com um silo regularizador cuja capacidade é de 2.200 t.

1.10 Mineração subterrânea de carvão

Os depósitos de carvão adequados a grandes produções são camadas espessas horizontais, ou quase, e que se estendem por dezenas de quilômetros. Assim, as minas de carvão possuem longas galerias principais, através das quais o ROM é transportado até o ponto de onde é trazido para a superfície, seja por transportadores de correia, seja por elevadores ou *skips*.

Dessa forma, a economia da lavra subterrânea de carvão depende diretamente do custo de transporte em subsolo. O transporte contínuo por transportadores de correia torna-se, então, imperativo, e para isso é necessário britar o carvão junto à frente da lavra.

O carvão tem, felizmente, características muito especiais, entre as quais o seu comportamento frágil, de modo que a britagem não é uma operação difícil, e pode ser feita com equipamentos mais leves que os britadores convencionais. Veja os equipamentos utilizados para britar carvão no Cap. 4.

O equipamento que foi desenvolvido para a britagem subterrânea de carvão é o alimentador-quebrador (*feeder-breaker*), que é mostrado na Fig. 1.38. Trata-se de um alimentador de arraste que força a passagem do ROM através de um britador de um rolo dentado. O equipamento descarrega o carvão britado em um transportador de correia móvel, que o liga ao sistema de transportadores de correia permanentes da mina. Esse equipamento é muito bem-sucedido para carvão, pois é leve, barato e dá uma boa produção. A sua relação de redução é grande, maior que a de britadores de mandíbulas ou giratórios. Em consequência, tem-se tentado aplicá-lo a outros tipos de minério (Niemella, 1980). Os *sizers* que serão descritos adiante são um desenvolvimento feito a partir desse equipamento.

Fig. 1.38 *Feeder-breaker*
Fonte: Société Stéphanoise de Constructions Mécaniques (s.n.t.).

1.11 Britagens móveis e semimóveis

O mesmo conceito utilizado para minas subterrâneas de carvão aplica-se a minas de carvão a céu aberto. As distâncias que os caminhões precisam percorrer para descarregar o ROM no britador primário aumentam com o tempo e constituem um componente sempre crescente dos custos de produção. Uma solução bem-sucedida é construir instalações de britagem primária que são mudadas periodicamente, mantendo sempre o percurso dos caminhões dentro dos limites razoáveis. Assim, instala-se a britagem numa dada posição dentro da mina. O ROM é britado ali e transportado para fora da mina por transportadores de correia. Conforme a frente de lavra se afasta, o transportador de correia é prolongado e a britagem primária é mudada para um local mais conveniente. Isso é feito diversas vezes durante a vida da mina (Fig. 1.39).

Fig. 1.39 Britagem semimóvel

O limite disso é fazer uma instalação realmente móvel, que acompanhe diária ou semanalmente a movimentação da frente de lavra. Entretanto, a instalação torna-se muito pesada e, portanto, cara, exigindo trabalhos permanentes de extensão do sistema de transportadores de correia.

A ideia de britagens semimóveis é tão boa que acabou sendo aplicada a outros tipos de mineração a céu aberto, como em cavas muito grandes, de alta produtividade. Nesse tipo de lavra, o segredo da economia está em fazer o caminhão de ROM descer carregado e subir vazio. Isso é fácil no início da vida da mina, quando a lavra é feita na encosta e o britador está numa posição inferior. Conforme a mina vai se aprofundando, os caminhões começam a precisar subir carregados para alcançar o britador, e a operação vai ficando cada vez mais cara.

A solução é, então, mudar a britagem primária para posições de cota inferior, que permitam aos caminhões carregados descer sempre. Isso exige um planejamento cuidadoso da mina, pois os transportadores precisam passar por áreas de estéreis ou já lavradas, sob pena de imobilizar volumes de minério. A cava também precisa prover o espaço necessário para a passagem dos transportadores.

No Brasil, a primeira instalação desse tipo foi feita na Mina de Águas Claras (Belo Horizonte, MG), da MBR (atual Vale), no início dos anos 1980. O britador primário ficava numa cota muito alta e havia sido superdimensionado.

1.12 Outros tipos de britadores e moinhos

1.12.1 Classificação dos equipamentos de cominuição pela velocidade

No Quadro 1.2, os equipamentos foram divididos por famílias, como o temos feito, e introduziu-se uma consideração importante, que é a sua velocidade de operação. Esse pode ser um critério muito conveniente de classificação dos equipamentos. Conforme a velocidade com que a força mecânica é aplicada sobre a partícula a cominuir, os equipamentos podem ser distinguidos entre:

♦ equipamentos de baixa velocidade (britadores de mandíbulas; britadores da família dos giratórios; britadores de rolos, *feeder--breaker*; britador autógeno; moinhos autógenos; moinhos de bolas, de barras e de seixos): nesses equipamentos, que operam tanto a seco como a úmido, as ações mecânicas causadoras da cominuição são a pressão, o impacto e o atrito;

♦ equipamentos de média velocidade (moinhos de galga, também chamados de moinhos de trilha ou de anel, e *sizers*): trabalham apenas a seco, destinam-se às moagens média e fina e estão limitados a materiais moles, de dureza Mohs inferior a 4;

♦ equipamentos de alta velocidade (britadores de impacto de eixo horizontal, britadores de impacto de eixo vertical, moinhos de martelos, moinhos de facas e moinhos de gaiola).

Equipamentos de baixa velocidade

Britador autógeno

Existe apenas um equipamento dessa categoria, o britador Bradford (Fig. 1.40), intensamente utilizado na britagem primária de carvão mineral. Ele constitui-se de um grande tambor com chicanas, cujas paredes têm orifícios. O tambor gira e as chicanas apanham os blocos de ROM e os elevam até o ponto mais alto de rotação. Daí eles caem, batem contra a carcaça do tambor e se quebram. Os fragmentos menores que os orifícios da carcaça passam através deles e são imediatamente removidos, evitando-se, assim, a sobrecominuição. Os fragmentos maiores tornam a ser levantados e novamente a cair, até se quebrarem ao ponto de passarem pelos orifícios.

Se houver algum bloco de material estéril, um pedaço de madeira ou, ainda, uma peça metálica, não serão fraturados, pois são mais rijos que os blocos de carvão. Eles sofrerão sucessivas quedas sem se romper, até serem descarregados na extremidade oposta do britador (todo o

Fig. 1.40 Britador Bradford
Fonte: Pennsylvania Crusher (1984).

carvão é descarregado pelas aberturas da carcaça). Nesse sentido, o britador Bradford é também um equipamento concentrador – único no âmbito da cominuição –, pois elimina material não carbonoso da alimentação.

Britadores de rolos

Os britadores de dois rolos são muito conhecidos, mas pouco usados industrialmente. A principal razão para isso é a sua baixa capacidade. Outra razão é de caráter operacional: é muito difícil distribuir a alimentação de modo a ocupar todo o espaço entre os rolos, onde deve ocorrer a cominuição. Assim, a alimentação concentra-se em locais preferenciais, e aí ocorre um desgaste mais intenso. Em consequência, os rolos ficam descalibrados, com espaçamento diferente entre diferentes pontos, e perde-se a capacidade de controle do produto de britagem. Como a superfície dos rolos é de metal muito duro, torna-se impossível usiná-los para corrigir a descalibração.

Com exceção dessas desvantagens, o britador de dois rolos é um excelente equipamento e gera poucos finos, daí o seu extenso uso em trabalhos de laboratório. Uma curiosidade histórica é que ele foi inventado por Thomas Alva Edison (McGrew, 1953). Outro fato que passa despercebido para muitos é que ele pode ser encontrado com rolos lisos e com rolos denteados, como mostra a Fig. 1.41.

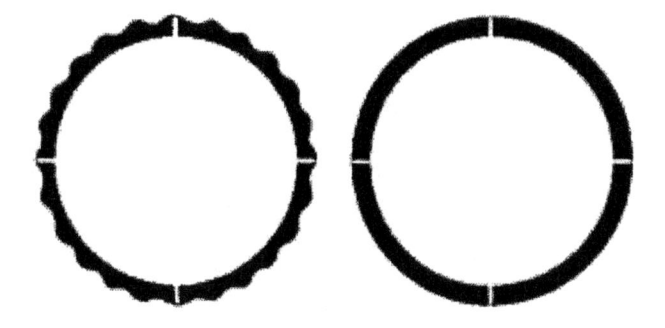

Fig. 1.41 Desenho de rolo denteado e liso

Uma limitação muito importante do britador de rolos é a relação entre o tamanho da partícula que está sendo alimentada a ele e o diâmetro dos rolos (Fig. 1.42).

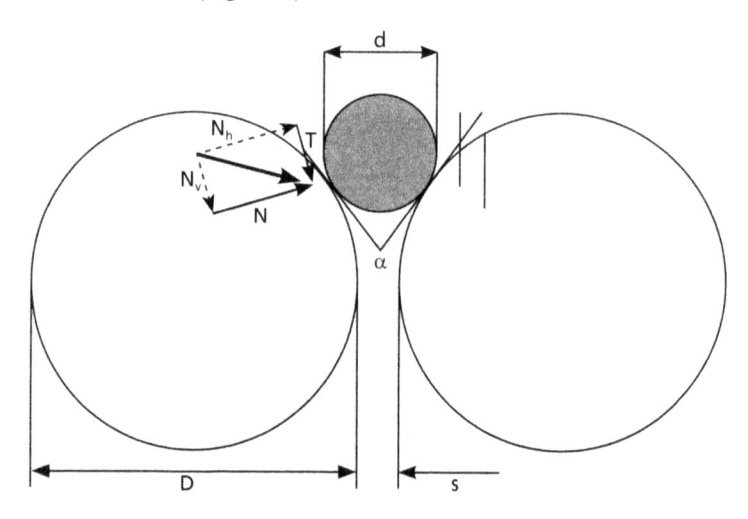

Fig. 1.42 Britador de rolos: ângulo de mordida

Chamando de N a força de compressão imposta pelos rolos sobre a partícula e de T a força de atrito entre rolo e partícula (tangencial aos rolos e à partícula), se a resultante for dirigida para baixo, a partícula será mordida e, então, poderá ser britada. Se, porém, a resultante for dirigida para cima, a tendência será o lançamento da partícula para cima, o que pode causar acidentes.

A força N pode ser decomposta numa componente "vertical", N_v, e numa componente "horizontal", N_h. O mesmo pode ser feito com T.

$$N_v = N \cdot \text{sen}\, \alpha/2 \quad (1.19)$$

$$T_v = T \cdot \cos \alpha/2 \quad (1.20)$$

onde α é o ângulo de mordida da partícula.

No equilíbrio, $N_v = T_v$ e $N \cdot \text{sen}\, \alpha/2 = T \cdot \cos \alpha/2$, ou $T/N = \text{tg}\, \alpha/2$.

Como $T/N = \phi$ = coeficiente de atrito, e s é a distância entre os rolos, temos que:

$$\frac{S}{2} + \frac{D}{2} = \left(\frac{D}{2} + \frac{d}{2}\right) \cdot \Rightarrow \cos \alpha/2 = \frac{D+s}{D+d}$$

A única novidade de importância nesse tipo de equipamento é a prensa de rolos (roller press), desenvolvida na Alemanha. Esse equipamento incorpora vários desenvolvimentos recentes em termos mecânicos e de materiais. O aspecto que se procura enfatizar na sua aplicação é que, mesmo que as partículas sejam grosseiras, o produto de britagem pode resultar muito fraturado internamente, coisa que a distribuição granulométrica por si só não pode revelar. Isso pode ser muito interessante, se a prensa de rolos for estágio preparatório para, por exemplo, uma moagem fina. O material enfraquecido pelo fraturamento interno apresentará um WI mais baixo (conceito de "história prévia" do material, segundo Bond) e o moinho aceitará uma alimentação mais grosseira. Isso foi estudado na moagem de Carajás. Semelhantemente, na cominuição de minérios diamantíferos, ocorre a cominuição preferencial da rocha encaixante e a preservação dos diamantes (Evelin, 1998).

Outro ponto de interesse é na cianetação de minérios de ouro. Nessa operação não é necessário liberar as partículas no sentido clássico do Tratamento de Minérios. É necessário apenas criar acessos (mediante a geração de trincas) para que a solução lixiviante atinja as pepitas de ouro, mesmo que elas estejam dentro de partículas maiores. Isso é feito com sucesso pela prensa de rolos.

É importante ressaltar que, embora da mesma família dos britadores de rolos, as prensas de rolos operam diferentemente: os britadores quebram rocha contra metal – cada fragmento é comprimido pelos rolos, fraturando-se. Na prensa, uma camada de partículas é comprimida entre os rolos. A cominuição ocorre principalmente partícula contra partícula, razão pela qual os níveis de pressão precisam ser muito mais elevados, o que exige soluções mecânicas mais complexas e mais caras. Ensaios de compressão simples de partículas singelas de quartzo e calcário de 1 mm de diâmetro requerem 0,2 J/g. Leitos dessas partículas passam a requerer de 3 a 5 J/g (Evelin, 1998).

As soluções mecânicas originais incluem, entre outras, a superfície dos rolos, que podem ser lisos, estriados ou com pinos de carbeto de tungstênio. Estes provocam um recobrimento dos rolos com o próprio material que está sendo processado, aumentando significativamente a vida do revestimento.

Os britadores e as prensas de rolos têm uma relação de redução limitada e tendem a gerar poucos finos. Usualmente são necessários vários estágios para que se obtenham relações de redução maiores ou, então, a operação em circuito fechado. Essa limitação decorre do tamanho máximo de partícula que pode ser "mordido" pelos rolos e que depende do seu diâmetro. Partículas maiores não podem ser apanhadas e são lançadas de volta com grande velocidade, podendo, inclusive, ser a causa de acidentes.

Evelin (1998) fez uma revisão minuciosa da aplicação desse equipamento, com ênfase para a sua aplicação na cianetação de ouro. Recomendamos essa publicação aos interessados. Um dos pontos interessantes que esse autor salienta, citando Klymowsky (1997), é que o consumo energético na prensagem de rolos deixa de seguir a lei de Bond, passando a seguir a lei de Rittinger. Dessa forma, um novo parâmetro de consumo energético se faz necessário, em substituição ao WI.

Os britadores de um rolo são extensamente utilizados na britagem do carvão. Trata-se de britadores em que a mandíbula móvel é substituída por um rolo dentado. A mandíbula fixa tem um perfil curvo convergente, como mostra a Fig. 1.43, de modo que o movimento do rolo vai prensando as partículas de carvão contra ela. Desse modo, a cominuição ocorre por esmagamento e por cisalhamento, os dentes efetivamente cortando o carvão. A Fig. 1.44 mostra diferentes modelos de rolos.

Equipamentos de desenvolvimento recente que vêm encontrando aceitação muito grande no mercado são os *sizers*, fornecidos aqui no Brasil pela MMD e FLSmidth (britadores Abon). Eles são uma evolução direta dos *feeder-breakers* já vistos. A diferença é que têm dois rolos e a alimentação é feita por cima. A Fig. 1.45A mostra um modelo desse tipo

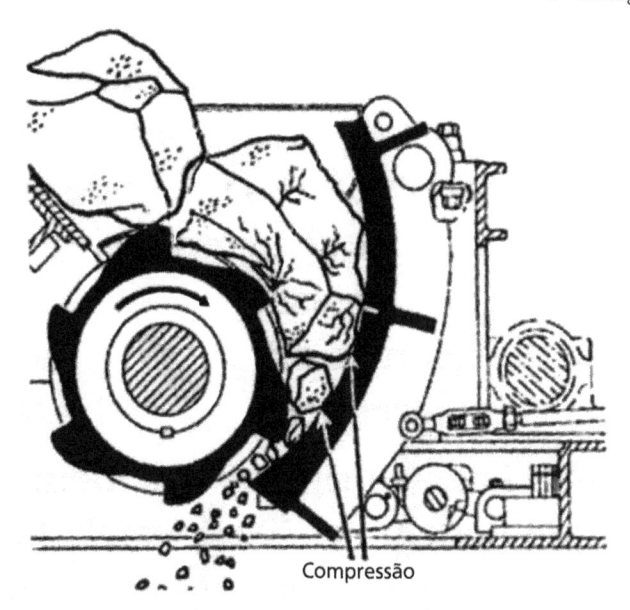

Fig. 1.43 Britador de um rolo
Fonte: Pennsylvania Crusher (1984).

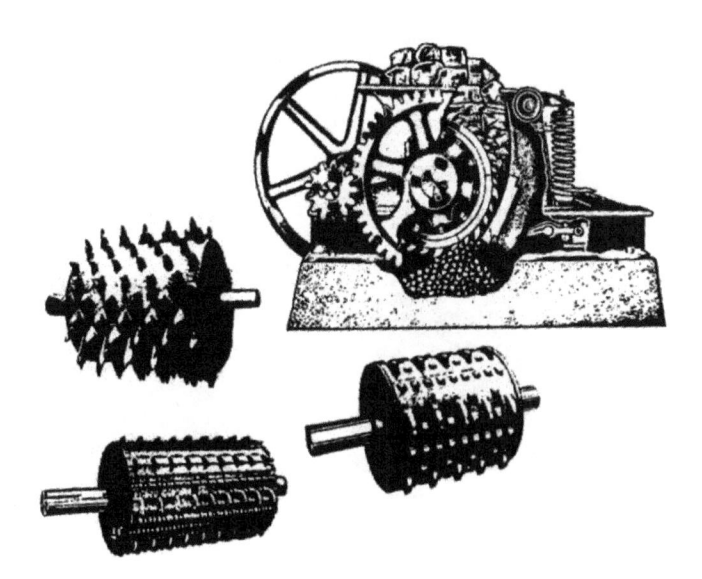

Fig. 1.44 Britador de um rolo e modelos de rolos
Fonte: McLanahan (s.d.).

de equipamento e a Fig. 1.45B, o detalhe dos rolos ou picadores. Existem ainda barras limpadoras entre os rolos e a carcaça (Fig. 1.46).

No mais, o esquema construtivo é o mesmo: os rolos foram substituídos por anéis que são montados lado a lado (Fig. 1.45), até ocuparem o mesmo volume que os rolos. Isso permite alinhar os picadores, como mostra a Fig. 1.45, ou montá-los numa sequência como mostra a Fig. 1.46. Nesta, do lado esquerdo, podem ser vistas as barras limpadoras.

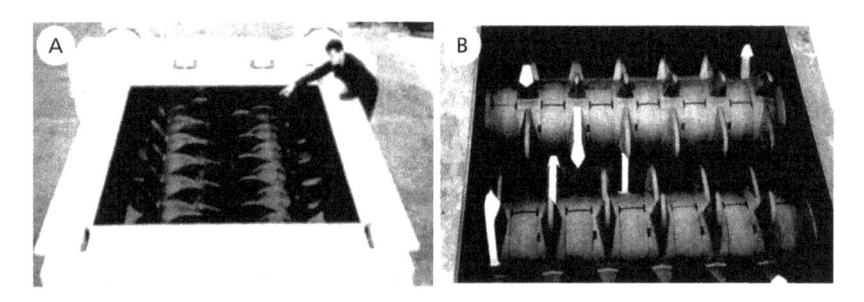

Fig. 1.45 (A) Modelo de *sizer*; (B) detalhe dos rolos ou picadores

Fig. 1.46 *Sizer* com os picadores montados em sequência convergente

Esses britadores trabalham a uma velocidade muito baixa (45 rpm), o que é muito interessante em termos de torque e de consumo de energia. A partícula é apanhada pelos picadores e sofre uma compressão quase que punctual entre os dois pontos que a apanharam. A ação de compressão é, portanto, muito intensa e efetiva, o que permite britar rochas muito duras e outros materiais, como concreto ou blocos de grafite de fornos de alumínio ao fim de sua vida útil. A partir do momento em que a partícula é apanhada, ela não pode mais escapar e acaba sendo britada.

O mesmo vale para materiais grudentos, pegajosos, viscosos e problemáticos, como minérios lateríticos (bauxita, lateritas niquelíferas, fosfatos superficiais, minério de nióbio), argilosos ou úmidos, para os quais está se tornando padrão. O minério grudento é empurrado para baixo pela ação dos rolos e dentes, e acaba passando. O que ficar grudado nos anéis é removido pelas barras raspadoras.

O projeto dos anéis e rolos permite, ainda, uma variação na posição dos dentes de um rolo em relação à do outro. A Fig. 1.47 mostra dois britadores, o primeiro com os rolos na posição dita de "pega aberta" (*open grip*), em que os dentes são simétricos; e o segundo com os rolos na posição de "pega fechada" (*closed grip*), em que os dentes de um dos rolos entram no espaço entre os dentes do outro. É evidente que a segunda montagem fornece uma distribuição granulométrica mais fina, e isso é uma importante ferramenta operacional. Existe também uma regulagem intermediária (*half grip*).

Finalmente, é importante comentar que a capacidade pode ser aumentada ao aumentar-se o comprimento dos rolos (o problema passa a ser distribuir a alimentação uniformemente por todo o comprimento). Outra característica muito interessante é que a altura muda muito pouco com o tamanho do equipamento (diâmetro dos rolos), o que pode ser importante em termos de *layout*.

Equipamentos de alta velocidade

Os equipamentos de alta velocidade são empregados na britagem e nas moagens grossa e intermediária. Por terem desgaste elevado dos corpos moedores, estão limitados a materiais não abrasivos.

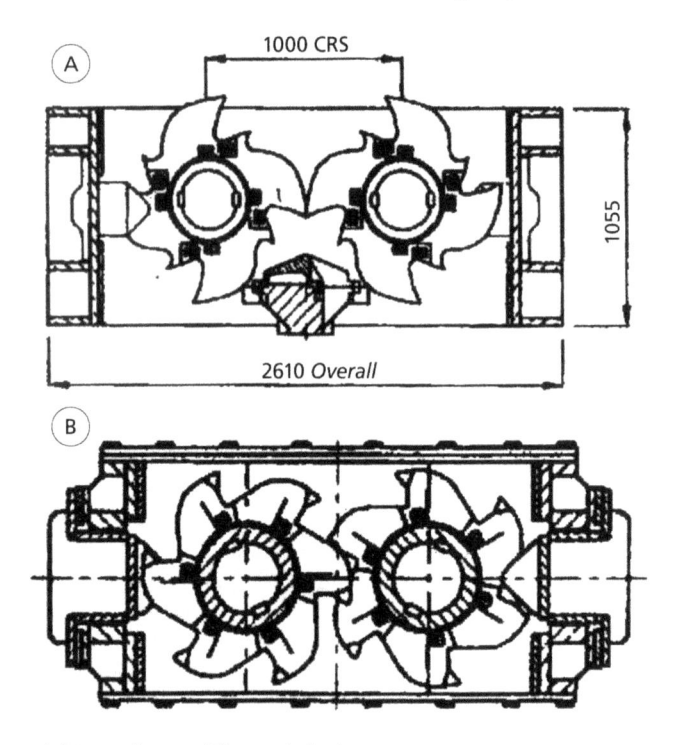

Fig. 1.47 (A) Pega aberta e (B) pega fechada

São, entre todos, os equipamentos de menor investimento de capital. A ação mecânica é o impacto dos martelos ou das barras de impacto sobre as partículas, com a transformação da sua energia cinética em fratura. Nos moinhos de martelo, há a ação adicional da abrasão das partículas entre os martelos e a grelha, responsável pela geração de grande quantidade de finos. As Figs. 1.48 e 1.49 mostram os dois equipamentos mais importantes dessa família: britadores de impacto e moinhos de martelos.

Vale lembrar, mais uma vez, que os *britadores de impacto* são **britadores**, ou seja, **britam**. Isso significa que a redução de tamanho ocorre **pelo impacto** dos impactores sobre as partículas e **pelo impacto** destas contra a carcaça ou as barras de impacto. Como se pode observar na Fig. 1.48, os britadores não têm a grelha que os moinhos de martelos

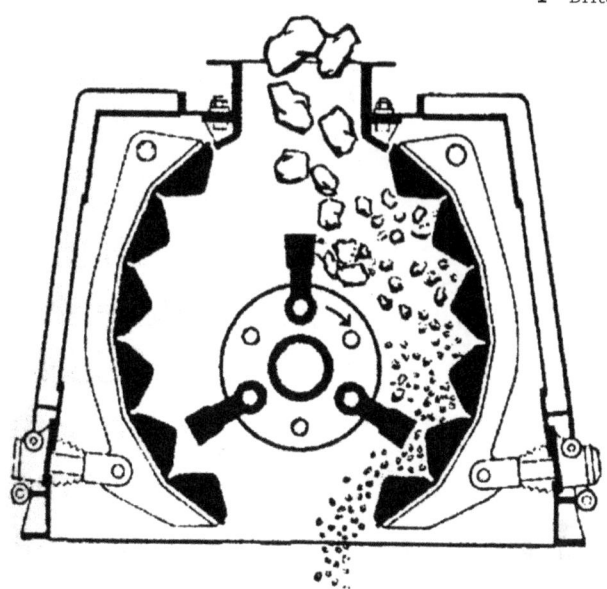

Fig. 1.48 Britador de impacto
Fonte: Pennsylvania Crusher (1984).

têm, o que implica que a descarga é sempre livre. A câmara é grande para permitir a livre movimentação das partículas e a passagem de blocos de grandes dimensões. No modelo ilustrado, o impacto é contra a carcaça, que precisa ter desenho especialmente adequado para isso. Em outros modelos, o impacto é contra as barras de impacto (o fabricante desse modelo afirma que a posição das barras de impacto pode ser ajustada horizontalmente e que essa operação permite regular a granulometria do produto).

Os *moinhos de martelos*, por sua vez, são **moinhos**, ou seja, **moem**. A redução de tamanho ocorre **apenas em parte pela ação de impacto dos martelos** sobre as partículas. A maior parte da geração de finos é conseguida pelo **atrito e cisalhamento das partículas entre os martelos e a grelha**. A grelha fecha totalmente a câmara de moagem e a partícula só sai quando passa através dela. Partículas mais duras, peças metálicas ou outros objetos impossíveis de serem moídos acabam indo parar na câmara mostrada à direita do equipamento (Fig. 1.49), onde se acumulam e de onde precisam ser periodicamente descarregados.

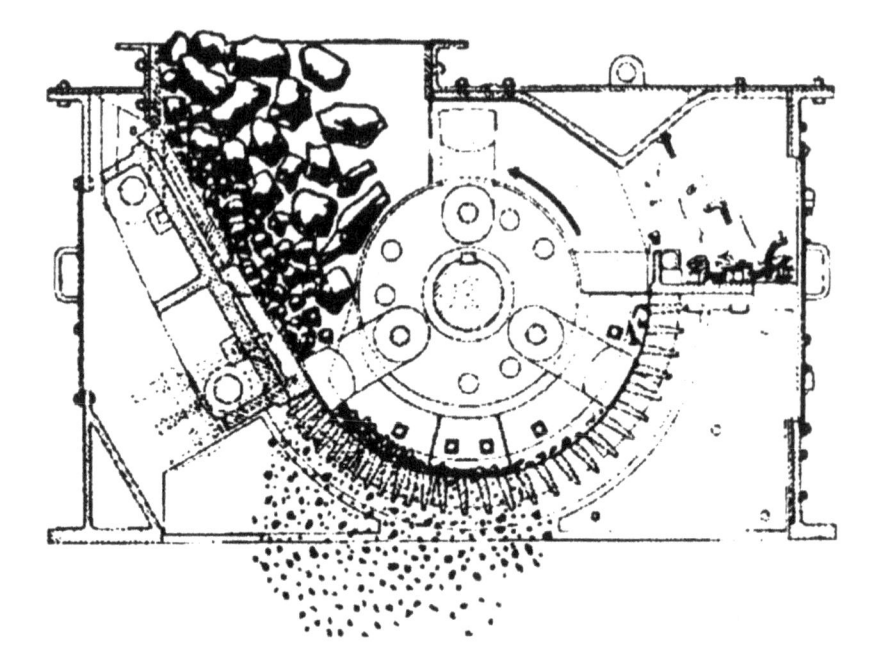

Fig. 1.49 Moinho de martelos
Fonte: Pennsylvania Crusher (1984).

O britador de impacto tem um rotor cilíndrico maciço com duas ou mais barras de impacto. Em alguns modelos, essas barras são fixas em relação ao rotor e, em outros, têm liberdade para um movimento pendular em torno do ponto de fixação.

O moinho de martelos tem um certo número de martelos presos ao rotor, mas livres para executar um movimento pendular em torno do ponto de fixação. Os martelos podem ter diferentes desenhos, dependendo do fabricante, e, muitas vezes, várias opções para um mesmo fabricante. Veja a Fig. 1.50. Taggart (1956) discute extensamente a influência do projeto dos martelos sobre o desempenho do equipamento. Martelos em T ocupam melhor o espaço junto à grelha e são usados comumente com materiais grudentos.

O número de martelos varia de fabricante para fabricante, e não se conseguiu estabelecer qualquer relação entre o número de martelos e a capacidade do equipamento ou a distribuição granulométrica do produto.

Britadores de impacto

Existem duas famílias de equipamentos dentro dessa categoria: os de eixo horizontal e os de eixo vertical. Este texto está baseado na magnífica revisão feita por Eacret e Klein (1985) para o SME *mineral processing handbook*, que recomendamos a todos os interessados, e em catálogos de fabricantes. O livro *Coal preparation* (Austin; McClung, 1979) também traz informações muito valiosas.

A partícula é alimentada ao britador e atingida pelo impacto do rotor. Ela sofre uma primeira fratura decorrente desse impacto e é lançada contra o revestimento ou as barras de impacto, onde sofre fraturamento adicional. A energia aplicada à partícula é a cinética, do impactor, e a quebra ocorre ao longo de fraquezas estruturais preexistentes (planos de menor resistência, microfraturas, contornos

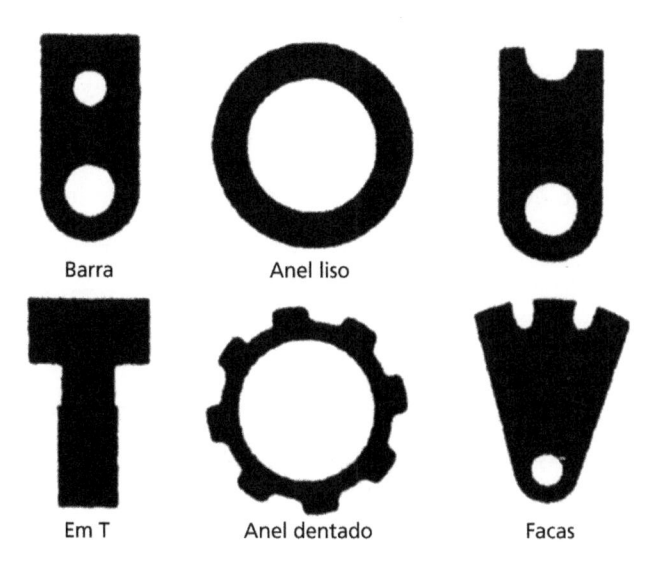

Fig. 1.50 Tipos de martelos
Fonte: Pennsylvania Crusher (1984).

de grão). O produto de cominuição tem, portanto, uma distribuição granulométrica natural e está praticamente isento de fraquezas. Como a massa do impactor é muito maior que a da partícula, esta é quebrada, os fragmentos adquirem velocidade imediatamente, sendo lançados contra a carcaça ou as barras de impacto, onde se quebram mais uma vez. As partículas recebem, portanto, apenas uma ou duas pancadas e tendem a atravessar o equipamento rapidamente. Partículas grandes recebem um grande impacto e quebram-se prontamente. Partículas pequenas recebem apenas um impacto leve e, por isso, atravessam o equipamento com um mínimo de fratura. O efeito do impacto é praticamente desprezível para partículas menores que 100#. Partículas ultrafinas não sofrem nenhum impacto, pois são afastadas do rotor pelo movimento do ar em torno dele. Dessa forma, esse tipo de britador:

a) gera uma distribuição granulométrica mais fina que a dos britadores de mandíbulas ou giratórios, e os tamanhos máximos do produto de britagem são menores;

b) a redução de tamanhos nas faixas mais finas é muito pequena. Abaixo de 100#, a redução é insignificante;

c) ao aumentar a velocidade do rotor, diminui a granulometria do produto – isso, porém, tem limitações mecânicas, como será visto adiante;

d) a relação de redução é muito grande, o que permite fazer num único equipamento a redução equivalente à de dois e até mesmo à de três estágios de britadores de outro tipo;

e) as partículas têm formato mais cúbico que as produzidas por britadores de outro tipo.

Os britadores de impacto trabalham a velocidades muito elevadas, razão pela qual o desgaste abrasivo é intenso. Seu uso é historicamente restrito a materiais frágeis, moles e grudentos, como fosfatos, calcário, barita, argilas, bauxita, amianto e carvão. Nos anos 1970, a CVRD montou em Piçarrão, Nova Era (MG), uma usina de concentração de itabirito que utilizava esse tipo de britador. Taggart limitava o teor de sílica livre a

5%, mas a evolução dos materiais de revestimento permite hoje britar materiais com 15% a 18%.

Outra característica importante é que materiais que nos britadores de baixa velocidade – como os de mandíbulas ou da família dos giratórios, em que a força é aplicada lentamente – apresentam comportamento dúctil, passam a apresentar comportamento frágil nos equipamentos de alta velocidade. Em outras palavras, o comportamento mecânico dos materiais muda com a velocidade de aplicação da força.

Em consequência, é de se esperar que, com a pesquisa continuada e com o desenvolvimento dos materiais de construção dos britadores, o campo de aplicação desses equipamentos seja consideravelmente ampliado.

É importante lembrar que toda a ação mecânica ocorre num lapso de tempo muito curto. A partícula é impactada pela barra de impacto do rotor. Como a massa do rotor é, em princípio, muito grande em relação à da partícula, o rotor não perde velocidade e transmite à partícula toda a sua quantidade de movimento (massa × velocidade). Partículas frágeis ou não elásticas fraturam-se imediatamente; partículas dúcteis (plásticas) ou elásticas deformam-se, retomam ou não a sua forma e adquirem velocidade num tempo mínimo, insuficiente para que o comportamento elástico ou plástico prevaleça sobre a fratura. Isso permite a britagem de materiais como carvão e coque de petróleo.

Com relação aos *britadores de impacto de eixo horizontal* (Fig. 1.48): existe um elemento móvel, o rotor, que tem barras de impacto que batem na partícula a ser britada. O revestimento do britador pode ou não tornar-se parte do processo, conforme a partícula seja lançada contra ele ou contra um conjunto de barras instalado antes dele.

O engaiolamento por blocos muito grandes é relativamente comum. Os fabricantes oferecem modelos com rotores reversíveis ou dispositivos para mover as placas de alimentação com auxílio de macacos hidráulicos.

A Fig. 1.51 mostra que, nesse tipo de equipamento, as forças de cisalhamento podem exercer efeito significativo, o que é especialmente verdadeiro quando se trabalha com minérios moles.

Fig. 1.51 Britador de impacto de eixo horizontal

Os britadores de impacto têm várias limitações que afetam a sua capacidade: velocidade, número de barras de impacto e tamanho da alimentação. A mais significativa é a relação entre a velocidade de rotação e o número de impactores: uma máquina com quatro barras, girando a 750 rpm, terá uma barra passando pela boca de alimentação a cada 1/3.000 minuto, ou seja, a cada segundo, a boca de alimentação é varrida pelos impactores 50 vezes. Obviamente, o período tão curto em que a boca de alimentação está livre para introduzir material no britador limita a capacidade de alimentação. Por isso, é muito frequente encontrarmos britadores com apenas duas barras de impacto.

O tamanho da alimentação também afeta a capacidade do equipamento, mas a relação não é simples. Tudo isso dificulta a construção de tabelas de capacidades. Na prática, o fabricante faz testes com o material em estudo e garante a produção do seu equipamento para ele.

As tabelas publicadas nos catálogos e manuais referem-se a calcário, com máxima rotação.

Esses equipamentos são mais leves que os correspondentes de outras famílias. A Fig. 1.52 relaciona graficamente o porte de diferentes máquinas capazes de britar 1.000 t/h de F = 750 mm até P = 250 mm. Todas as máquinas estão na mesma escala. Os autores não mencionam que as relações de redução fornecidas pelos diversos britadores são diferentes, razão pela qual a comparação não é tão clara.

Uma variante interessante dos britadores de impacto são os *schredders* (a melhor tradução seria "picadores"). Esses britadores são usados para picar peças de sucata metálica, fios elétricos, pneus etc. em pequenos fragmentos para utilização subsequente. Trata-se de britadores de impacto em que o cisalhamento entre a barra de impacto e a carcaça ou entre dois rotores exerce efeito preponderante. O material é literalmente picado, isto é, cortado pelas barras de impacto.

A Fig. 1.53 mostra o esquema de um *schredder* de um eixo para picar sucata automobilística e a Fig. 1.54, o esquema construtivo de um *schredder* de um eixo para picar pneus.

Recentemente foi colocado no mercado um novo modelo de equipamento, o *britador de impacto de eixo vertical* ou VSI (*vertical shaft impactor*), representado pelos britadores Barmac, Tornado, Camica e Synchro Crusher, entre outros. Sua peça principal é um rotor aberto de eixo vertical, que inicialmente lançava o material que lhe é alimentado contra o revestimento da câmara. Porém, dado o desgaste excessivo verificado, o ponto de impacto foi substituído por uma caixa de pedra, com sensível redução do desgaste. No caso dos britadores Barmac e Synchro Crusher, eles dividem o fluxo em duas partes: a primeira sendo alimentada ao rotor e a segunda, ao espaço entre o rotor e a caixa de pedra.

Nota-se que houve uma evolução do conceito, iniciando-se com uma britagem rocha contra metal, passando por uma britagem rocha contra rocha, até chegar a uma britagem autógena, rocha contra rocha contra rocha.

SizerMMD 750, peso 32 t

Rolo duplo
1.800 x 1.800 mm
peso 68 t

Britador de impacto
2.000 x 2.500 mm
peso 84 t

Britador giratório 42"
peso 120 t

Britador de mandíbulas 88 x 68"
peso 170 t

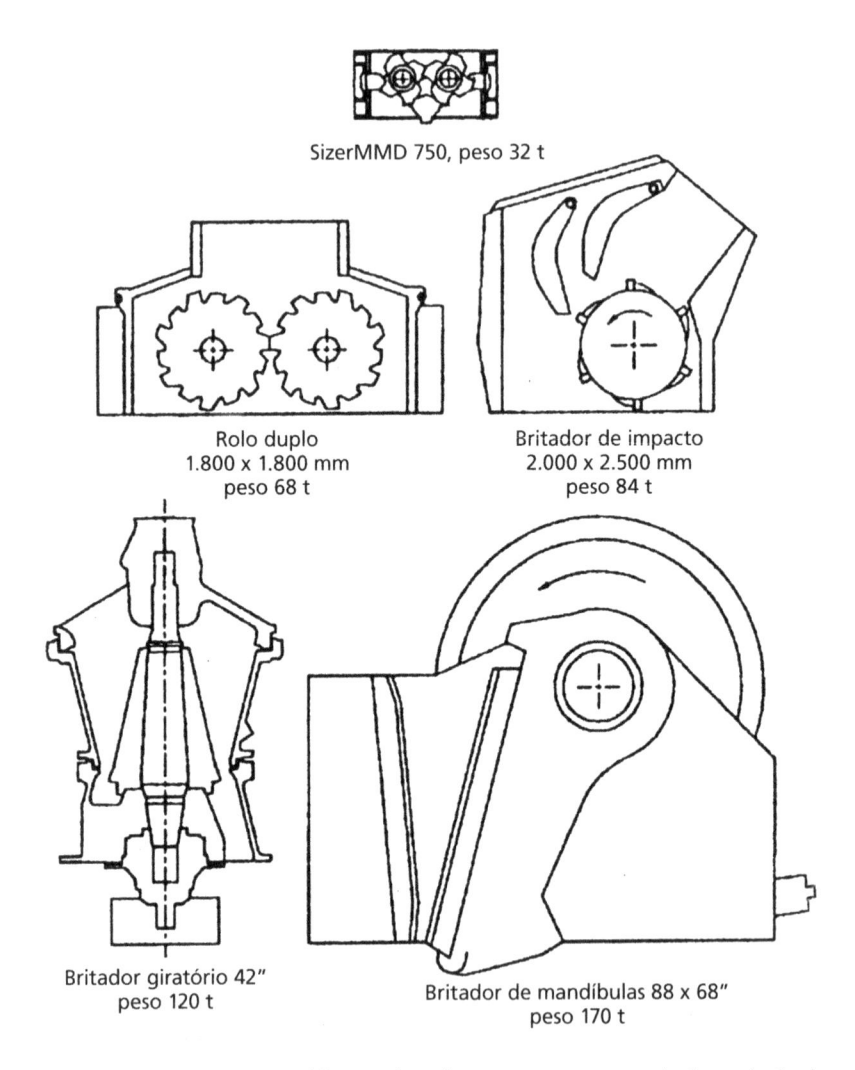

Fig. 1.52 Comparação entre diferentes britadores para a mesma produção e relação de redução
Fonte: Atkinson, Terezopoulos e Alfy (1997).

A Fig. 1.55 mostra um corte do britador VSI e a Fig. 1.56, o funcionamento do rotor (o impacto da pedra contra o revestimento, o impacto da pedra contra a caixa de pedras e, por fim, o efeito da divisão de fluxos nos britadores Barmac e Synchro Crusher, entre outros.

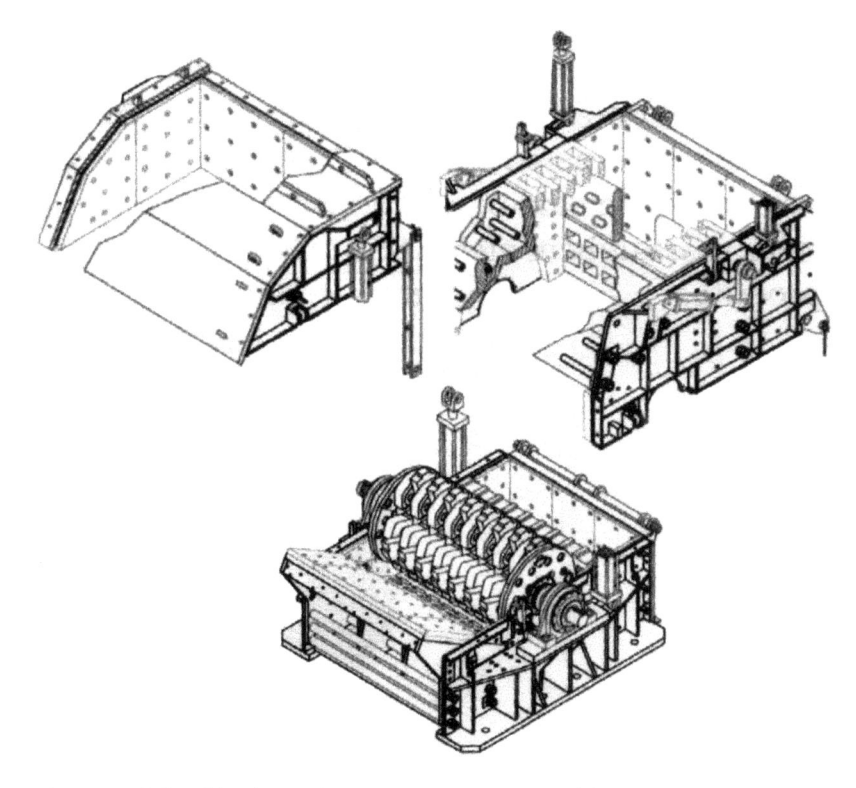

Fig. 1.53 *Schredder* de um eixo para picar sucata automobilística

Os britadores VSI são utilizados na britagem terciária e quaternária e podem ser uma boa alternativa ao moinho de barras. Diferentemente dos britadores de impacto convencionais, esses equipamentos operam com velocidades mais altas (a periférica varia entre 45 e 100 m/s, ao passo que, nos britadores de impacto convencionais, chega, no máximo, a 37 m/s).

O aumento da velocidade do rotor aumenta a energia cinética das partículas lançadas. Os britadores Canica podem operar com rotações de 85 a 2.000 rpm, conforme o modelo. Os britadores Barmac operam de 1.000 a 3.600 rpm, crescendo com o tamanho do equipamento e podendo chegar a 5.300 rpm no modelo Duopactor VSI 2400.

O aumento do diâmetro do rotor, para uma mesma rotação, implica o aumento da velocidade periférica e acarreta uma granulometria mais

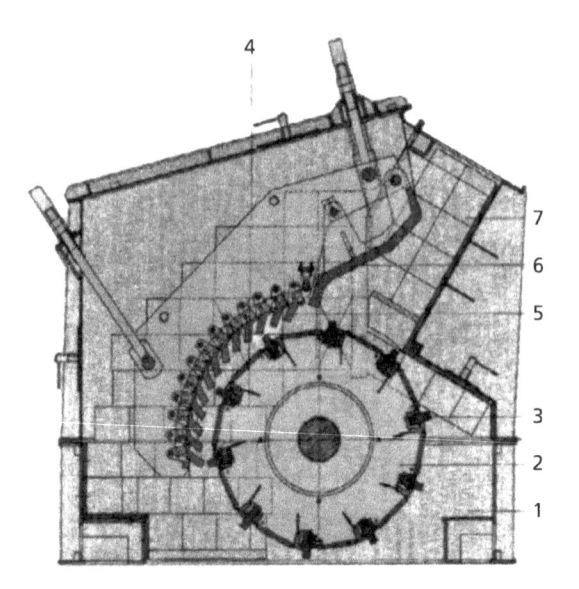

Fig. 1.54 *Schredder* de um eixo para picar pneus

Fig. 1.55 Britador VSI: corte

fina para o produto de britagem. O número de impulsores (bocas de saída) – que varia de modelo para modelo e pode chegar a cinco – também afeta a granulometria: quanto maior, mais fino o produto.

stone-on-steel

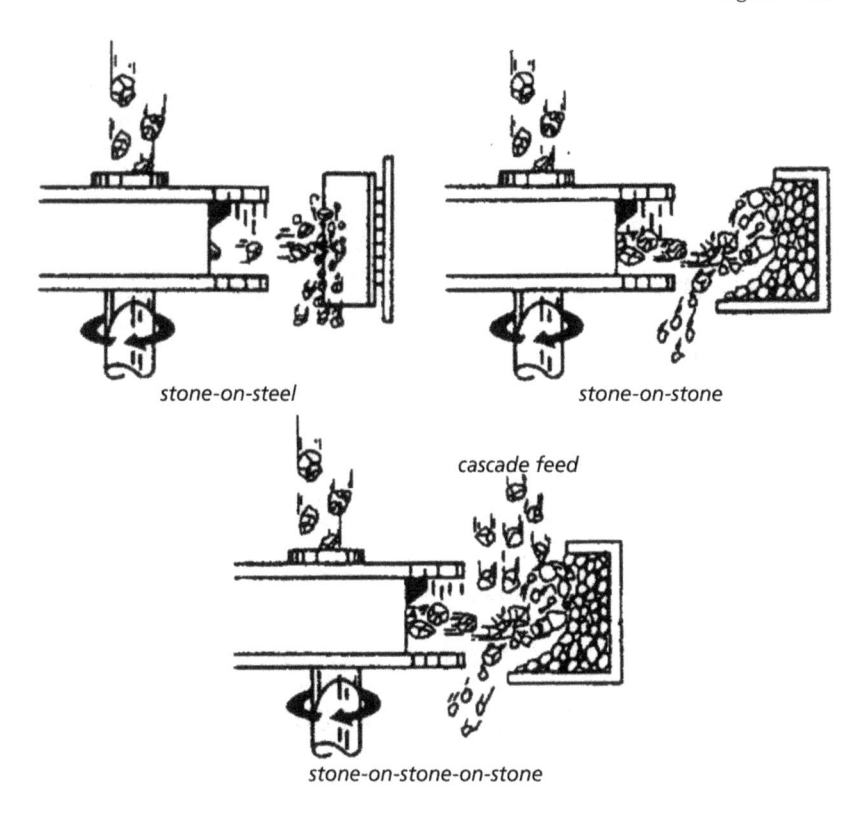

stone-on-stone

cascade feed

stone-on-stone-on-stone

Fig. 1.56 Britador VSI: mecanismos de cominuição

O tamanho máximo de alimentação está relacionado com o diâmetro do tubo do rotor. Os britadores Barmac podem receber partículas de 19 a 100 mm, ao passo que os Canica podem receber partículas de 100 a 254 mm.

Da mesma forma, os britadores VSI podem trabalhar com materiais mais abrasivos, impossíveis para os britadores de impacto convencionais. Por se tratar de máquinas autógenas, a abrasividade do minério passa de desvantagem a vantagem. Staniak, Navarro e Costa (1996) mostram que, nesse tipo de equipamento, conforme aumenta a velocidade do rotor (e a energia aplicada à partícula), diferentes mecanismos de redução de tamanhos se sucedem: abrasão, atrito, clivagem, impacto – nesta ordem –, como ilustra a Fig. 1.57.

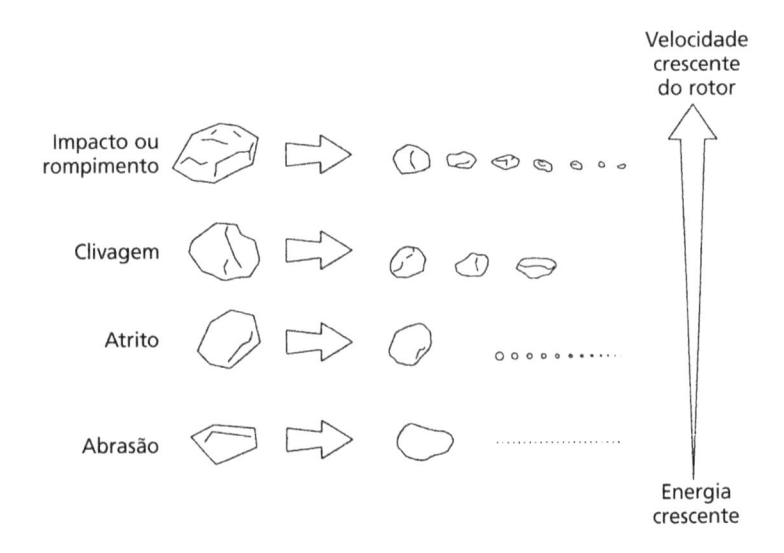

Fig. 1.57 Influência da velocidade sobre os mecanismos de cominuição

A relação de redução varia com o tamanho das partículas: para os d_{80}, ela é, em geral, baixa, raramente superior a 2. Para as malhas menores, ela cresce, podendo gerar quantidade significativa de finos.

A umidade, que é o grande problema dos britadores cônicos e quaternários, deixa de ser tão crítica para os britadores VSI. Eles podem operar até 8% de umidade. Com materiais argilosos, utiliza-se um jato d'água para evitar acumulação excessiva de material contra as paredes.

No Brasil, a primeira aplicação industrial dos VSI ocorreu na Samarco Mineração. As características do minério de Alegria (Mariana, MG) dispensam a britagem grosseira (primária). As operações designadas na empresa por britagens primária e secundária equivalem, na realidade, às britagens secundária e terciária em termos de faixa granulométrica. Os britadores VSI foram introduzidos no circuito em substituição a britadores Omnicone, que geravam produto com granulometria muito grosseira para a alimentação dos moinhos de bolas, trazendo como consequência uma alimentação grosseira no circuito de flotação em células mecânicas, chegando a causar o aterramento delas. O desempenho dos britadores VSI é considerado altamente satisfatório. Sua grande limitação é o elevado consumo energético, comparável ao de uma operação de moagem.

Um dos autores deste volume obteve sucesso na britagem de pedrisco para a produção de areia artificial. É de se ressaltar o formato arredondado das partículas.

Para esse equipamento, a melhor revisão é, novamente, a de Evelin (1998), que recomendamos aos interessados.

A Fig. 1.58 situa o VSI no elenco dos equipamentos de cominuição.

O investimento relativo a um equipamento desse tipo é cerca de 40% a 50% do investimento relativo a um britador cônico de capaci-

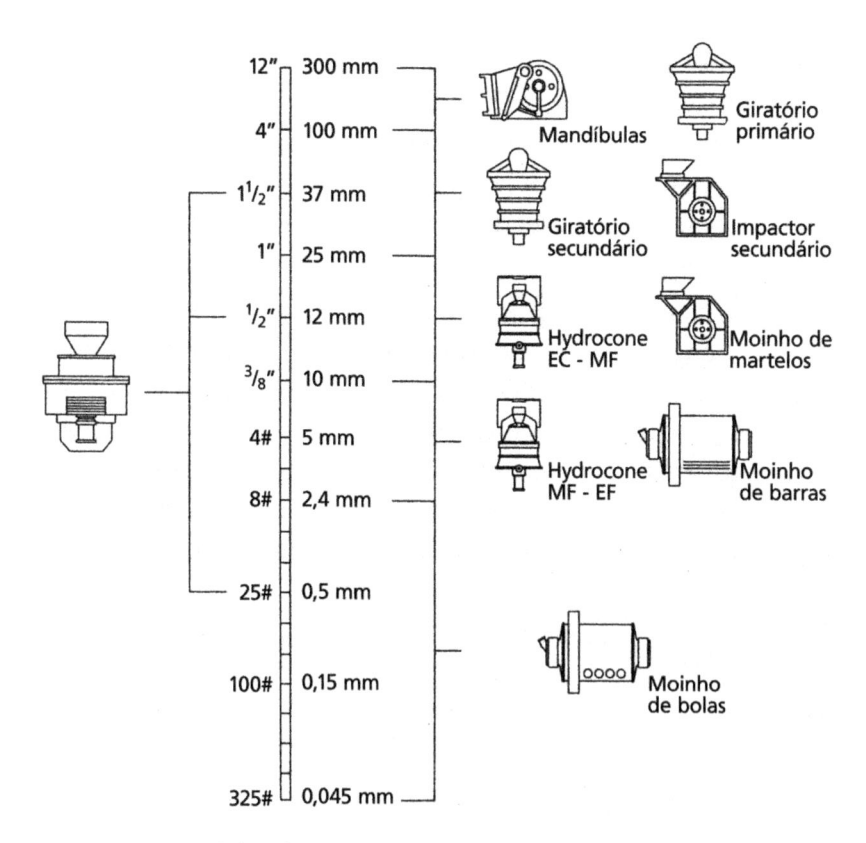

Fig. 1.58 Posição do britador VSI relativamente aos outros equipamentos de cominuição
Fonte: Staniak, Navarro e Costa (1996).

dade similar. Os custos operacionais acabam sendo semelhantes, pois, embora o desgaste seja menor, o consumo de energia é maior.

1.13 Construção e operação

A construção dos equipamentos é em chapa de aço, eventualmente com reforços. É necessário prover portas de inspecção de dimensões compatíveis ou permitir a abertura da carcaça. Com modelos grandes, isso pode exigir macacos hidráulicos ou outros dispositivos mecânicos. Internamente, os equipamentos são revestidos de placas de desgaste. Quando operam com materiais grudentos, úmidos ou plásticos, pode haver a tendência de entupir. As soluções mais comuns são o uso de rotores ou martelos reversíveis, o uso de dois rotores e alimentação central ou placas de impacto móveis, acionáveis em caso de atolamento.

O rotor é de aço fundido ou forjado e, em geral, tratado termicamente. São montados sobre mancais, lubrificados geralmente por graxa. Modelos mais modernos tendem a usar injeção de óleo ou circulação forçada.

As barras de impacto comumente são revestidas de tubos ou anéis de aço manganês, que giram livremente. Como já mencionado, a distância entre elas pode ser ajustada dentro de certos limites, o que afeta a distribuição granulométrica do produto.

A presença da grelha limita a descarga de *oversize* ou de material ferroso (porcas, parafusos etc.). Os equipamentos bem projetados têm uma caixa para retirá-los da câmara de moagem e recolher esses materiais. Essa caixa precisa ser esvaziada periodicamente (ver Figs. 1.49, 1.61 e 1.62).

Os martelos são de aço manganês. Existem diferentes projetos, mostrados na Fig. 1.50, que permitem a máxima utilização do metal neles contido. As peças de desgaste substituíveis ou utilizáveis em posições distintas podem ser de ferro fundido branco. Assim, os martelos são reversíveis, de modo a usar-se um lado, dois lados ou quatro lados.

1 Britagem 113

Alguns martelos podem ser refeitos por solda de reposição. De qualquer forma, a troca ou reversão dos martelos é uma operação de rotina a ser enfrentada periodicamente e que deve ser levada em conta no cálculo da disponibilidade da instalação.

A alimentação localizada sobre algumas linhas de martelos ou sobre uma posição central do rotor é o problema operacional mais comum. A consequência é o desgaste localizado e a impossibilidade de fornecer a distribuição granulométrica desejada. Diferentemente dos outros tipos de equipamento, estes não têm capacidade de espalhar a alimentação, o que precisa ser feito por outros dispositivos.

Da mesma forma que os britadores de impacto, os moinhos de martelos têm limitações quanto à relação entre a velocidade e o número de linhas de martelos. Por isso, é muito raro encontrarmos moinhos com mais que quatro linhas de martelos.

Usam-se acopladores hidráulicos ou compensadores de partida para permitir a partida do motor a plena carga. Parte-se sempre com o equipamento vazio.

As grelhas são de aço manganês fundido. As aberturas são crescentes de dentro para fora, para evitar entupimento. Eventualmente são construídas grelhas de barras de aço para molas, laminado ou forjado e temperado.

A motorização do equipamento é adequada ao material que se vai moer. Cada mineral consome uma determinada quantidade de energia para uma dada redução, o que é expresso pelo seu WI. A máquina é vendida tendo em vista as condições de operação. Por isso, não é indiferente comprar um moinho para carvão para moer calcário ou vice-versa. A Tab. 1.14 relaciona as energias dispendidas na cominuição de materiais diferentes para uma dada relação de redução.

1.14 Equipamentos encontrados no mercado

Existe um número aparentemente muito grande de diferentes modelos, como se pode ver nas Figs. 1.59 a 1.62. As diferenças

Tab. 1.14 ENERGIAS CONSUMIDAS PARA UMA MESMA RELAÇÃO DE REDUÇÃO COM DIFERENTES MATERIAIS

Material	WI	Consumo relativo de energia
Vidro	3,0	1,0
Calcário	11,6	3,7
Cascalho	25,2	8,0

Fonte: adaptada de Eacret e Klein (1985).

em relação ao equipamento básico de um único rotor, entretanto, podem ser sumarizadas segundo o Quadro 1.6.

QUADRO 1.6 Variações construtivas de britadores de impacto e moinhos de martelos

Peça	Variável	Possibilidades	Finalidade
Rotor	Número	2 rotores de mesmo sentido e velocidades diferentes	Aumento da relação de redução
Rotor	Número	2 rotores de sentidos opostos e mesma velocidade, reversíveis	Atolamento
Rotor	Direção V	Fixa ou reversível	Atolamento, melhor uso dos martelos ou barras de impacto
Rotor	Projeto	Martelos livres, martelos solidários, facas	Operação especializada
Rotor	Projeto	Martelos com anel	Moagem mais fina
Rotor	Projeto	Gaiolas	Moagem mais fina
Revestimento ou barras de impacto	Disposição	Dimensões ou espaçamento	Distribuição granulométrica

1 Britagem 115

Peça	Variável	Possibilidades	Finalidade
Revestimento	Mobilidade	Fixa ou móvel	Atolamento
Martelos	Desenho	1, 2 ou 4 faces	Melhor uso dos martelos

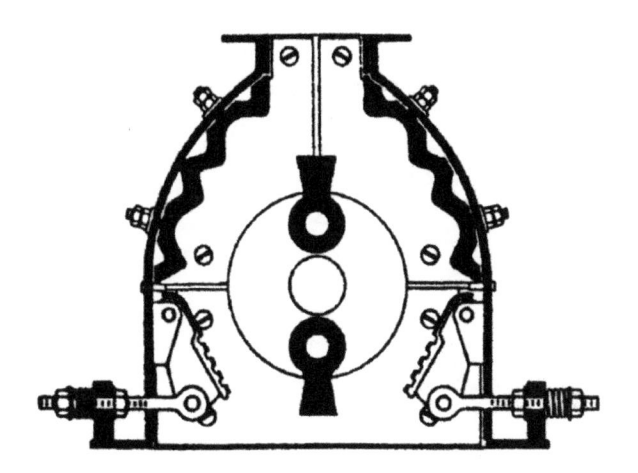

Fig. 1.59 Britador de impacto reversível

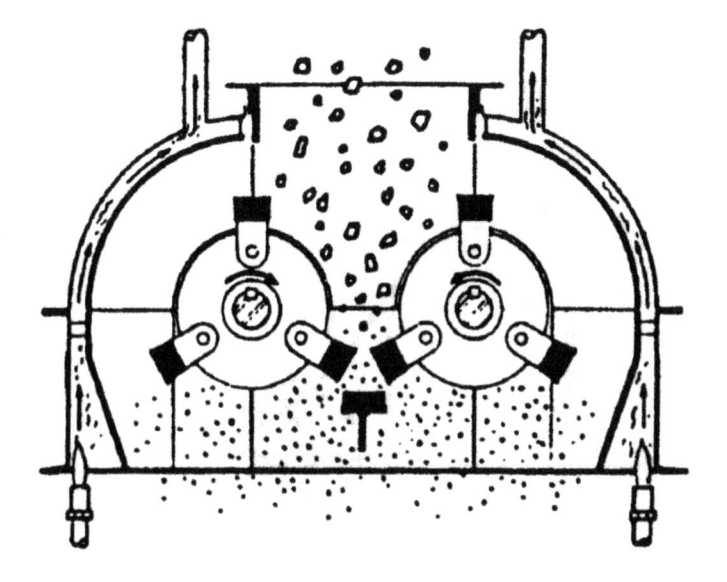

Fig. 1.60 Britador de impacto duplo, reversível, com aquecimento de carcaça

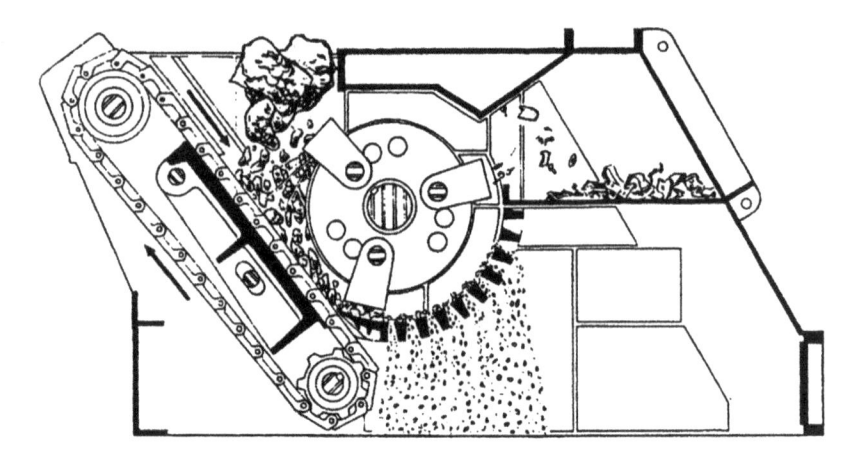

Fig. 1.61 Moinho de martelos com carcaça móvel

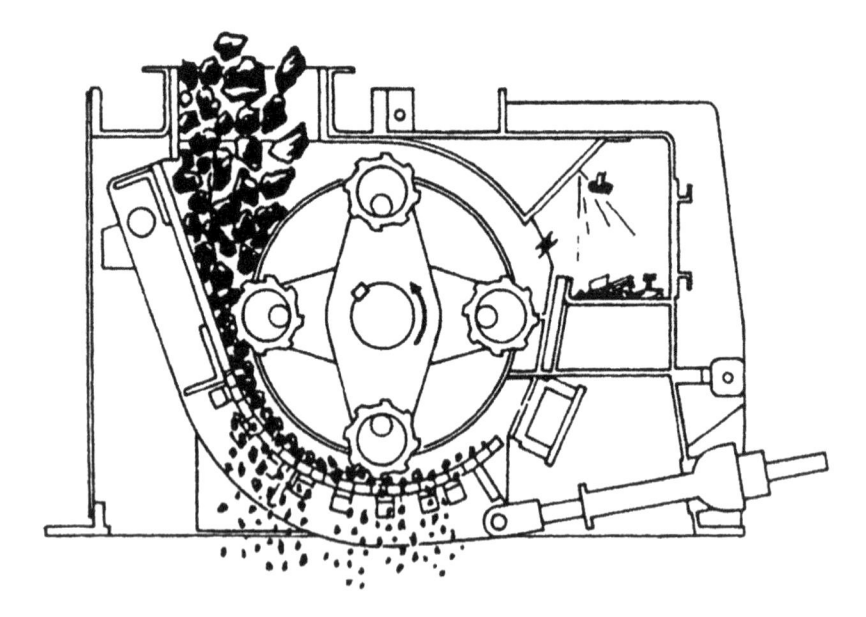

Fig. 1.62 Moinho de martelos com anel

Exercícios resolvidos

Para a resolução dos exercícios, utilizaremos as tabelas e os dados técnicos publicados pela Svedala (atual Metso) na 5ª edição do seu *Manual de britagem Faço* (Allis Mineral Systems/Faço, 1994).

1.1 Escolher o britador primário para dolomita com *top size* de 24 cm e vazão de alimentação de 9,3 t/h, operando com APA = 1 ¾".

Solução:

a) condição de recepção: a = 24 cm/0,8 = 30 cm = 11,8".
b) critério de Taggart: x = 9,3/(11,8)² = 0,065 < 0,115, recomendando, portanto, britador de mandíbulas.
c) condição de processo: APA = 1 3/4". Das Tabs. 1.7 e 1.8, verifica-se que os britadores que atendem a essa condição e à condição de recepção são o 4230 e o 6240. Ambos têm *gape* ≥ a.
d) capacidade = 1,5 × 9,3/1,6 = 8,7 m³/h.

Escolhe-se, então, o 4230.

1.2 Uma mina opera com *shovels* de 1 ¾ jd³. Qual deve ser o tamanho do britador primário de um eixo para atendê-la?

Solução:

Até um certo tamanho de caçamba, o operador da escavadeira ou da pá-carregadeira tem condição de avaliar visualmente o tamanho dos blocos que está carregando e separar os blocos maiores do que o tamanho máximo aceitável pelo britador primário. A edição citada do *Manual de britagem* não fornece mais essa informação. Com base na tabela 2-03 da 2ª edição (Faço, 1975), podemos construir a Tab. 1.15.

Tab. 1.15 RELAÇÃO ENTRE CAÇAMBA E TAMANHO DO BRITADOR DE MANDÍBULAS

Britador	6240	8050	10060	11080	12090	150120
Caçamba (jd³)	3/4	3/4	1	1 ¼	1 ¾	3

Conforme a Tab. 1.15, o britador compatível para a caçamba de 1 ¾ jd³ é o 12090.

1.3 Objetiva-se reduzir um minério desde um *top size* de 15 ½" no ROM até um *top size* de 8# (Tyler) no produto. Quantos estágios de cominuição devem-se utilizar e qual a relação de redução recomendada para cada um deles?

Solução:

Existem muitas soluções para esse exercício. Para todas elas, porém, o raciocínio é:

$F = 15\ ½" = 393{,}7\ mm$

$P = 8\# = 2{,}4\ mm \Rightarrow RR = 164$

Trata-se, obviamente, de uma relação de redução muito grande para ser obtida em um único estágio de cominuição. Devem-se utilizar vários, obedecendo sempre às restrições de relação de redução e tamanhos de alimentação e produto de cada estágio, a saber:

Estágio de britagem	Primária	Secundária	Terciária	Quaternária
RR recomendada	8:1	6 a 8:1	4 a 6:1	3" a 20#
Produto recomendado	< 6 ½"	4 a 3/4"	1 a 1/8"	1/2" a 20#

Uma das muitas soluções pode ser, portanto:

primária: de 15 ½" para 3" RR = 5,2

secundária: de 3" para 1/2" RR = 6

terciária: de 1/2" para 8# RR = 5,3

1.4 Uma mina de hematita produz $8{,}1 \times 10^6$ t/a, operando dois turnos de 8 horas por dia e parando aos domingos, quando é feita a manutenção programada. Para também durante 5 feriados por ano e, em média, 20 dias durante o ano, em razão de imprevistos (neblina, chuva etc.). Pergunta-se:

a] Qual deve ser a capacidade nominal do britador, se a efetividade da instalação é de 94%?

b] Qual a disponibilidade da instalação?

1 Britagem 119

Solução:

horas totais anuais: 365 d/a × 16 h/d = 5.840 h/a
horas paradas: feriados = 5 d/a = 5 d/a × 16 h/d = 80 h/a
domingos = 52 d/a = 52 d/a × 16 h/d = 832 h/a
manutenção = 0 (feita aos domingos)
imprevistos = 20 d/a = 20 d/a × 16 h/d = 320 h/a
totais = 77 d/a = 1.232 h/a
horas disponíveis para o trabalho = 5.840 − 1.232 = 4.608 h/a
⇒ disponibilidade = $\frac{4.608}{5.840}$ = 0,79 ou 79%
horas efetivas = horas disponíveis × efetividade
efetividade = 0,94 ⇒ horas efetivas = 4.608 × 0,94
= 4.331,5 h efetivas/ano

Isso significa que, das 5.840 h totais do ano, apenas 4.608 são disponíveis para o trabalho, e que, destas, apenas 4.331,5 são horas de produção efetiva. Se fizermos o cálculo da capacidade da britagem com outro valor, não teremos a capacidade realmente necessária.

⇒ capacidade nominal do britador = $\frac{8.100.000\,t/a \times 1,5}{4.331,5\,h/a}$ = 2.805 t/h

O número 1,5 é o fator de serviço para a britagem primária, referente à descontinuidade da alimentação do britador.

A capacidade calculada NÃO É A DO PROJETO, porque 1,5 não é fator de projeto, mas sim de serviço!

1.5 A britagem secundária da mesma mina de hematita, que produz 8,1 × 10^6 t/a, opera 24 horas por dia e só para em 5 feriados por ano. Ela para também 10 d/a para manutenção programada e, em média, 10 d/a para imprevistos. Diariamente, 2 horas são usadas para manutenção corretiva. Sabendo-se que as horas efetivas de produção são 6.360 h/a, pergunta-se:
a] Qual deve ser a capacidade nominal do britador?
b] Qual a efetividade da instalação?

Solução:

horas totais anuais: 365 d/a × 24 h/d = 8.760 h/a
horas paradas: feriados = 5 d/a = 5 d/a × 24 h/d = 120 h/a

manutenção = 10 d/a = 10 d/a × 24 h/d = 240 h/a
imprevistos = 10 d/a = 10 d/a × 24 h/d = 240 h/a
totais = 25 d/a = 600 h/a
manutenção corretiva = 2 h/d × (365 − 25) = 680 h/a
horas disponíveis para o trabalho = 8.760 − 600 − 680 = 7.480 h/a
⇒ disponibilidade = $\frac{7.480}{8.760}$ = 0,85 ou 85%
horas efetivas = 6.360 h/a
⇒ efetividade = $\frac{6.360}{7.480}$ = 0,85 ou 85%
⇒ capacidade nominal da britagem secundária
$x = \frac{8.100.000\,t/a}{6.360\,h/a} \times 1{,}25 = 1.592\,t/h$
O número 1,25 é o fator de serviço para a britagem secundária.

1.6 Qual a distribuição granulométrica fornecida por um britador de mandíbulas 6240 com abertura na posição fechada de 1 ¾", operando em circuito aberto?

Solução:

A Fig. 1.13 (gráfico 2.04 do *Manual de britagem*) fornece a distribuição granulométrica dos produtos de britagem desse tipo de britador. O gráfico, porém, usa a abertura na posição aberta (APA), e não a abertura na posição fechada (APF) que é dada no enunciado.

Vale lembrar que abertura na posição aberta (APA) = abertura na posição fechada (APF) + movimento de queixo.

Conforme a Tab. 1.7 (tab. 2.06 do *Manual de britagem*), o movimento de queixo do britador 6240 é 3/4". Assim:

APA = 1 ¾ + 3/4 = 2 ½"

Com esse valor, escolhe-se a curva e obtém-se:

Malha (")	4	2	1	1/2	1/4	1/8	−1/8
% passante	100	70	38	22	13	7	−
% retida por malha	0	30	32	16	9	6	7

1 Britagem 121

1.7 O que acontece com as distribuições granulométricas do mesmo britador em suas aberturas máxima e mínima?

Solução:

A Tab. 1.7 (tab. 2.06 do *Manual de britagem*) mostra que esse britador trabalha numa faixa ampla de regulagem da abertura, desde APF = 1" até APF = 4". As APAs correspondentes são 1 ¾" e 4 ¾". Será preciso interpolar entre as curvas ali desenhadas.

Da Fig. 1.13 (gráfico 2.04 do *Manual de britagem*), obtém-se:

Malha (")	APF	8	4	2	1	1/2	1/4	1/8	fundo
% passante	1"	100	100	91	53	26	16	9	0
% retida por malha		0	0	9	38	27	10	7	9
% passante	4"	100	100	72	39	22	12	7,5	0
% retida por malha		0	0	28	33	17	10	4,5	7,5

Este exercício ilustra a flexibilidade dos britadores em termos operacionais.

1.8 Qual a distribuição granulométrica fornecida por um britador giratório 1336 com abertura na posição fechada de 1 ½", britando calcário previamente escalpado?

Solução:

Da Tab. 1.10 (tab. 2.15 do *Manual de britagem*), verifica-se que o excêntrico padrão do britador 1336 é 1". Assim, à APF de 1 ½" corresponde a APA = 2 ½".

Da Fig. 1.14 (gráfico 2.07 do *Manual de britagem*), verifica-se que calcário "produto de peneiramento intermediário" tem 85% passante na malha de abertura igual à APA. Entra-se, então, na linha horizontal de 85% passante, até encontrar a linha vertical da malha de 2 ½", como mostra a Fig. 1.63. Esse ponto definirá a curva de distribuição granulométrica do produto de britagem procurado. Se por ele não passar nenhuma curva, será preciso interpolar.

Material	ROM	Escalpado	Escalpado recombinado com finos
Calcário	90	85	88
Minérios	90	85	85
Granito	82	75	80
Basalto	75	70	75

Porcentagem do produto passante numa malha de abertura igual à do britador na posição aberta (APA)

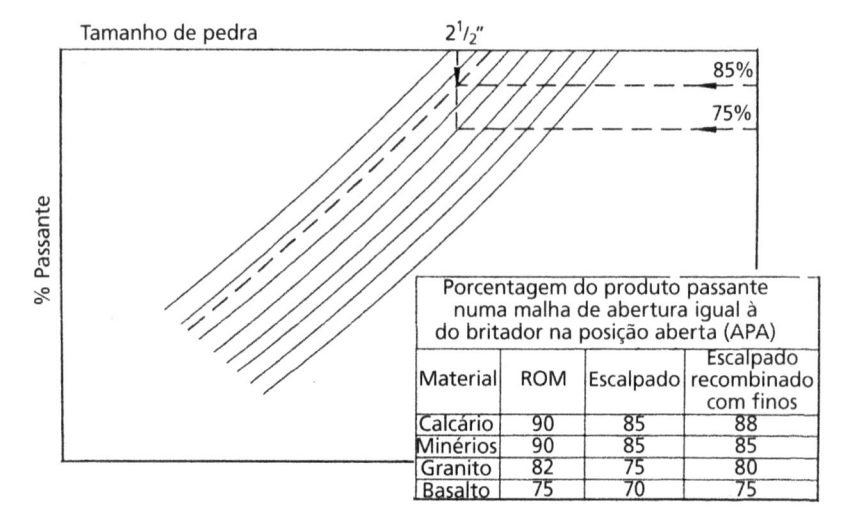

Fig. 1.63 Uso do gráfico (Fig. 1.14)

Essa curva não está desenhada. Ao interpolar-se, encontra-se a seguinte distribuição:

Malha (")	4	2	1	1/2	1/4	-1/4
% passante	100	74	44	25	14	–
% retida por malha	0	26	30	19	11	14

1.9 Qual seria a distribuição granulométrica obtida pelo britador do exercício anterior caso o material a ser britado fosse um basalto ROM?

Solução:

Ao se proceder de modo análogo, verifica-se que o basalto ROM tem 75% passante na malha igual à APA. A linha é, então, a linha inferior mostrada na Fig. 1.14, em que 75% e 2 ½" se cruzam. Ao se fazer a sua leitura, encontra-se a seguinte distribuição:

Malha (")	4	2	1	1/2	1/4	-1/4
% passante	100	64	36	21	12	–
% retida por malha	0	36	28	15	9	12

1.10 Escolher o britador primário para calcário com *top size* de 45" e vazão de alimentação de 1.333 t/h, operando com APA = 7".

Solução:

a) condição de recepção: a = 45"/0,8 = 56 ¼" = 142,9 cm.
b) critério de Taggart: x = 1.333/(56,25)^2 = 0,421 > 0,115, recomendando, portanto, britador giratório.
c) condição de processo: APA = 7". Das Tabs. 1.9 e 1.10, verifica-se que todos os britadores relacionados atendem a essa condição.
d) capacidade = 1,5 x 1.333/1,6 = 1.250 m^3/h (1,6 t/m^3 é a densidade aparente do calcário).

Do exame das Tabs. 1.9 e 1.10, verifica-se que o único britador que tem *gape* maior que 56 ¼" é o 6089 (todos os demais o têm menor). Este, então, é o britador escolhido. A sua capacidade de tabela é 2.337 m^3/h, 87% maior que o necessário. Esse é o preço que se tem de pagar pelo tamanho da alimentação, que é a condição que governa a escolha.

1.11 Escolher o britador primário para calcário com *top size* de 30" e vazão de alimentação de 1.760 t/h, operando com APF = 4".

Solução:

a) condição de recepção: a = 30"/0,8 = 37 ½" = 95,3 cm.
b) critério de Taggart: x = 1.760/(37,5)^2 = 1,25 > 0,115, recomendando, portanto, britador giratório.
c) condição de processo: APF = 4". Das Tabs. 1.9 e 1.10, verifica-se que os únicos britadores que atendem a essa condição são o 4265 (5 ½ – 1 ½= 4") e o 4874 (5 1/2 – 1 5/8 = 3 7/8"). Eles atendem também à condição de recepção.

d] capacidade = 1,5 x 1.760/1,6 = 1.650 m³/h.

Nenhum dos dois britadores, porém, tem a capacidade desejada. A solução é adotar dois britadores 4265. Nesse caso, quem governa a escolha é a condição de processo.

> **1.12** Que acontece com a capacidade do britador do exercício 1.11 se o material está com umidade de 5%, contém 4% de argila, seu WI é 10 kWh/st e 32% da alimentação é menor que 7/8"?

Solução:

Todas essas circunstâncias afetam o desempenho do britador, como mostram as Tabs. 1.16 e 1.17 e as Figs. 1.64 a 1.66 (extraídas das p. 2.06 e 2.07 do *Manual de britagem*). A capacidade de qualquer britador, indicada nas Tabs. 1.7 a 1.10, poderá variar em função dos seguintes fatores: tamanho da alimentação, presença de argila, APF, densidade aparente do minério e seu *work index*.

Tab. 1.16 DENSIDADE APARENTE DOS MATERIAIS BRITADOS

t/m³	1,2	1,3	1,4	1,5	1,6	1,7	1,8
Fator A	0,75	0,81	0,88	0,94	1	1,06	1,13

t/m³	1,9	2	2,1	2,2	2,3	2,4
Fator A	1,19	1,25	1,31	1,38	1,44	1,5

Se a capacidade é indicada em m³/h, o fator A = l.

Tab. 1.17 Work index

WI	10	12	14	18	22
Fator B	1,15	1,1	1	0,9	0,8

A capacidade real do britador será aproximadamente igual a:

$$Q = Q_T \times A \times B \times C \times D$$

onde Q_T = capacidade de tabela.

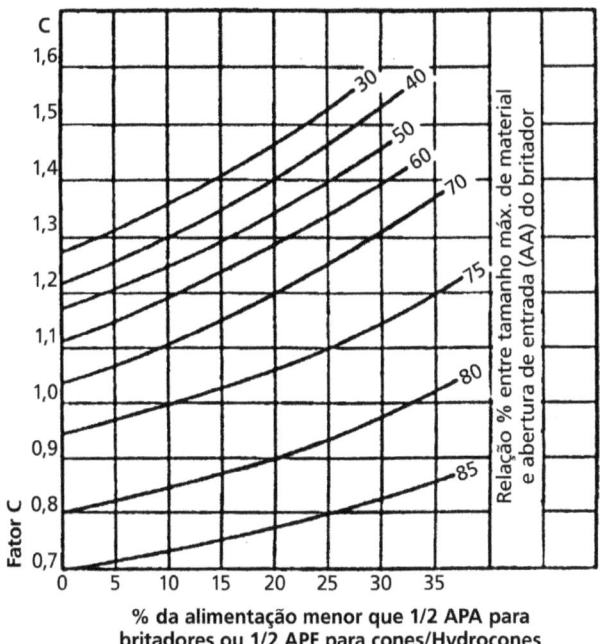

Fig. 1.64 Tamanho da alimentação

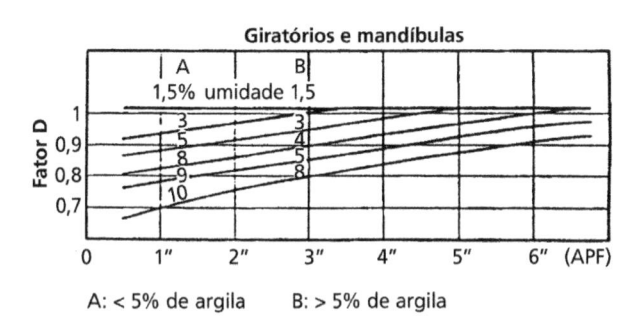

Fig. 1.65 Efeito da presença de argila

a) WI = 10 kWh/st. Da Tab. 1.17, verifica-se que esse material é mais fácil de britar do que o material com o qual foram construídas as tabelas, que tinha WI = 14. Há um ganho de 15% de capacidade.

b) tamanho da alimentação: *top size* = 24 cm. 24/30 = 0,8 = 80%.

32% − 7/8″

Hydrocones e cones

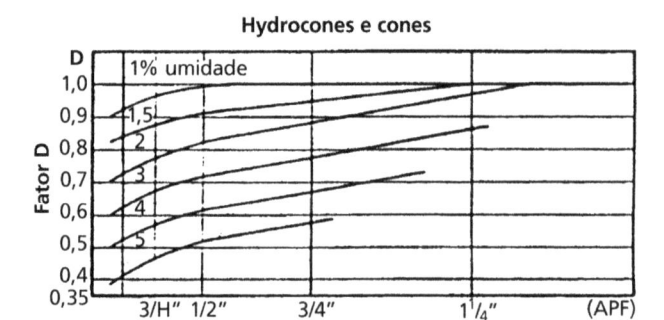

(gráfico: Fator D vs. APF, curvas para 1,5 / 2 / 3 / 4 / 5% umidade; eixo x: 3/H" 1/2", 3/4", 1¼")

Fig. 1.66 Efeito da umidade

A Fig. 1.64 relaciona essas duas informações. Dela verifica-se que se está nas condições ideais.

c) 5% de umidade 5% de argila. Da Fig. 1.65 verifica-se que o efeito combinado dessas duas circunstâncias é reduzir em 10% a capacidade do britador.

A capacidade nominal, que era de 862 m³/h (Tab. 1.9: APA = 4 + 1 ½= 5 ½) passa para

$$862 \times 1{,}15 \times 1 \times 0{,}9 = 892{,}2\, m^3/h.$$

1.13 Deseja-se britar 213 t/h de quartzito para gerar produto com tamanho máximo de 10". O tamanho máximo da alimentação é 27". Qual é o britador escolhido (britador primário)?

Solução:
a) condição de recepção: $a = 27"/0{,}8 = 33\,¾" = 84{,}4$ cm.
b) critério de Taggart: a aplicação do critério de Taggart recomendaria britador giratório. Porém, no presente caso, de **material muito abrasivo, o critério de Taggart não se aplica, forçando a escolha de britador de mandíbulas de dois eixos.**
c) condição de processo: APA = 6". Das Tabs. 1.7 e 1.8, verifica-se que os britadores que atendem a essa condição e à condição de recepção são os 48 × 60".

d) capacidade = 1,5 × 213/1,6 = 200 m³/h.
Escolhe-se, então, um britador 48 × 60".

1.14 Comparar as distribuições granulométricas fornecidas por um britador Hydrocone H-6000, com câmaras extragrossa, média e fina com aberturas na posição fechada de 25 mm. Comparar também as capacidades de produção dessas câmaras.

Tente resolver sozinho, consultando o *Manual de britagem* e aplicando o que você aprendeu até agora.

1.15 Um britador 4230, trabalhando em circuito fechado, brita 9,3 t/h de dolomita de AI 0,03. Ele consome 22,3 kW e trabalha 5.000 h/ano. Qual é o seu consumo de mandíbulas?

Solução:
a) energia consumida = 22,3 × 5.000 = 111.500 kWh/ano.
b) desgaste de mandíbulas fixas: $q = 5{,}81\ e^{4{,}74 \cdot AI} = 5{,}81\ e^{4{,}74 \cdot 0{,}03} =$ 6,7 g/kWh,
donde: 111.500 kWh/ano × 6,7 g/kWh = 746.806 g/ano.

Como a abertura de saída é pequena, o aproveitamento da mandíbula é de 35%, como nos informa a Tab. 1.11. No *Manual de britagem*, as tabelas 8-12 informam que a mandíbula fixa pesa 100 kg. Isso significa que precisaremos trocar uma mandíbula cada vez que forem consumidos 35 kg de metal ou que isso ocorrerá 746,8/35 = 21 vezes por ano.

c) desgaste de mandíbulas móveis: $q = 3{,}38\ e^{4{,}74 \cdot AI} = 3{,}38\ e^{4{,}74 \cdot 0{,}03} =$ 3,9 g/kWh,
donde: 111.500 kWh/ano × 3,9 g/kWh = 434.850 g/ano.

Analogamente, sabendo que a mandíbula móvel pesa 110 kg, verifica-se ser necessário trocá-la a cada 38,5 kg, o que ocorrerá 11 vezes por ano. O desgate das mandíbulas fixas, via de regra, é 1,5 a 2 vezes o das mandíbulas móveis.

Vale lembrar que muitas mandíbulas têm um projeto que permite virá-las a cada primeira troca, dobrando, assim, a sua vida útil. Outras são montadas em segmentos, o que permite trocar apenas o segmento gasto.

Referências bibliográficas

ALLIS CHALMERS. *Superior primary and secondary gyratory crushers.* Appleton, WI: Allis Chalmers, [s.d.]. (Catálogo 17B).

ALLIS MINERAL SYSTEMS/FÁBRICA DE AÇO PAULISTA. *Manual de britagem Faço.* 5. ed. Sorocaba: Svedala, 1994.

ANON. Control of crushing processes. *World mining equipment*, p. 26-31, May 1988.

ANON. Fábrica de cimento Votoran, lavra subterrânea, mina Baltar. *Panfleto de divulgação da Fábrica de Cimento Votoran.* [s.n.t.].

ATKINSON, T.; TEREZOPOULOS, N.; ALFY, S. The changing face of crushing. *Mining magazine*, p. 285-288, May 1997.

AUSTIN, L. G.; McCLUNG, J. D. Size reduction of coal. In: LEONARD, J. W. (Ed.). *Coal preparation.* New York: SME, 1979.

BELTRAME, A. Tipos de malhas de controle normal de processos industriais. *Mecatrônica Atual*, n. 29, p. 42-46, ago./set. 2006.

BERALDO, J. L. *Moagem de minérios em moinhos tubulares.* São Paulo: Edgard Blücher, 1987.

BERALDO, J. L. Controle de processo em usinas de concentração de minério. In: ENCONTRO NACIONAL DE TRATAMENTO DE MINÉRIOS E METALURGIA EXTRATIVA, 17. *Anais...* São Paulo: ABM, 1988. p. 11-35.

BERN, R. Agregados cúbicos. *Areia e brita*, v. 1, n. 1, p. 1320, 1998.

CHIEREGATI, A. C. *Novo método de caracterização tecnológica para a cominuição de minérios*. Dissertação (Mestrado) – Escola Politécnica da Universidade de São Paulo, São Paulo, 2001.

DELIBERATO NETO, O. *Sistema para simulação dinâmica de circuitos de britagem*. 2007. 151 f. Dissertação (Mestrado) – Escola Politécnica da Universidade de São Paulo, São Paulo, 2007.

DUARTE, J. F. C.; ARANTES, E. J. Carajás: a engenharia de projetos vence o desafio. *Mineração e metalurgia*, v. 48, n. 461, p. 32-34, jan./fev. 1985.

EACRET, R. L.; KLEIN, E. F. Hammer mills and impactors. *SME Mineral Processing Handbook*. Littleton: SME, 1985. p. 3B-70-107.

EVELIN, S. S. *Utilização de britadores não convencionais para o aproveitamento de ouro primário pelo processo de lixiviação em pilhas*. Dissertação (Mestrado) – Epusp/PMI, São Paulo, 1998.

FAÇO - FÁBRICA DE AÇO PAULISTA. *Britadores de mandíbulas*. Faço: catálogo. [s.n.t.-a].

FAÇO - FÁBRICA DE AÇO PAULISTA. *Rebritadores de mandíbulas*. Faço: catálogo. [s.n.t.-b].

FAÇO - FÁBRICA DE AÇO PAULISTA. *Manual de britagem* Faço. 2. ed. Sorocaba: Faço, 1975.

FLINTOFF, B. Introduction to process control. In: MINERAL PROCESSING PLANT DESIGN, PRACTICE, AND CONTROL, 2., 2002, Vancouver. *Proceedings...* Littleton: Society for Mining, Metallurgy, and Exploration, Inc. (SME), 2002. p. 2051-2065.

GOTO, M. M.; SAMPAIO, M. R. *Sistema de britagem - modelos matemáticos*. Trabalho apresentado ao prêmio "José Ermírio de Moraes". São Paulo: Epusp/PMI, 1986.

HERBST, J.; RAJAMANI, R. K.; MULAR, A.; FLINTOFF, B. Mineral processing plant/circuit simulators: An overview. In: MINERAL PROCESSING PLANT

DESIGN, PRACTICE, AND CONTROL, 2., 2002, Vancouver. *Proceedings...* Littleton: Society for Mining, Metallurgy, and Exploration, Inc. (SME), 2002. p. 383-403.

HULTHÉN, E.; EVERTSSON, M. C. Algorithm for dynamic cone crusher control. *Minerals Engineering*, Göteborg, Sweden, p. 296-303, 2008.

IBAG. Jaw crushers. *Ibag Technik*: catálogo. [s.n.t.].

IRVINE, J. C. Meramec adds underground crusher, daily tonnage hoisted jumps 12.6%. *Mine engineering*, v. 24, n. 99, p. 33-37, Sept. 1992.

KELLY, E. G.; SPOTTISWOOD, D. J. *Introduction to mineral processing*. New York: John Wiley & Sons, 1982.

KLYMOWSKY, I. B.; LIU, J. Towards the development of a work index for the roller press. *Comminution practices*. Littleton: SME, 1997.

McGREW, B. *Crushing practice and theory*. Milwaukee: Allis Chalmers, 1953.

McLANAHAN. *Single roll crusher*. Hollidaysburgh: McLanahan Corp., [s.d.]. (Bulletin BD-11).

METSO. *Crushing and screening handbook*. 5. ed. [S.l.: s.n.], 2011. p. 44.

MORAES, J. C. Mandíbulas - desgaste e desempenho. *Areia e brita*, v. 1, n. 2, p. 32-35, 1998.

NEW Urad moly mine is block caved for 3-stage underground crushing. *Engineering and mining journal*, v. 168, n. 10, p. 1003, Oct. 1967.

NIEMELLA, R. E. Feeder breakers at White Pine Copper. *Engineering and mining journal*, p. 76-80, Apr. 1980.

O'DWYER, A. *PI and PID controller tuning rules for time delay processes*: a summary. Dublin: Dublin Institute of Technology, 2000. (Technical Report AOD-00-01, Edition 1).

PARSONS, S. D.; PARKER, S. J.; CRAVEN, J. W.; SLOAN, R. p. Strategies for instrumentation and control of crushing circuits. In: MINERAL PROCESSING PLANT DESIGN, PRACTICE, AND CONTROL, 2., 2002,

Vancouver. *Proceedings...* Littleton: Society for Mining, Metallurgy, and Exploration, Inc. (SME), 2002. p. 2114-2129.

PENNSYLVANIA CRUSHER. *Handbook of crushing.* Broomall: Pennsylvania Crusher Corp., 1984. (Bulletin 4040).

REXNORD. *Nordberg process machinery reference manual.* 1. ed. Milwaukee, WI: Rexnord, 1976.

ROLFSSON, R. Selecting crushing and grinding equipment. *World mining*, p. 45-47, Oct. 1983.

SANDVIK. *Rock processing manual.* Standard edition. [S.l.: s.n.], 2008. p. 201-210.

SEBORG, D. E.; EDGAR, T. F.; MELLICHAMP, D. A. *Process dynamics and control.* New York: John Wiley & Sons, 1989.

SIRIANI, F. A. *Características gerais de desgaste de mandíbulas em britadores.* Tese (Doutorado) – Escola Politécnica da Universidade de São Paulo, São Paulo, 1976.

SOCIETÉ STEPHANOISE DE CONSTRUCTIONS MECANIQUES. *Catálogo de produtos.* [s.n.t.].

STANIAK, K.; NAVARRO, M. G.; COSTA, Jr., R. Cominuição de minério de ferro utilizando o britador Barmac. In: SIMPÓSIO BRASILEIRO DE MINÉRIO DE FERRO, 1. *Anais...* Ouro Preto: ABM, 1996. p. 563-582.

TAGGART, A. F. *Handbook of mineral dressing.* New York: John Wiley & Sons, 1956.

VAN MUIJEN, H. The SynchroCrusher. *Quarry management*, p. 17-23, jul. 1998.

WHITEN, W. J. Models and control techniques for crushing plants. In: CONTROL'84 SYMPOSIUM: MINERAL/METALLURGICAL PROCESSING, 1984, Los Angeles. *Annals...* New York: Society of Mining Engineers, 1984. p. 217-225.

2 Peneiramento

Peneiramento é a operação de separação de uma população de partículas em duas frações de tamanhos diferentes, mediante a sua apresentação a um gabarito de abertura fixa e predeterminada. Cada partícula tem apenas duas possibilidades: passar ou ficar retida. Os dois produtos chamam-se, respectivamente, *undersize* ou passante e *oversize* ou retido. Os gabaritos podem ser grelhas de barras paralelas, telas de malhas quadradas, telas de malhas retangulares, telas de malhas alongadas, telas de fios paralelos, chapas perfuradas e placas fundidas.

A faixa de tamanhos submetidos ao peneiramento vai de matacões de 18" (0,46 m) a talco (130 μm). Os equipamentos capazes de fazer esse serviço são muitos e variados, podendo ser divididos genericamente em peneiras fixas, peneiras vibratórias inclinadas (Fig. 2.1), peneiras vibratórias horizontais, grelhas e trômeis (peneiras rotativas).

O peneiramento é dito "a seco" quando é feito com o material na sua umidade natural (que não pode, porém, ser muito elevada), e dito "a úmido" ou "via úmida" quando o material é alimentado na forma de uma polpa ou recebe água adicional por meio de *sprays* convenientemente dispostos sobre os *decks* de peneiramento.

2.1 Equipamentos

2.1.1 Peneiras vibratórias

As peneiras vibratórias são constituídas por um chassi robusto, apoiado em molas, um mecanismo acionador do movimento vibratório e um, dois ou três suportes para as telas (*decks*) (Fig. 2.2). Quando são peneiradas partículas de tamanho grande, é necessário revestir as paredes internas do chassi com placas de material resistente à abrasão. Quando o material é muito pulverulento e

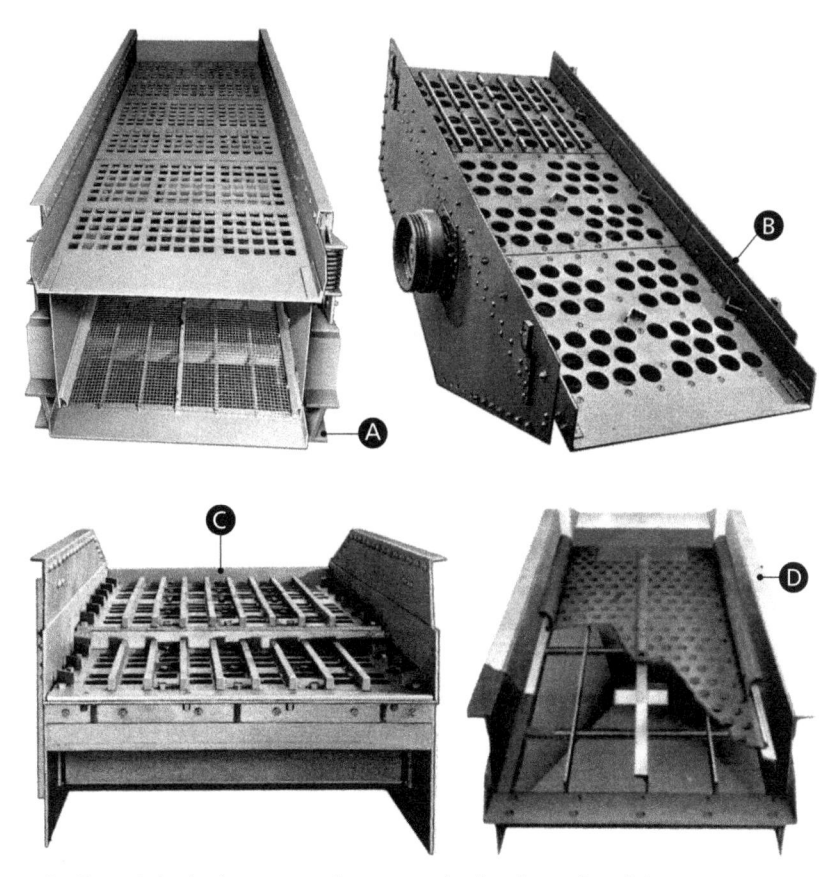

A Com dois *decks*, o superior com tela de placas fundidas
B Com *deck* de chapa perfurada
C Com *deck* de barras
D Com tela de borracha

Fig. 2.1 Peneiras vibratórias inclinadas
Fonte: Allis Chalmers (s.d.-b).

desprende grande quantidade de poeira, é necessário encapsular ou confinar o equipamento. Existem peneiras suspensas (em vez de apoiadas), mas o seu uso é raro em mineração.

Malhas de abertura pequena geralmente são leves e pouco resistentes, exigindo sempre uma estrutura de apoio no *deck*. Quando se

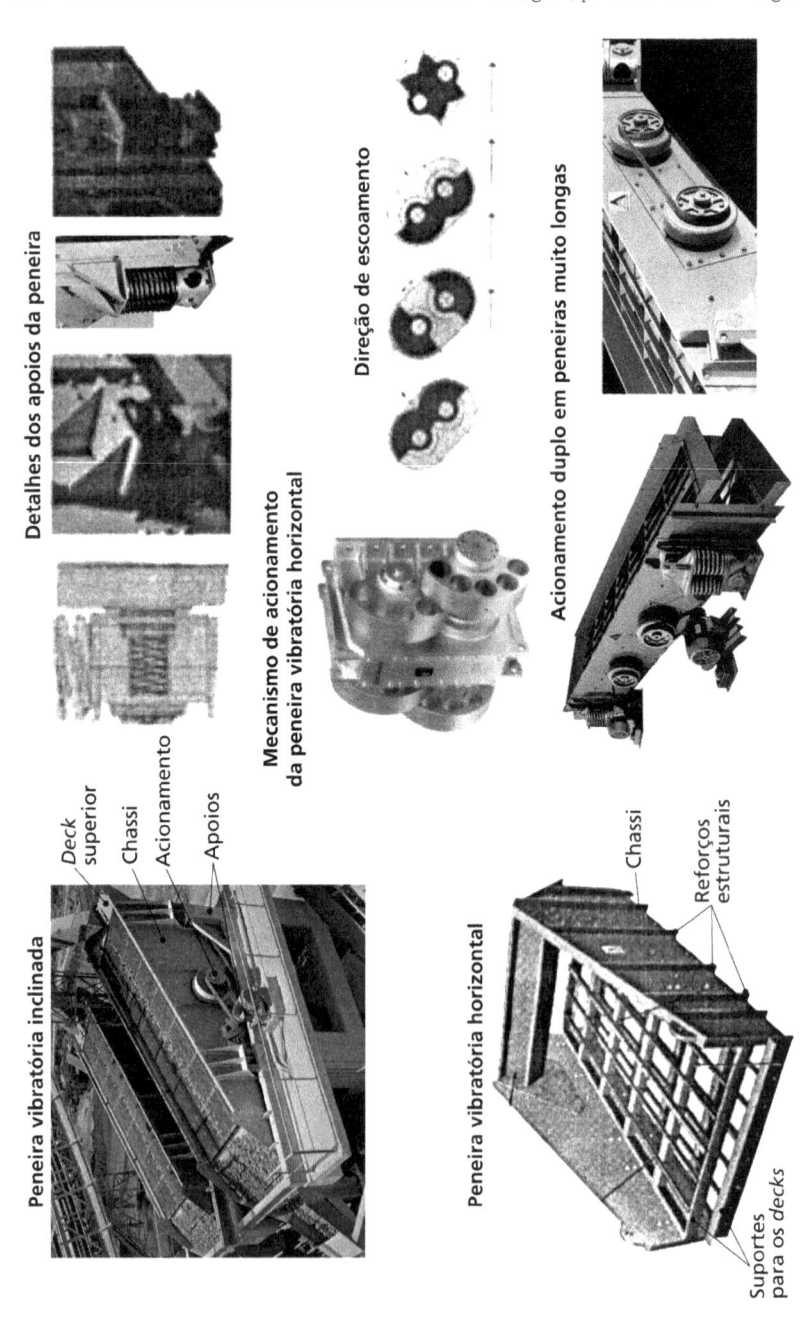

Fig. 2.2 Estrutura das peneiras vibratórias
Fonte: Allis Chalmers (s.d.-b).

peneiram, numa malha de abertura pequena, populações cujos tamanhos variam de grandes a pequenos, é muito conveniente colocar acima dela um *deck* de alívio ou proteção, com uma tela grossa e forte. Essa tela mais pesada recebe todo o impacto e esforço mecânico das partículas maiores, protegendo e aliviando a tela de peneiramento. Ao final, os *oversizes* das duas telas são reunidos, gerando um produto único.

As peneiras vibratórias inclinadas têm inclinações que variam entre 15° e 35° e transportam o material do leito a uma velocidade de 18 a 36 m/min, dependendo da inclinação (CVRD, s.n.t.). As peneiras horizontais transportam o material à velocidade de 12 m/min.

O *Manual de britagem* da Metso apresenta as faixas de velocidade do leito de *oversize* sobre o *deck* de peneiramento mostradas na Tab. 2.1.

Tab. 2.1 Faixas de velocidade do leito de *oversize* sobre o *deck* de peneiramento

Tipo de peneira	v (m/min)
Horizontal, mov. linear (LH)	12-15
Inclinada, 20°, mov. circular (classific. graúda)	30-35
Inclinada, 20°, mov. circular (classific. final)	25-30
Banana CBS, mov. Circular	Início 45, descarga 25
Banana, alta inclinação, mov. Circular	Início 60, descarga 20-30

Fonte: Metso (2005).

A 2ª edição do *Manual de britagem* da Faço fornecia a recomendação de inclinações para as peneiras vibratórias inclinadas mostrada na Tab. 2.2.

Tab. 2.2 Inclinações para as peneiras vibratórias inclinadas

Ângulo (°)	20	19	15	10
Malhas (")	6 a 4	4 a 1	2 ½ a 1/2	1 a 1/8

Fonte: (Faço, 1975).

A importância da inclinação do *deck* é que a altura do leito sobre ele varia com a inclinação. O número de partículas sobre cada *deck* é o mesmo (Fig. 2.3). Na mesma área projetada, a quantidade de partículas que se acomodam sobre a tela é diferente, pois na tela inclinada elas se acomodam sobre a hipotenusa e na tela horizontal, sobre o cateto, razão pela qual a altura do leito é menor. O ideal seria poder aumentar a inclinação até ter um leito cuja espessura fosse a de uma única partícula. Assim, o peneiramento seria imediato, pois todas as partículas estariam sobre a tela, mas isso é impraticável.

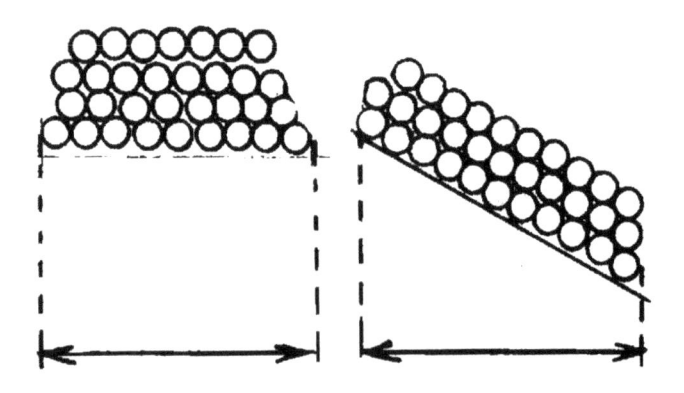

Fig. 2.3 Acomodação de partículas sobre inclinações diferentes

As peneiras vibratórias inclinadas têm um movimento vibratório circular que faz as partículas serem lançadas para cima e para a frente, de modo que possam se apresentar à tela várias vezes, sempre sobre aberturas sucessivas. Esse movimento vibratório causa também a estratificação do conjunto de partículas sobre a tela, de modo que as partículas maiores fiquem por cima e as partículas menores, por baixo.

A direção da rotação poderá ser a mesma do fluxo de *oversize*, situação referida como rotação pró-fluxo, ou oposta a ele, situação referida como rotação contrafluxo, como mostra a Fig. 2.4.

A direção da rotação no mesmo sentido do movimento das partículas sobre o *deck* facilita o escoamento do *oversize*, dando maior capacidade, mas diminuindo a eficiência do peneiramento. Por sua

2 Peneiramento

Pró-fluxo   Contrafluxo

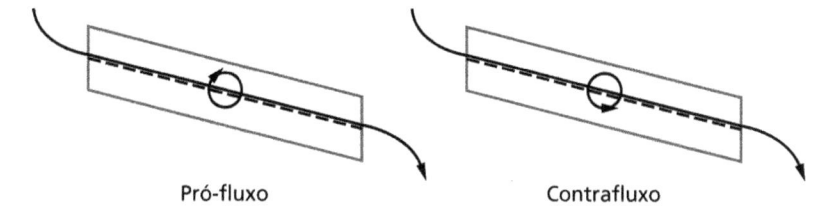

Fig. 2.4 Sentido da rotação em relação ao movimento do *oversize*

vez, a rotação no sentido oposto dificulta o escoamento e aumenta a probabilidade de as partículas atravessarem a tela.

As peneiras vibratórias horizontais (Fig. 2.5) têm um movimento vibratório retilíneo. Se o movimento vibratório fosse circular como o das peneiras vibratórias inclinadas, a partícula não sairia do lugar em relação ao *deck*, pois seria lançada para cima ao mesmo tempo que o *deck* se moveria para a frente, indo recebê-la no mesmo ponto da tela. A altura de voo imprimida à partícula é menor que na peneira inclinada, o que impede o seu uso com aberturas grandes. Por tudo isso, é necessário um movimento diferente.

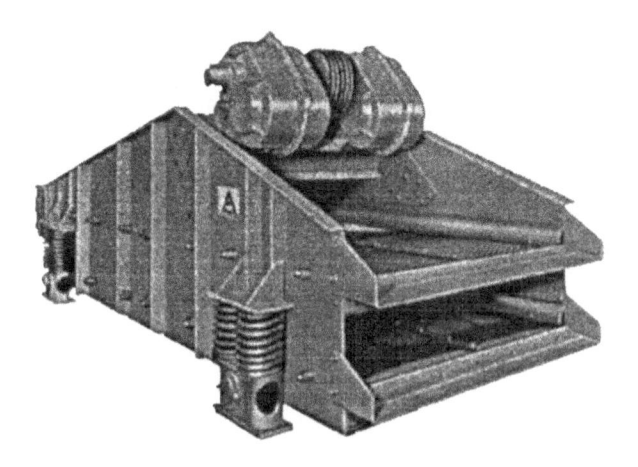

Fig. 2.5 Peneira vibratória horizontal
Fonte: Allis Chalmers (s.d.-a).

Essa diferença de movimento **exige** mecanismos diferentes de acionamento, um projeto mecânico diferente (geralmente são instalados dois vibradores, para o movimento resultante ser retilíneo) e acarreta algumas alterações muito importantes do ponto de vista de processo:

1) a capacidade de uma peneira horizontal é 40% maior que a de uma peneira vibratória de mesma área (Faço, 1975);
2) a faixa em que funcionam de maneira eficiente é muito restrita: 2 ½" a 1/8" a seco e 2 ½" a 48# a úmido (Faço, 1975);
3) fora dessa faixa, a sua eficiência é muito baixa, o que é a causa do seu sucesso como equipamento desaguador – ela trabalha tão mal (como peneira) que deixa passar somente a água, mantendo todas as partículas sólidas no *oversize*. Para uma discussão mais completa sobre essa utilização, veja o segundo volume desta coleção;
4) o movimento retilíneo é mais enérgico que o circular, razão pela qual a tela tende a entupir menos.

As peneiras vibratórias horizontais transportam o material sobre o leito à velocidade de 12 m/min.

Modernamente, passou-se a usar peneiras com inclinação negativa (o ponto de descarga tem cota superior ao de carregamento), com o objetivo de aumentar o tempo de residência do leito sobre o *deck* e, com isso, aumentar a eficiência do peneiramento fino. Essa tendência é tão importante que vários autores preferem classificar as peneiras em "de movimento circular" e "de movimento retilíneo" em vez de "inclinadas" e "horizontais", como se faz aqui.

Peneiras vibratórias horizontais e inclinadas são, portanto, equipamentos diferentes, e não é impunemente que se troca um pelo outro. As peneiras horizontais, também chamadas de *low head*, atendem ainda situações em que não há disponibilidade de espaço vertical.

Há uma relação direta entre a frequência e a amplitude adequadas a cada faixa de peneiramento. A Tab. 2.3 mostra os valores recomendados àquela época. Essa tabela é válida para as peneiras inclinadas convencionais. Hoje existem modelos de projeto diferente, com inclinações menores e mesmo negativas (o *deck* é mais alto no ponto de descarga que no de alimentação), que permitem o uso de frequências diferentes. Outros modelos, para operar em frequências mais elevadas, acionam diretamente o deck de peneiramento, em vez de fazerem vibrar todo o equipamento.

Tab. 2.3 Frequências e amplitudes recomendadas

Malha	4"	3"	2"	1"	1/2"	1/4"	10#	14#
Rotação (rpm)	800	850	900	950	1.000	1.400	1.500	1.600
Amplitude (mm)	6,5	5,5	4,5	3,5	3,0	2,0	1,5	1,0

Fonte: Faço (1975).

Para as peneiras vibratórias horizontais, Walenzik (1996) fornece a Tab. 2.4, de seleção de frequências e amplitudes (valores para material seco e de densidade aparente 1,6 t/m^3 – 100 lb/ft^3).

Tab. 2.4 Seleção de frequências para peneiras vibratórias horizontais

Amplitude (")	Frequências (c.p.m.)	Malha de peneiramento					
		< 10#	4 a 10#	1/2" a 4#	1 a 1/2"	2 a 1"	4 a 2"
3/8	950						
7/16	900						
1/2	850						
5/8	800						
3/4	750						

■ = consultar o fabricante   ▓ = preferido   ■ = aceitável

Existem várias opções de mecanismo de vibração. Os mais comuns são contrapesos ajustáveis, apoiados em dois mancais. São usados para frequências entre 500 e 2500 rpm e amplitudes menores que 10 mm. Eixos excêntricos com um contrapeso ajustável, apoiados em dois mancais (Fig. 2.6), são usados para peneiras mais pesadas (frequências entre 25 e 500 rpm e amplitudes entre 15 e 30 mm). A amplitude pode ser ajustada ao variar-se a posição do contrapeso. Finalmente, as peneiras extrapesadas usam o projeto chamado de quatro mancais (Fig. 2.6). Eventualmente, com peneiras muito longas, podem ser necessários dois eixos para distribuir corretamente as tensões sobre o chassi.

Peneira de 2 mancais   **Peneira de 4 mancais**

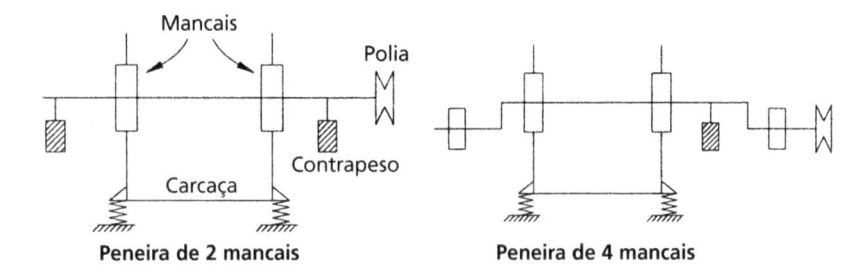

Fig. 2.6 Mecanismos de vibração

Para peneiramento fino, as frequências são mais elevadas, exigindo soluções diferentes, como os vibradores eletromagnéticos, capazes de atingir frequências até 7.200 rpm. Um projeto especial com o uso desses vibradores são as peneiras horizontais de ressonância.

Outra solução é utilizar vibradores eletromagnéticos ligados diretamente à tela. Esta vibra sozinha, com o restante da máquina, isto é, o chassi, permanecendo imóvel. Isso é muito importante do ponto de vista estrutural da máquina e da construção civil, pois nenhuma carga cíclica é imposta à estrutura.

Essas frequências muito elevadas impõem esforços mecânicos muito grandes sobre as estruturas, tanto durante a operação (fadiga) como na partida e na parada da peneira (frequência de ressonância). Isso limita o tamanho das peneiras para peneiramento fino e levou os fabricantes a desenvolverem diferentes soluções mecânicas. Por exemplo, conforme se observa nos seus catálogos, a Frambs & Freudenberg, tradicional fabricante alemã, evita a aplicação de calor na estrutura do chassi, objetivando com isso diminuir as tensões residuais decorrentes da contração da chapa. Com o mesmo propósito, as barras de reforço soldadas às laterais da peneira foram eliminadas e substituídas pelo dobramento das extremidades superior e inferior das laterais.

O projeto estrutural dessas peneiras é muito complexo. Existem diversas vibrações, frequências de ressonância, diferentes modos de vibrar, frequências naturais de vibração e respostas estáticas, dinâmicas e harmônicas da estrutura, que é preciso conhecer. O projeto mecânico precisa assegurar níveis de tensão estática e dinâmica para eliminar quaisquer possibilidades de falhas prematuras por fadiga, acelerações e deslocamentos indesejados. Isso é feito por análise de elementos finitos, como mostra a Fig. 2.7.

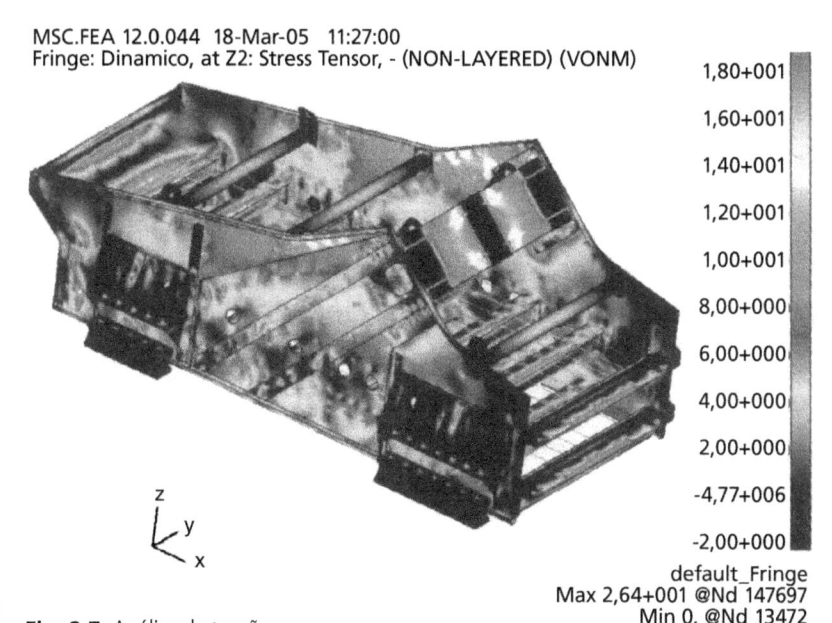

Fig. 2.7 Análise de tensões

A Fig. 2.8 mostra a tomada de medidas de campo sobre um equipamento em funcionamento: são selecionados os pontos mais críticos, nos quais são posicionados *strain gauges*, de forma a obter

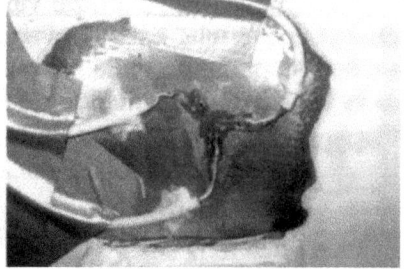

Fig. 2.8 Obtenção de medidas de campo

valores experimentais de tensões em testes de fábrica. Com base nos resultados, realiza-se uma correlação, validando o modelo de elementos finitos.

2.2 Características construtivas

Passamos a descrever algumas práticas construtivas da empresa Haver & Boecker (Fig. 2.9).

A construção da caixa da peneira é robusta, em chapas de aço carbono ASTM A36, contraventada com perfis de aço para evitar torções e suportar as altas cargas vibratórias a que é submetido todo o conjunto estrutural. A montagem da caixa é feita com parafusos e porcas elípticas autotravantes à prova de vibração.

As laterais da peneira são de construção reforçada, possuem chapas duplas na região de incidência dos excitadores e, na parte interna, em contato com o produto, recebem revestimento em poliuretano para proteção contra abrasão.

A união das laterais é feita por meio do console que suporta o acionamento e das travessas, que também têm como função suportar a carga de material e a superfície de peneiramento.

O console que serve de base para os excitadores é de construção robusta, soldada com chapas de aço ASTM A36 distanciadas por vigas. Na

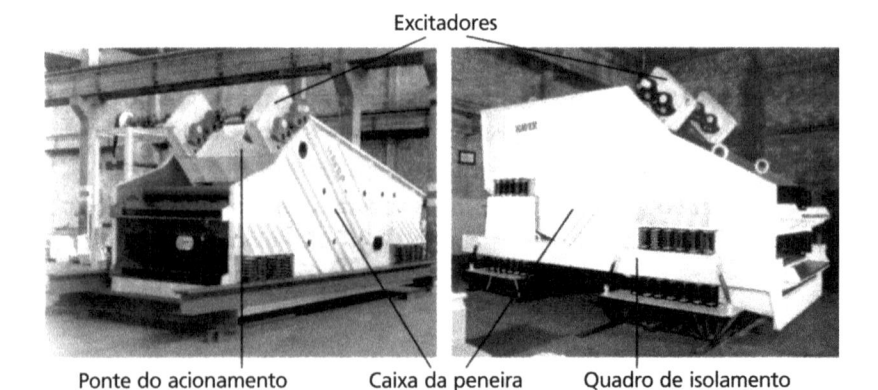

Fig. 2.9 Práticas construtivas

região de montagem dos excitadores, essa peça é fresada para perfeito assentamento e nivelamento das unidades vibratórias (excitadores).

São utilizados excitadores de construção super-robusta em caixa blindada (à prova de pó), com eixos, engrenagens, rolamentos especiais à prova de vibração e massas centrífugas montadas às pontas dos eixos que permitem ajustes das amplitudes de vibrações, pelo acréscimo ou pela retirada de pesos.

Essa montagem é importante pois, por tratar-se de uma unidade vibratória separada do conjunto estrutural, facilita o trabalho de manutenção e diminui o tempo de parada do equipamento: a desmontagem e a troca na peneira são muito simples, e os reparos são feitos na oficina de manutenção, com ferramentas adequadas e em um ambiente apropriado, isento de contaminações normalmente presentes no ambiente operacional de trabalho.

A lubrificação da unidade vibratória é feita por banho de óleo.

A suspensão do equipamento é feita por dois sistemas: molas helicoidais ou isoladores tipo Rosta (Fig. 2.10). Os isoladores Rosta trabalham em baixa frequência natural, inferior a 2,5 Hz, com baixíssima variação e, consequentemente, alto valor de isolamento. Eles são especialmente indicados para instalações elevadas ou plataformas instáveis, resultando uma vibração absolutamente linear, mesmo na fase de ressonância. Aliás, a passagem pela ressonância de parada necessita apenas de alguns ciclos (3 a 4) até a parada total do equipamento.

O quadro de isolamento serve para impedir a propagação das vibrações da peneira para a estrutura. Ele é construído em perfis de aço ASTM A36, em forma de quadro, e sua massa é de cerca de 35% a 45% do peso total vibrante. O quadro é apoiado sobre molas helicoidais ou isoladores tipo Rosta. A instalação do quadro reduz em até 98% as cargas dinâmicas transmitidas.

Existem também molas de borracha. Trata-se de um cilindro de borracha sobre o qual a peneira é apoiada, como mostra a Fig. 2.11. As molas de borracha têm uma vantagem sobre as metálicas, que é a operação com menor nível de ruído. Outra vantagem refere-se à corrosão.

Sistema tradicional com molas helicoidais para isolamento de vibrações/cargas dinâmicas

Sistema tipo ROSTA para isolamento de vibrações/cargas dinâmicas

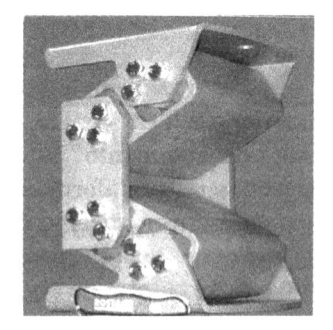

Fig. 2.10 Sistemas de suspensão

Molas metálicas operam em condições muito sacrificadas, de esforços cíclicos que as levam à ruptura por fadiga. Qualquer trinca é o ponto de início de uma fratura que se propaga rapidamente. Por isso, sua usinagem e seu acabamento superficial são objeto de muito cuidado, o que se reflete no seu custo.

Na operação a úmido, a umidade ambiente é um fator de aceleração dessa corrosão. Se a polpa contém eletrólitos, essa corrosão pode ser enérgica, situação em que as molas de borracha serão mais interessantes que as molas metálicas.

Da mesma forma, a fabricação pelo sistema CAD-CAM foi um progresso admirável, aumentando a precisão de corte e perfuração e permitindo confeccionar peças de reposição de máxima semelhança.

Fig. 2.11 Mola de borracha

O sistema de freagem dos motores das peneiras também se tornou muito importante à medida que a frequência do peneiramento aumentou. Ao frear-se o motor, cessa rapidamente o movimento vibratório, impedindo que seja atingida a frequência de ressonância.

Para algumas aplicações especiais, como partículas de grande tamanho mas leves, como o carvão, usa-se uma biela-manivela para acionar a peneira. É a chamada peneira reciprocativa.

A peneira é alimentada por meio de um chute ou caixa de alimentação. O seu projeto correto deve assegurar a perfeita distribuição do material sobre o *deck*. O *undersize* é recolhido num outro chute instalado embaixo da peneira e, finalmente, o *oversize* transborda dentro de um outro chute, que o encaminha para o seu destino (Fig. 2.12).

Ao fazer uma revisão das tendências modernas do projeto de peneiras, Walenzik (1996) chama a atenção para a padronização crescente (dentro da Comunidade Europeia), para a preocupação crescente com o ambiente de trabalho (o que envolve ruído, desprendimento de poeiras e contaminação do solo com óleos e graxas) e para a tendência crescente de uso de peneiras em reciclagem, o que envolve o trabalho com materiais de características diferentes em relação às dos minerais costumeiros.

Ao rever os desenvolvimentos entre 1960 e 1975, o mesmo autor salienta que:

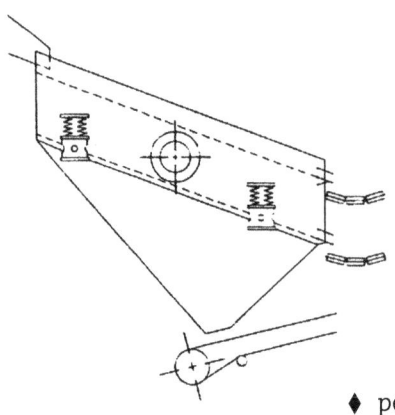

Fig. 2.12 Arranjo da peneira

◆ peneiras vibratórias circulares e lineares representam os projetos mais importantes em ambas as ocasiões;
◆ as peneiras tipo *flip-flow* ganharam importância, e o uso de peneiras de ressonância tende a cair;
◆ peneiras vibratórias circulares e lineares com telas ativadas diretamente têm uso crescente nos campos do peneiramento fino e ultrafino.

2.2.1 Grelhas vibratórias

O escalpe de ROM (*run-of-mine*) envolve matacões que podem pesar algumas toneladas. Exige, portanto, equipamentos extremamente robustos (Fig. 2.13), e a eficiência é uma consideração secundária, pois o objetivo é apenas aliviar o britador.

O comprimento foi encurtado para aumentar a resistência à flexão. A inclinação do *deck* foi aumentada para facilitar o rolamento dos blocos de grandes dimensões para a frente. As telas foram substituídas por grelhas de trilhos ou barras. Todo o equipamento foi reforçado e o chassi é obrigatoriamente revestido com material resistente ao desgaste. A Tab. 2.5 apresenta algumas características de grelhas que dão ideia da robustez desse equipamento.

O objetivo da instalação de uma grelha vibratória num circuito é diferente do da instalação de uma peneira vibratória: não se deseja uma

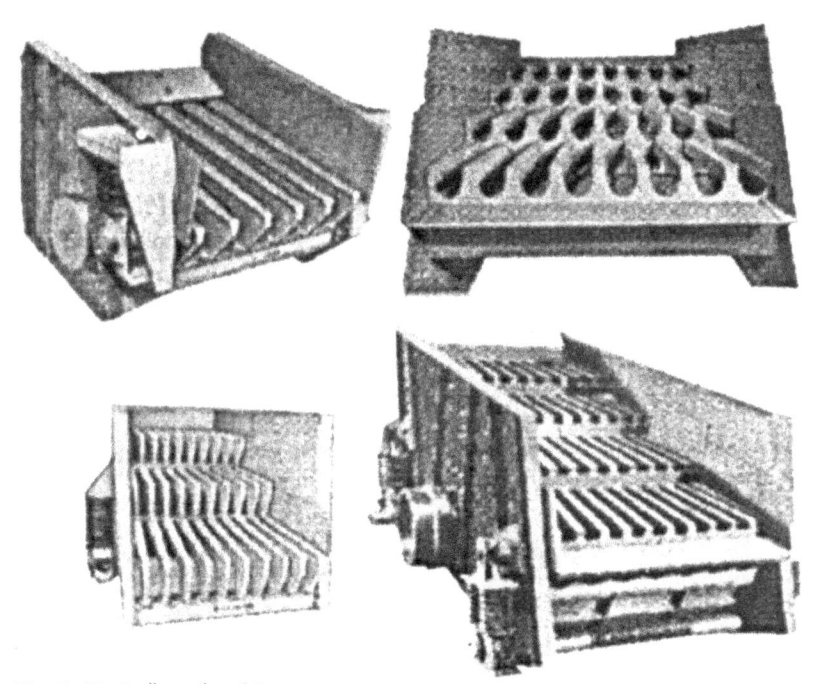

Fig. 2.13 Grelhas vibratórias
Fonte: Allis Chalmers (s.d.-b).

Tab. 2.5 Dimensões, peso e potência de grelhas vibratórias

Tipo	Dimensões (in)	Peso (t)	Potência (HP)
2512	2,5 x 1,2	3,5	15
3015	3,0 x 1,5	7,15	30
4018	4,0 x 1,8	12,2	40
4824	4,8 x 2,4	15	2 x 40

Fonte: Faço (1975).

separação eficiente dos finos e dos grossos, mas tão somente desviar uma quantidade razoável de finos do britador (esses finos são mais úmidos que as partículas grosseiras, de modo que é mais fácil causarem entupimentos, e, em princípio, embora passem pelo britador sem serem cominuídos, causam abrasão e desgaste). Assim, a eficiência não é uma consideração primordial, e grelhas vibratórias trabalham com valores entre 60% e 70%.

2.2.2 Peneiras e grelhas fixas

As grelhas fixas são constituídas de barras ou trilhos equidistantes, apoiados numa estrutura de suporte. São muito comuns as grelhas horizontais, usadas para o marroamento manual do material retido, antes do britador primário. As grelhas inclinadas são autodescarregáveis.

As peneiras fixas têm um *deck* reto, inclinado, ou de projeto especial (*sieve bends*) como as peneiras DSM. Esses equipamentos são descritos no segundo volume desta coleção.

Com exceção das peneiras DSM, as peneiras fixas têm uma eficiência muito baixa, inferior a 50%, o que limita a sua aplicação, além de capacidade baixa. O seu dimensionamento pode ser feito pela fórmula:

$$\text{área necessária (m}^2) = \frac{\text{t/h alimentada}}{1,5 \times \text{abertura (mm)}} \qquad (2.1)$$

2.2.3 Peneiras rotativas

As peneiras rotativas, ou trômeis (Fig. 2.14), são um equipamento pouco utilizado atualmente. Elas são usadas com malhas entre 1/4" e 2 ½", e seu uso praticamente se restringe à indústria de construção civil e ao tratamento de minérios de aluvião e grafite –

Fig. 2.14 Trômel

talvez um resquício do tempo em que se utilizava cascalho (seixos arredondados) como agregado.

Trata-se de um cilindro revestido de tela, com seu eixo ligeiramente inclinado em relação à horizontal. A alimentação é feita na extremidade superior, o material vem rodando e descendo, as partículas mais finas que a tela atravessam-na e as mais grosseiras ficam retidas por ela, sendo descarregadas na extremidade inferior. A operação geralmente é feita a úmido, com jatos d'água lavando o cascalho sobre a tela.

As telas de diferentes aberturas (crescentes no sentido da alimentação para a descarga) são colocadas lado a lado, cada produto descarregando num chute próprio. Alternativamente, podem ser usados cilindros concêntricos, com telas sucessivamente mais finas do centro para fora, o que, porém, limita o número de telas.

A rotação recomendada é de 33% a 45% da velocidade crítica (que vai depender do diâmetro do cilindro). O *Manual de britagem* antigo (Faço, 1975) incluía esse equipamento. A capacidade (m^3/h) varia com a inclinação conforme a Tab. 2.6 (para os três diâmetros produzidos na época).

Tab. 2.6 CAPACIDADE DAS PENEIRAS ROTATIVAS (m^3/h)

Inclinação (°)	4	5	6	7	8
Diâmetro = 0,8 m	13,5	17	20	24	29
Diâmetro = 1 m	21	27	32	38	45
Diâmetro = 1,3 m	34	43	52	60	70

As inclinações mais usadas ficavam entre 5° e 7°. O comprimento mínimo do equipamento é de 800 mm e a eficiência de separação fica em torno de 90%.

Curiosamente, essas peneiras vêm encontrando utilização no tratamento de lixo urbano ou de resíduos industriais, quando a quantidade de folhas de papel ou de plástico é significativa. Numa peneira vibratória inclinada, essas folhas se assentam sobre o *deck* e ocupam a sua capacidade produtiva, prejudicando a operação como um todo. No trômel, por sua vez, elas são reviradas e limpas, sem perturbar o restante do material.

2.2.4 Peneiras modulares

Como já foi visto, a inclinação do *deck* afeta a altura do leito sobre ele, e o ideal seria poder aumentar a inclinação até ter um leito cuja espessura fosse a de uma única partícula, pois, dessa forma, o peneiramento seria imediato (todas as partículas estariam sobre a tela). Na realidade, isso seria inconveniente, pois as partículas acabariam passando demasiado rápido pela peneira e não haveria tempo para as partículas difíceis serem peneiradas. A *banana screen* ou, mais precisamente, peneira modular, é um conceito novo que tira proveito desse fato. A peneira, de movimento retilíneo ou circular, é projetada com o *deck* dividido em dois ou três módulos de inclinações diferentes, como mostra a Fig. 2.15.

O primeiro módulo tem inclinação elevada, de modo que a altura do leito é baixa e as partículas finas chegam rapidamente à tela. Ocorre rapidamente a passagem das partículas fáceis de peneirar (como se verá adiante), o que alivia a peneira rapidamente.

O leito, assim diminuído, chega ao segundo módulo, que tem a inclinação adequada para a tela de peneiramento desejado. Ocorre

Fig. 2.15 Peneira modular

a passagem das partículas, facilitada pelo menor volume do leito, pois as partículas fáceis de peneirar já saíram e o leito está muito mais baixo, além de já ter ocorrido a estratificação.

Finalmente, o terceiro módulo tem inclinação bastante reduzida, dificultando a passagem do *oversize* sobre ele e aumentando a eficiência do peneiramento, pela maior chance que as partículas de baixa probabilidade de peneiramento têm de passar. A Fig. 2.16 mostra esses efeitos.

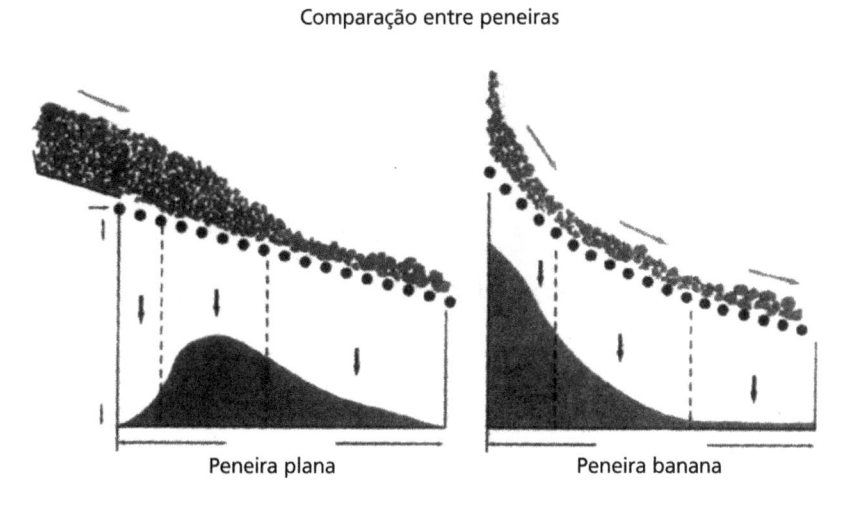

Comparação entre peneiras

Peneira plana   Peneira banana

Fig. 2.16 Efeito da inclinação variada dos *decks* sobre a eficiência do peneiramento

Dessa forma, a eficiência do peneiramento é aumentada e, como o movimento é retilíneo, a área necessária é, segundo os fabricantes, reduzida de 40% em relação à peneira vibratória inclinada.

A Fig. 2.17 mostra o leito dessas peneiras, evidenciando a rápida diminuição de sua altura no primeiro módulo.

2.2.5 Outras peneiras

Existem outros modelos de peneiras para usos especiais ou em outras indústrias (química, farmacêutica, alimentos etc.). Elas são pouco frequentes na indústria mineral. Citam-se: peneiras

Fig. 2.17 Leito das peneiras modulares

planas circulares com movimento rotativo, peneiras reciprocativas (movimento linear e baixa frequência), peneiras de probabilidade, peneiras de ressonância e peneiras de rolos usadas para peneirar pelotas.

2.3 Mecanismo do peneiramento

O funcionamento de uma peneira e o comportamento das partículas em relação a ela devem ser considerados de dois pontos de vista: o do conjunto de partículas e o de cada partícula individualmente.

2.3.1 Comportamento coletivo

Para poder peneirar, uma peneira deve exercer três ações independentes e distintas sobre a população de partículas que é alimentada a ela:

2 Peneiramento 153

a] deve *transportar* as partículas do *oversize* de uma extremidade do *deck* até a outra;

b] deve *estratificar* o leito, de modo que as partículas maiores fiquem por cima e as menores por baixo. Como já vimos, a inclinação do *deck* afeta a altura do leito sobre ele, e o ideal seria poder aumentar a inclinação até ter um leito cuja espessura fosse a de uma única partícula, pois assim o peneiramento seria imediato, já que todas as partículas estariam sobre a tela, mas isso é impraticável. Na prática, o leito, quando alimentado sobre o *deck*, está todo misturado, com partículas grossas e finas em todas as posições. A estratificação ocorre porque as partículas grossas e finas têm massas diferentes. O *deck* transmite uma velocidade v para cada partícula. Essa velocidade é a mesma, porque a massa do *deck* é infinita em relação à de cada partícula. Cada partícula adquire uma quantidade de movimento mv, que é o produto de sua massa pela velocidade adquirida. As partículas maiores têm quantidades de movimento maiores e, por isso, são lançadas mais longe e acabam ficando na porção superior do leito. Com as partículas menores ocorre o inverso e, dessa forma, estratifica-se o leito. Essa estratificação dá chance às partículas menores de apresentarem-se à tela e passarem ou não através dela, o que constitui o:

c] *peneiramento propriamente dito.*

Na escolha de uma peneira é necessário, portanto, assegurar a capacidade de transporte de todas as partículas, o espaço suficiente para a acomodação do leito e o tempo suficiente para que as partículas finas se apresentem à tela e a atravessem. A Fig. 2.18, na sua parte superior, mostra um corte ideal do leito de partículas sobre o *deck* de uma peneira eficiente. Inicialmente o leito está todo desarranjado; em seguida, estratifica-se, e as partículas finas começam a atravessar a tela. As partículas retidas vão seguindo seu caminho sobre a tela, diminuindo em quantidade sobre o leito, de modo que, ao final, restam apenas as partículas grossas e uma pequena quantidade de partículas finas que não conseguiram atravessar a tela.

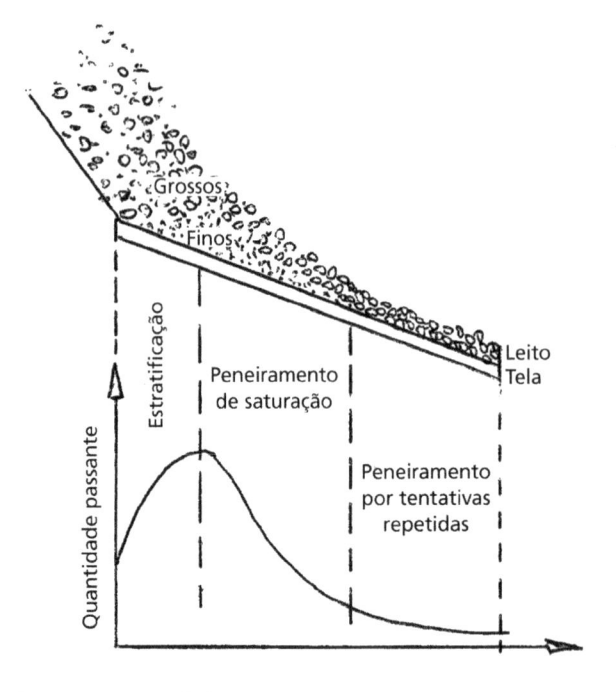

Fig. 2.18 Comportamento coletivo

A parte inferior da Fig. 2.18 mostra a quantidade de material passante ao longo do comprimento do leito. No trecho inicial, a quantidade de material que atravessa a tela é pequena – apenas as partículas finas que já estavam por baixo. Essa quantidade aumenta à medida que o leito vai sendo estratificado e depois passa a diminuir, conforme a quantidade de partículas finas no leito sobre a tela diminui. Três situações podem ser identificadas: a situação inicial, em que a estratificação ainda está ocorrendo; o peneiramento de saturação, quando o leito está totalmente estratificado; e o peneiramento de baixa probabilidade, em que as partículas finas remanescentes no leito têm que fazer tentativas repetidas até conseguirem atravessar a tela.

O transporte do material sobre as peneiras vibratórias é assegurado pelo movimento da peneira. A tela deve dar um impulso a cada partícula, sendo capaz de levantá-la e lançá-la à frente. Esse impulso deve ser tal que a partícula caia adiante, nunca sobre a malha em que está, e também não sobrevoe várias malhas ao mesmo tempo, pois estaria desperdiçando chances de atravessar a tela.

Essa amplitude tem também a função de lançar as partículas de tamanho entre 1,5 a e a (a é a abertura da tela) fora da abertura, impedindo-as de entupir a tela. Entretanto, ela não pode aumentar demasiadamente, pois então a partícula seria lançada muito longe, sobrevoando várias aberturas e diminuindo a chance de atravessar a tela. O aumento excessivo da amplitude implica também esforços mecânicos enérgicos sobre a tela e a estrutura da peneira.

Isso torna necessário diferenciar os movimentos vibratórios das peneiras inclinadas e horizontais, bem como estabelecer as relações de amplitude e frequência adequadas para os diferentes tamanhos de tela. Para uma frequência constante, ao aumentar-se a amplitude, o voo da partícula fica mais alto e comprido. Portanto, quando a malha é maior, é necessário que a amplitude seja maior e que a frequência seja menor. Ao diminuir-se a malha, a amplitude deve diminuir e a frequência aumentar, como mostrado na Tab. 2.3. A frequência da peneira não deveria fugir a ±15% dos valores nominais mostrados ali.

A frequência da vibração tem por função estratificar o material sobre o leito, fazendo com que as partículas finas fiquem por baixo e se apresentem à tela para atravessá-la. Como ela aumenta à medida que a abertura da malha diminui, começam a aparecer problemas estruturais para as frequências maiores, levando a diferentes soluções mecânicas.

A inclinação da peneira afeta vários parâmetros da operação:
- vazão: quanto mais inclinada, maior a capacidade de alimentação;
- altura do leito: correspondentemente, quanto maior a inclinação, menor a altura da camada de *oversize*. Isso é bom porque reduz o desgaste da tela. Deve-se considerar o limite da inclinação porque uma inclinação excessiva acaba fazendo o mesmo efeito do aumento da amplitude: as partículas passam a ser lançadas muito à frente, perdendo a chance de atravessar a tela.

Como regra geral, a peneira trabalhando com rotação contrafluxo deverá ser mais inclinada que a peneira trabalhando com rotação pró-fluxo (CVRD, s.n.t.).

2.3.2 Comportamento individual das partículas

As partículas de tamanhos diferentes (diâmetro d), em relação à abertura da tela (a), apresentam comportamentos distintos. Acompanhe pela Fig. 2.19:

- $d > 1{,}5a$ – as partículas maiores que uma vez e meia a abertura da tela escorrem sobre ela e são encaminhadas para o *oversize*. Não acarretam problemas para o peneiramento, exceto problemas operacionais, quando sua quantidade é grande. Nesse caso, em razão do seu peso elevado, podem deformar a tela, arreganhá-la pelo impacto ou acentuar o seu desgaste. É a situação típica em que um *deck* de alívio é recomendado;
- $1{,}5a > d > a$ – partículas entre uma vez e meia a malha e a malha também vão para o *oversize*. A diferença em relação à classe anterior é que, como têm tamanho próximo ao da malha, fazem várias tentativas para passar, e podem acabar presas em alguma abertura, não saindo mais de lá. Quando a sua quantidade é muito grande, pode haver perda substancial de capacidade de peneiramento.

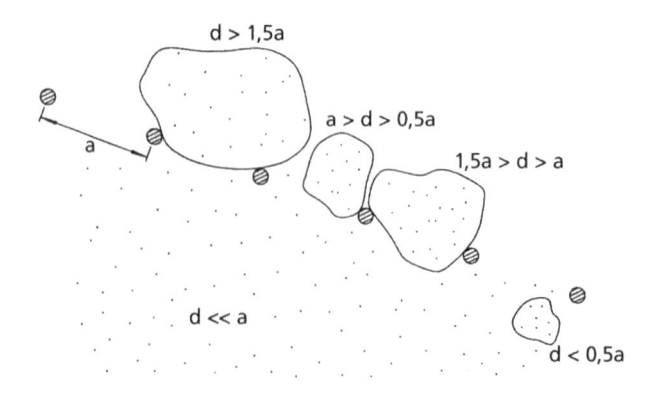

Fig. 2.19 Comportamento individual das partículas

Nesse caso, a regulagem da amplitude e da frequência passa a ser crítica. Pode ser conveniente adquirir uma peneira maior para ter uma reserva de área;

♦ $a > d > 0,5a$ – partículas menores que a abertura da tela e maiores que metade da abertura só entram se caírem numa posição conveniente. É a mesma situação da bola de basquete em relação ao cesto ou da bola de sinuca em relação à caçamba. Na prática, isso só acontece após um número elevado de tentativas e, ainda assim, um grande número de partículas acabam sendo encaminhadas ao *oversize*. Essa faixa de tamanhos é denominada de "faixa crítica" e é determinante tanto da capacidade da peneira como da eficiência do peneiramento;

♦ $d < 0,5a$ – partículas menores que a metade da abertura da malha atravessam-na com facilidade e não interferem com o peneiramento;

♦ $d << 0,5a$ – partículas muito finas (poeiras e lamas) deveriam ter um comportamento idêntico ao da classe anterior. Na realidade, isso acontece apenas com parte delas – muitas passam direto. Por sua elevada área de superfície, outras tantas aderem às partículas maiores e as acompanham, seja para o *oversize*, seja para o *undersize* (a área de superfície está associada à umidade: o filme de água distribui-se sobre a superfície das partículas e, portanto, é maior nos finos). *Grosso modo*, pode-se admitir que as partículas dessa classe se repartam entre *oversize* e *undersize* na proporção das quantidades de água arrastadas. Quando a quantidade dessas partículas é muito grande é que se faz necessário o peneiramento a úmido, em que as partículas graúdas são verdadeiramente "lavadas" sobre a tela.

Verifica-se, em consequência, que quanto mais comprida for a peneira, maior será a sua eficiência, pois as partículas na faixa crítica terão mais chances de atravessar a tela. Por outro lado, é claro que peneiras mais largas têm maior capacidade de produção.

2.4 Quantificação do processo

O peneiramento pode ser quantificado por vários parâmetros, mas os mais utilizados são:

$$\frac{\text{eficiência do}}{\text{peneiramento}} = \frac{\text{t/h de } undersize}{\text{t/h de material passante presente na alimentação}} \times 100 \quad (2.2)$$

e

$$\frac{\text{imperfeição}}{\text{da malha M}} = \frac{\text{t/h de } oversize}{\text{t/h de material passante presente na fração M+1,M}} \times 100 \quad (2.3)$$

Um exemplo ajudará a esclarecer esses dois importantes conceitos. Seja o peneiramento de 200 t/h na tela de 2" da alimentação cuja distribuição granulométrica (% retida) é mostrada na Tab. 2.7.

Tab. 2.7 Distribuição granulométrica de peneiramento de 200 t/h na tela de 2" da alimentação

Malha (")	4	2	1	1/2	1/4	-1/4	Total
% retida	25	30	20	10	10	5	100

Foram tomadas medidas de vazão e amostras representativas do *oversize* e do *undersize* para a análise granulométrica, cujos resultados estão na Tab. 2.8.

Tab. 2.8 Resultados

Malhas (")	4	2	1	1/2	1/4	-1/4	Vazão (t/h)
Oversize (%)	36,9	44,3	14,0	4,4	0,0	0,4	135,5
Undersize (%)	0,0	0,0	32,6	21,7	31,0	14,7	64,5

Para um balanço de massas, deve-se transformar as distribuições de porcentagens em distribuições de massas, o que é feito multiplicando cada porcentagem pela massa total do produto. Ao somarmos essas massas, temos as massas totais presentes, em cada fração, na alimentação. Ao dividirmos essas massas pela massa total da alimentação, temos a distribuição porcentual desta. Ao dividirmos as massas no *oversize*, em cada fração, pela massa correspondente na alimentação, calculamos as imperfeições, conforme mostra a Tab. 2.9.

Tab. 2.9 IMPERFEIÇÕES

Malhas (")	4	2	1	1/2	1/4	-1/4	Vazão (t/h)
Oversize (%)	36,9	44,3	14,0	4,4	0,0	0,4	–
(t/h)	50,0	60,0	19,0	6,0	0,0	0,5	135,5
Undersize (%)	0,0	0,0	32,6	21,7	31,0	14,7	–
(t/h)	0,0	0,0	21,0	14,0	20,0	9,5	64,5
Alimentação (t/h)	50	60	**40**	**20**	**20**	**10***	200
(%)	25	30	20	10	10	5	–
IMPERFEIÇÕES	100	100	47,5	30	0	5	–

* em negrito, material passante, presente na alimentação

A eficiência é, então:

$$\text{eficiência} = \frac{64,5}{40+20+20+10} \times 100 = 71,7\%$$

Ou seja, na fração -2+1" entraram 40 t/h na peneira, 19 t/h foram para o *oversize* e as 21 t/h restantes foram para o *undersize*. Na fração seguinte, -1+1/2", entraram 20 t/h, das quais 6 t/h foram para o *oversize* e as 14 t/h restantes foram para o *undersize*. Isso decorre do mecanismo descrito na seção 2.3.2. A primeira fração é a faixa crítica; na segunda, as partículas passam mais livremente.

Esse exemplo é didático e o resultado é muito ruim. Provavelmente a peneira é muito curta e não tem comprimento suficiente para permitir a estratificação completa e dar passagem às partículas da faixa crítica. Note que a fração seguinte também não passou bem. Peneiras industriais devem trabalhar com eficiências entre 90% e 96%.

A eficiência, conforme definida anteriormente, refere-se ao *undersize*, isto é, quantifica o comportamento da peneira em questão com o peneiramento ideal em termos da quantidade de finos que passaram pela tela.

Existe outra definição, que se refere à quantidade de material fino que foi removido do *oversize*, utilizada quando o que interessa é a qualidade do *oversize*:

$$\frac{\text{eficiência de remoção}}{\text{de passantes}} = \frac{\text{t/h de material maior que a malha na alimentação}}{\text{t/h de oversize}} \times 100 \quad \textbf{(2.4)}$$

2.5 Tipos de telas

A abertura das telas é expressa em polegadas ou frações, em milímetros ou em números de malhas (*mesh*). Como está explicado no primeiro volume desta coleção, esse número exprime o número de aberturas que se contam no comprimento de 1" de tela. Assim, uma malha de 4# tem a abertura de 4,7 mm, que é uma polegada dividida por 4, descontados os diâmetros de 4 fios de 1,65 mm (Fig. 2.20).

A malha de referência é sempre a quadrada. As malhas retangulares são mais eficientes que as malhas quadradas, porque as laterais

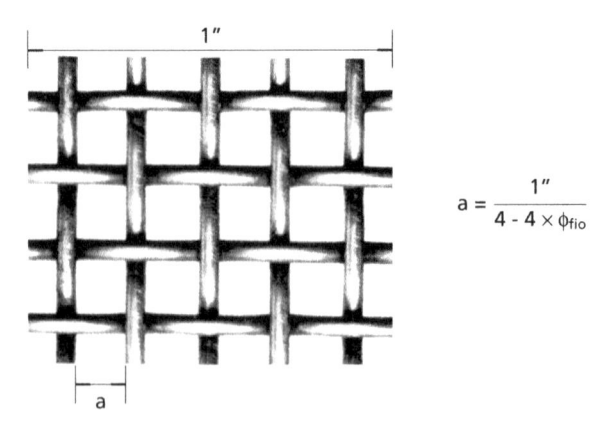

$$a = \frac{1"}{4 - 4 \times \phi_{fio}}$$

Fig. 2.20 Malha de número 4

da malha vibram e, dessa forma, libertam partículas presas, entupindo menos. Elas também têm maior facilidade de fazer passar as partículas placoides (chapinha). Entretanto, a análise granulométrica do passante mostrará a presença de material até uma vez e meia maior que a malha.

A porcentagem de área livre é maior para as telas de aberturas retangulares do que para as malhas quadradas correspondentes. Dessa forma, elas têm maior capacidade de produção.

As ideias expostas sobre os mecanismos de peneiramento e os parâmetros de quantificação do processo ajudam a entender o porquê de tantos tipos de telas serem utilizados em vez de apenas telas de arames trançados em malhas de abertura quadrada. O Quadro 2.1 apresenta algumas das opções encontradas no mercado. Há também uma variedade enorme de processos construtivos dessas telas.

As chapas perfuradas, geralmente com furos circulares, são a opção mais barata possível, pois podem ser fabricadas em qualquer oficina. A sua limitação é o peso do material sobre elas. O seu uso, portanto, fica restrito a materiais muito leves – na indústria mineral, é praticamente restrito ao carvão. Aliás, nessa indústria, praticamente só se usam telas de chapas perfuradas, e a sua utilização é tão difundida que os manuais destinados aos carvoeiros trazem sempre uma tabela de conversão de aberturas redondas para aberturas quadradas, como é o caso da Tab. 2.10.

As chapas perfuradas não precisam necessariamente ter aberturas redondas. Podem tê-las em qualquer formato em que a chapa possa ser economicamente perfurada: furos hexagonais, quadrados, quadrados desencontrados e alongados.

Em peneiramentos primários de materiais muito abrasivos, quando o desgaste é a consideração primordial da economia da operação, usam-se placas perfuradas de aço fundido ou de algum material resistente à abrasão. Valem as mesmas considerações sobre a forma das aberturas. Os materiais recomendados são o aço Hadfield, quando a alimentação tenha partículas pesadas, capazes de endurecê-lo, ou aços ligados ao cromo (26% Cr), mais resistentes à abrasão pura.

Quadro 2.1 Tipos de telas

CHAPA: aberturas (direções de fluxo indicadas)					
Redonda Alternada	Hexagonal alternada	Quadrada Alinhada	Quadrada alternada	Fenda alternada nas pontas	Fenda lateralmente alternada	Fenda alinhada
Malha mais utilizada. Permite uma separação mais precisa em todas as malhas. Mais adequadas para partículas de forma regular.						

(Obs: A linha de descrição acima se refere conjuntamente a "Redonda Alternada" e "Hexagonal alternada".)

MALHA: aberturas (direções de fluxo indicadas)			
Quadrada	Retangular		Malha tripla alongada
Malha mais utilizada. Permite uma separação mais precisa em todas as malhas. Mais adequadas para partículas de forma regular.	Permite maior vazão de alimentação, em razão da maior % de área aberta, ou arame mais pesado para uma dada % de área aberta. Menor precisão, cegamento reduzido.		Máxima área aberta, menor precisão (que pode ser aumentada dispondo-se as fendas perpendicularmente ao fluxo). Cegamento mínimo, em razão do comprimento da fenda e da vibração do arame.

MALHA: fixação dos arames			
Superfície plana	Dobra dupla	Dobra fechada	Dobra corrugada
Fornece um fluxo mais livre na superfície. Minimiza o cegamento e a quebra do material. Arames uniformes permitem uma separação precisa. Eficiência relativamente baixa, adequada para escalpe.	Mais comumente utilizada. Construção rígida. A superfície irregular quebra o material que está sendo peneirado e aumenta a vazão de *undersize*. Permite boa separação com pequenas aberturas, ou pequena % de área aberta.	Malha mais rígida para maior % de área aberta, especialmente em peneiras vibratórias. Adequada para operações de escalpe.	Arames a cada três ou quatro dobras, de modo a fornecer uma malha rígida com maior % de área aberta. Não é adequada para serviços pesados.

Quadro 2.1 Tipos de telas (cont.)

		Perfil do arame: seções transversais			
Redondo	Triangular	Iso	Grelha	Barras com sobre-espessura	Barras inclinada	Barras soltas
●●●	▶▶▶	▶▶▶▶	▶▶▶▶	❙▾▾▾❙	▾▾▾	ɓɓɓ
Vida útil da peneira excepcionalmente longa, com precisão constante. Propenso ao cegamento, baixa capacidade de transporte e eficiência.	Boa precisão, eficiência e resistência ao cegamento. Baixa capacidade de transporte, e o desgaste altera a abertura.	Quanto maior a largura da barra, maior a capacidade de transporte. Ao utilizar-se laterais retas, diminui-se ligeiramente a eficiência e aumenta-se o cegamento. Possibilidade de alta % de área aberta.		Normalmente com barras maiores, para proteger as demais barras e diminuir o seu desgaste.	Pode ser utilizada em peneiras horizontais com qualquer tipo de barra, para aumentar o transporte.	Reduz significativamente o cegamento, mas diminui a precisão.

Fonte: Kelly e Spottiswood (1982).

Tab. 2.10 EQUIVALÊNCIA ENTRE ABERTURAS REDONDAS E ABERTURAS QUADRADAS

Aberturas quadradas		Aberturas redondas	
Malha	Polegadas	Polegadas	Aprox.
4	0,187	0,23	1/4
3/8	0,375	0,45	1/2
1/2	0,500	0,60	5/8
5/8	0,625	0,75	3/4
3/4	0,750	0,90	7/8
7/8	0,875	1,06	1
1	1,000	1,21	1 1/4
1 1/8	1,125	1,36	1 3/8
1 1/4	1,250	1,51	1 1/2
1 1/2	1,500	1,81	1 3/4
1 3/4	1,750	2,11	2
2	2,000	2,41	2 3/8
2 1/4	2,250	2,72	2 3/4
2 1/2	2,500	3,02	3
3	3,000	3,62	3 1/2
3 1/2	3,500	4,22	4 1/4
4	4,000	4,82	4 3/4

Fonte: McNally Pittsburgh (s.d).

As malhas de fios trançados são o meio de peneiramento mais importante. O maior problema construtivo é fazê-las de modo que as malhas não se abram com o impacto das partículas. Para isso, elas são soldadas nos contatos entre os fios. É importante que a superfície superior apresentada ao leito de minério seja a mais plana possível, por causa da abrasão. Para tanto, várias soluções construtivas são utilizadas:

- fios ondulados ("dobra dupla" e "dobra corrugada"), que são as telas mais baratas e mais utilizadas. A primeira é recomendada para aberturas pequenas ou quando o diâmetro do fio é grande em relação à abertura da malha (a restrição é que, nessas condições, a

área útil de peneiramento é reduzida). A segunda pula uma malha, dando maior área livre;
♦ superfície plana (*flat top*), para facilitar o escoamento do material sobre a tela e minimizar o entupimento. Gera eficiência relativamente baixa;
♦ travada ("dobra fechada"), para dar máxima rigidez à tela com aberturas grandes.

As telas não são necessariamente quadradas. O Quadro 2.1 mostra malhas retangulares de várias relações base/altura. Como já mencionado, as malhas alongadas têm uma vantagem imediata, que é a maior área livre quando comparadas com as malhas quadradas. Adicionalmente, os lados longos vibram, facilitando o desentupimento das malhas.

Finalmente, os arames podem ter seções de diferentes formas geométricas e ser fabricados com muitos materiais. Os materiais de confecção das telas são variados: barras de aço, telas de arame de aço com ou sem têmpera, chapas de aço perfurado, placas de aço fundido, bronze (para materiais corrosivos), ligas de níquel (nas indústrias química e de alimentos), aço inoxidável (para condições especiais).

Modernamente, encontram aceitação cada vez maior as telas de poliuretano e de borracha. Essas telas, a rigor, deveriam ser consideradas na categoria de placas perfuradas. Em consequência, apresentam área útil inferior à das malhas trançadas de mesma abertura, o que não pode ser esquecido na hora de dimensionar a peneira. O processo de fabricação é por prensagem a quente. Isso pode levar muitas malhas a ficarem total ou parcialmente cegas, necessitando um certo período de operação para se abrirem, ou então, uma operação preliminar de desgaste da superfície.

O poliuretano é um polímero orgânico sintético e trabalha na faixa de -37 a 80°C, resistindo bem aos solventes comuns, a óleos minerais, graxas e até a soluções alcalinas e ácidas fracas (pH entre 4 e 9).

Na revisão já referida, Walenzik (1996) comenta que, nos anos 1980, as telas eram predominantemente de arame tecido, placa perfurada ou similares. Hoje predominam painéis feitos de poliuretano, Vulkolan ou materiais compósitos. É possível desenvolver a qualidade desejada (combinando dureza e flexibilidade) para cada aplicação específica. Com isso, tornou-se possível estender o campo de peneiramento até 0,3 mm. O autor salienta também a forte tendência à padronização.

2.6 Dimensionamento de peneiras

Existem vários métodos desenvolvidos pelos fabricantes de equipamentos e, de maneira geral, todos eles conservadores. A melhor revisão desses métodos foi feita pelo saudoso Prof. Fernando A. Siriani (Siriani, 1991). Há duas considerações a serem atendidas:

1) deve-se prover a área necessária para a passagem do *undersize*;
2) para haver uma estratificação satisfatória do leito, é necessário assegurar que, na descarga, a altura do leito seja no máximo quatro vezes a abertura da tela (na realidade, essa altura máxima varia em função da densidade do minério).

É importante ressaltar que as duas condições são independentes, isto é, ambas têm de ser atendidas. Um dimensionamento que apenas calcule a área (com base na passagem do *undersize*), sem provisão também para a descarga de *oversize*, corre sérios riscos de estar errado.

Se o peneiramento for feito a úmido, a quantidade de água necessária é função principalmente da quantidade de lamas presentes na alimentação. Um valor, para ser adotado como primeira aproximação, é de uma a três vezes o volume de água pelo volume de minério alimentado, conforme a quantidade de finos na alimentação.

Passaremos em revisão algumas das fórmulas mais interessantes para o dimensionamento de peneiras, com base no texto de Siriani (1991). Algumas fórmulas usam a vazão (de alimentação ou de *undersize*) em m^3/h e outras, em t/h. Estas últimas se referem a materiais de densidade aparente 1,6 t/m^3 ou 200 lb/ft^3. Se o material a peneirar tiver outra densidade, é necessário corrigir.

2.6.1 Fórmula de Bauman (empírica)

$$S = \frac{V}{V_1 \cdot k_1 \cdot k_2 \cdot k_3 \cdot k_4} \quad (2.5)$$

onde:

V = alimentação (m³/h);
V_1 = capacidade unitária de produção [(m³/h)/m²]:

Abertura da malha (mm)	2	3	5	7,5	10	15	20
V_1		5,5	7	11	16	19	24	28

Abertura da malha (mm)	25	30	40	50	75	100
V_1	31	34	38	42	53	64

k_1 = coeficiente relativo à proporção de passante na alimentação:

% passante	30	40	50	60	70	80	90
k_1	0,75	0,80	0,90	1,00	1,15	1,30	1,50

k_2 = coeficiente proporcional à umidade da alimentação (1,0 para material seco e 0,45 a 0,5 para material úmido);

k_3 = coeficiente para peneiramento a úmido (1,5 a 1,6) ou a seco (1,0);

k_4 = coeficiente de forma dos grãos (1 para grãos redondos e 0,8 para cúbicos ou lamelares).

2.6.2 Fórmula de Westerfield

Peneiras utilizadas na britagem primária e na rebritagem.

$$C = c \cdot M \cdot k \cdot Q \qquad A = \frac{\text{alimentação (st/h)}}{C} \quad (2.6)$$

onde:
C = capacidade (st/h)/ft²;
c = capacidade unitária (st/ft²):

Malha (")	11/2	2	2 1/2	3	4	5	6	7	8
C	6,2	7,1	8,0	9,2	11,0	13,0	14,8	16,6	17,6

M = fator proporcional à quantidade de *oversize* na alimentação:

% oversize	10	20	30	40	50	60	70	80	90
M	0,94	0,97	1,03	1,09	1,18	1,32	1,55	2,00	3,36

k = fator relativo à proporção de passante na meia malha, na alimentação:

% pass. m. m.	10	20	30	40	50	60	70	80	90
K	0,5	0,6	0,8	1,0	1,2	1,4	1,6	1,8	2,0

Q = densidade aparente da alimentação (lb/ft^3).

2.6.3 Fórmula da Smith Engineering Works

As edições antigas do *Manual* da Faço recomendavam a seguinte fórmula, baseada na quantidade de material passante:

$$S = \frac{P}{A \cdot B \cdot C \cdot D \cdot E \cdot F} \qquad (2.7)$$

onde:
S = área da tela (m^2);
P = quantidade de material passante na tela (t/h);
A = capacidade da tela [(t/h)/m^2];
B = fator relativo à % de material retido na tela;
C = fator relativo à eficiência desejada para o peneiramento;
D = fator relativo à % de material menor que a metade da malha;
E = fator relativo à umidade do material;
F = fator relativo ao *deck* em consideração.

Essa fórmula é válida para peneiras inclinadas. O *Manual* recomendava aumentar a capacidade unitária em 40% quando se desejasse usar peneiras horizontais. Para grelhas vibratórias, a fórmula, segundo o *Manual*, poderia ser aplicada se fossem considerados um aumento de capacidade de cerca de 40% e uma perda de eficiência de 15% em relação à peneira vibratória.

2 Peneiramento

Os valores dos fatores são:
Fator B × % material retido:

%	10	20	30	40	50	60	70	80
B	1,05	1,01	0,98	0,95	0,90	0,86	0,80	0,70

%	85	90	92	94	96	98	100
B	0,64	0,55	0,50	0,44	0,34	0,30	–

Fator C × eficiência da separação:

Eficiência (%)	60	70	75	80	85	90	92	94	96	98
C	2,1	1,7	1,55	1,40	1,25	1,10	1,05	1,00	0,95	0,90

Fator A – capacidade da tela [(t/h)/m^2] – para material com densidade aparente 1,6 t/m^3 e telas com 60% de área livre:

Abertura # ou "	mm	Areia natural e pedregulho	Pó e pedra britada	Carvão
40#	0,297	1,4	1,2	0,9
35#	0,420	1,8	1,5	1,1
28#	0,595	2,3	1,9	1,4
20#	0,841	2,8	2,3	1,8
14#	1,19	3,6	3,0	2,3
10#	1,68	4,5	3,7	2,8
8#	2,33	5,7	4,7	3,6
1/8"	2,94	6,9	5,6	4,3
6#	3,36	7,3	5,9	4,5
4#	4,76	9,0	7,5	5,7
1/4"	6,68	10,8	8,8	6,8
3/8"	9,42	14,0	11,9	8,8
1/2"	13,33	16,8	14,0	10,4
5/8"	15,85	19,4	16,0	12,1

Abertura # ou "	mm	Areia natural e pedregulho	Pó e pedra britada	Carvão
3/4"	18,85	21,6	18,0	13,6
7/8"	22,43	23,6	19,6	14,8
1"	26,64	25,6	21,2	16,0
1 1/4"	32,0	29,0	24,0	18,3
1 1/2"	38,1	32,0	26,8	20,0
2"	50,8	37,0	31,0	23,1
2 1/2"	64,0	40,5	33,8	25,3
3"	76,1	43,0	36,0	26,9
4"	101,6	46,5	38,6	29,1
5"	128,2	49,0	40,7	30,6

Fator D x % material menor que a metade da tela:

% < meia malha	10	20	30	40	50	60	70	80	90	100
D		0,55	0,70	0,80	1,0	1,2	1,4	1,8	2,2	3,0	–

Fator E x malha da tela para materiais molhados (umidade > 10%):

Malha	−20#	+20# −1/32"	+1/32 −1/10"	+1/10 −1/8"	+1/8 −3/16"	+3/16 −5/16"	+5/16 −3/8"	+3/8 −1/2"
Malha (mm)	–	0,8	0,8-1,6	1,6-3,2	3,2-4,8	4,8-7,9	7,9-9,5	9,5-12,7
E	1,0	1,25	1,50	1,75	1,90	2,10	2,25	2,5

Fator F x deck de peneiramento:

Nível	Superior	2º	3º	4º
F	1,0	0,9	0,75	0,6

2.6.4 Manual da Faço

A nova edição do Manual da Faço (Allis Mineral Systems/Faço, 1994) recomenda outro método, baseado na vazão alimentada à peneira, e não na quantidade de material passante. A fórmula é:

$$\frac{\text{área de peneiramento (m}^2)}{} = \frac{\text{m}^3/\text{h alimentados}}{\text{capac. unit. ((m}^3/\text{h)/m}^2) \cdot f1 \cdot f2 \cdot f3 \cdot f4 \cdot f5 \cdot f6 \cdot f7 \cdot f8} \quad (2.8)$$

onde:

f1 é um fator relativo à quantidade de material na alimentação maior que a malha de peneiramento, fornecido pela Fig. 2.21;

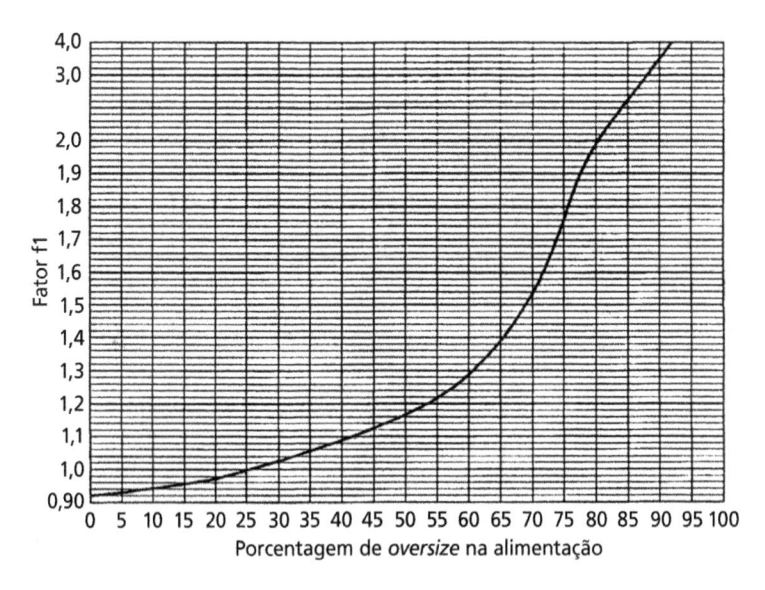

Fig. 2.21 Fator f1

f2 é um fator relativo à quantidade de material na alimentação menor que a metade da malha de peneiramento, fornecido pela Fig. 2.22;

f3 é um fator relativo ao tipo de abertura da tela, fornecido pela Tab. 2.11;

f4 é um fator relativo ao formato das partículas do material que está sendo peneirado, fornecido pela Tab. 2.11;

f5 é um fator relativo à malha de peneiramento quando este é feito a úmido, fornecido pela Tab. 2.11;

f6 é um fator relativo à umidade da alimentação quando o peneiramento é feito a seco, fornecido pela Tab. 2.11;

f7 é um fator relativo ao *deck* em questão (superior, segundo *deck* ou inferior), fornecido pela Tab. 2.11;

f8 é um fator relativo à porcentagem de área aberta da tela utilizada, fornecido pela Tab. 2.11. As áreas efetivas de peneiramento e outras características das telas *standard*, leve e pesada são fornecidas pela Tab. 2.12.

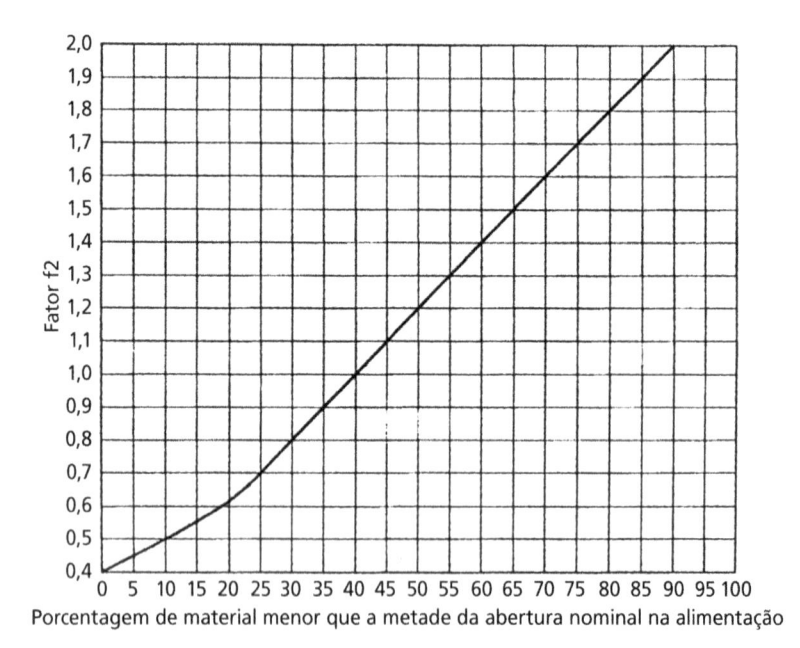

Fig. 2.22 Fator f2

As capacidades unitárias para cada abertura de tela são apresentadas na Fig. 2.23.

Tab. 2.11 FATORES F3 A F8

Fatores	f3	f4	f5	f6	f7	f8
Fator de correção	Tipo de abertura da tela	Formato da partícula	Peneiramento a úmido (abertura - pol.)	% de umid. na superfície (peneir. a seco)	Área efetiva de peneiramento	% da área aberta da tela
1,40			35#(*) – 1/4"			70
1,30			1/4" – 1/2"			65
1,25	Ret. 4 x 1		1/2" – 1"			62,5
1,20	Ret. 3 x 1		1" – 1 ½"			60
1,15	Ret. 2 x 1		1 ½" – 2"			57,5
1,10			2" – 3"			55
1,00	Quadrada	Cúbica	Peneiramento a seco ou > 3"	Menos que 3% ou a úmido	Deck superior	50
0,90		Lamelar			Segundo deck	45
0,85				3% a 6%	Terceiro deck	42,5
0,80	Redonda					40
0,75				6% a 9%		37,5
0,70						35
0,60						30
0,50						25

(*) malhas.

Tab. 2.12 ÁREA LIVRE E OUTRAS CARACTERÍSTICAS DAS TELAS

Malha (pol.)	Tela leve			Tela standard			Tela pesada		
	Fio (pol.)	Peso da tela (kg/m²)	Abert. Livre (%)	Fio (pol.)	Peso da tela (kg/m²)	Abert. Livre (%)	Fio (pol.)	Peso da tela (kg/m²)	Abert. livre (%)
1/8	0,054	6,0	45	0,072	8,9	40	0,092	15,1	29
3/16	0,080	7,6	51	0,092	10,2	45	0,120	16	38
1/4	0,105	9,8	49	0,120	13,1	46	0,135	16,4	40
5/16	0,120	11,4	52	0,135	13,5	49	0,148	16,4	46
3/8	0,135	12,5	53	0,148	14,0	51	0,162	15,8	47
7/16	0,148	13,2	55	0,162	14,6	53	0,177	17,8	50
1/2	0,162	13,9	57	0,177	15,4	54	0,192	18,6	52
5/8	0,177	12,5	62	0,192	14,8	58	0,225	20	56
3/4	0,192	13,2	64	0,207	14,7	61	0,250	26	56
7/8	0,207	13,0	65	0,225	15,3	63	0,250	18,6	59
1	0,225	14,8	66	0,250	16,4	64	0,3125	26,5	57
1 1/8	0,225	13,6	69	0,250	14,9	67	0,3125	24	61
1 1/4	0,250	13,4	70	0,3125	20,5	64	0,375	30	60
1 3/8	0,250	12,6	72	0,3125	18,9	66	0,375	29	62
1 1/2	0,250	12,0	73	0,3125	17,6	68	0,375	28	63
1 3/4	0,3125	16,7	73	0,375	21,6	68	0,4375	28	64
2	0,3125	15,2	74	0,375	18,8	70	0,4375	25	67
2 1/4	0,375	17,5	75	0,4375	23,2	70	0,500	28	68
2 1/2	0,375	16,8	76	0,4375	21,2	72	0,500	27	70
2 3/4	0,375	16,8	78	0,4375	19,5	74	0,500	24	72
3	0,4375	20,0	76	0,500	23,2	73	0,625	33	68

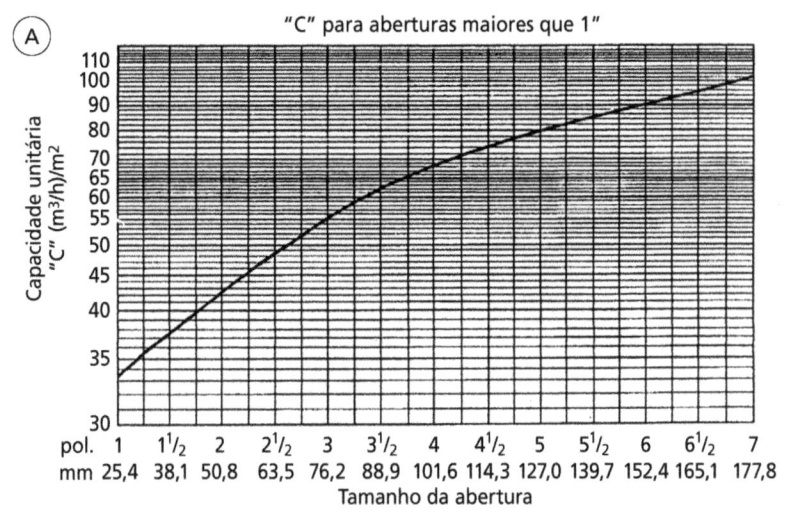

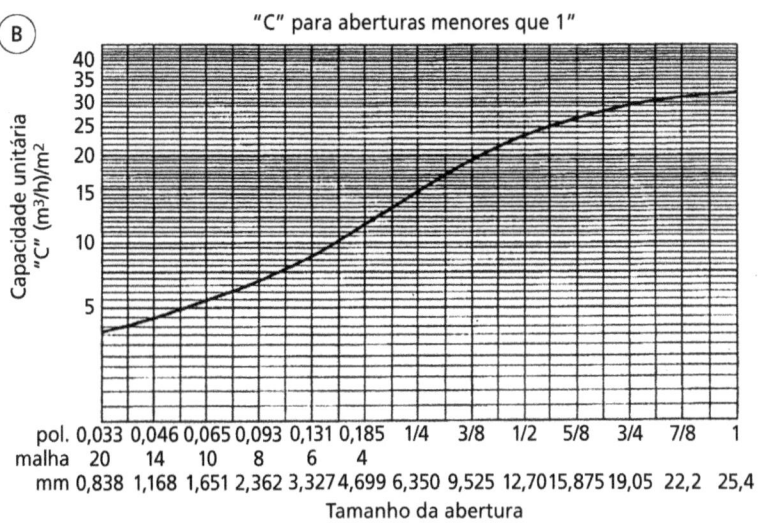

Fig. 2.23 Capacidades unitárias

2.6.5 Fórmula VSMA

Esta é a fórmula da Vibrating Screens Manufacturers Association (VSMA) (Iizuka, 2006):

$$S = \frac{U}{A \cdot B \cdot C \cdot D \cdot E \cdot F \cdot G \cdot H \cdot J} \quad (\text{ft}^2) \qquad (2.9)$$

onde:

U = t/h de material menor que a abertura da tela (a) na alimentação;

A = capacidade unitária, $(st/h)ft^2$, medida para alimentações com 25% > a e 40% < a/2, e materiais de densidade aparente 100 lb/ft^3:

Abertura		% área aberta	A	Abertura		% área aberta	A
mm	pol/#			mm	pol/#		
101,6	4	75	7,69	19,05	3/4	61	3,08
88,9	3 1/2	77	7,03	15,875	5/8	59	2,82
76,2	3	74	6,17	12,7	1/2	54	2,47
69,85	2 3/4	74	5,85	9,525	3/8	51	2,08
63,5	2 1/2	72	5,52	6,35	1/4	46	1,60
50,8	2	71	4,90	4,7625	4#	45	1,27
44,45	1 3/4	68	4,51	3,175	1/8	40	0,95
38,1	1 1/2	69	4,20	2,3812	8#	45	0,76
31,75	1 1/4	66	3,89	1,5875	1/16	37	0,58
25,4	1	64	3,56	0,7938	1/32	41	0,39
22,25	7/8	63	3,38	–	–	–	–

B = fator relativo à % > a:

% > a	5	10	15	20	25	30	35	40	45	50
B	1,21	1,13	1,08	1,02	1,00	0,96	0,92	0,88	0,84	0,79

% > a	55	60	65	70	75	80	85	90	95
B	0,75	0,70	0,66	0,62	0,58	0,53	0,50	0,46	0,33

C = fator relativo à % < a/2:

% < a/2	0	5	10	15	20	25	30	35	40	45
C	0,40	0,45	0,50	0,55	0,60	0,70	0,80	0,90	1,00	1,10

% < a/2	50	55	60	65	70	75	80	85	90
C	1,20	1,30	1,40	1,55	1,70	1,85	2,00	2,20	2,40

2 Peneiramento 177

D = fator relativo ao *deck* de peneiramento:

Deck	Primeiro	Segundo	Terceiro
D	1	0,9	0,8

E = fator relativo ao peneiramento a úmido:

# (mm)	0,7938	1,5875	3,175	4,7525	6,35	9,525	12,7	19,05	25,4
E	1	1,25	2	2,5	2	1,75	1,4	1,3	1,25

F = correção da densidade aparente do material (dividir a densidade aparente do material a ser peneirado por 1,6);

G = fator relativo à área de abertura da tela (% aberta na área utilizada / % aberta na área definida na tabela do fator);

H = fator relativo ao formato da abertura da tela:

Formato da malha	Quadrada	Retangular 3x4	Alongada
H	1	1,15	1,2

J = fator relativo à eficiência desejada para o peneiramento:

Eficiência	95	90	85	80	75	70
J	1	1,15	1,35	1,5	1,7	1,9

2.6.6 Verificação da altura do leito de *oversize*

Uma vez determinada a área da peneira vibratória, faz-se a escolha do modelo. Então é necessário verificar se o equipamento escolhido atende à condição de altura do leito no ponto de descarga. A altura do leito será proporcional à vazão (m^3/h) de *oversize* dividida pela largura da peneira e pela velocidade com que o *oversize* se desloca. Para haver um bom peneiramento, devem ser obedecidas as alturas máximas indicadas na Tab. 2.13.

Tab. 2.13 ALTURAS MÁXIMAS PARA UM BOM PENEIRAMENTO

Densidade aparente (t/m³)	Altura máxima da camada
1,6	4x a abertura da tela
1,6-0,8	3x a abertura da tela
< 0,8	2,5x a abertura da tela

A fórmula para esse cálculo é (Faço, 1975):

$$D = \frac{100 \times Tf}{6 \cdot s \cdot (W - 0,15)} \quad (2.10)$$

onde:

D = espessura da camada (mm);
Tf = vazão volumétrica de *oversize* (m³/h);
W = largura da tela (m);
S = velocidade de escoamento do *oversize*, que depende do material e da peneira, conforme a Tab. 2.14.

Tab. 2.14 VELOCIDADE DE ESCOAMENTO DO *oversize*

Equipamento	Inclinada			Horizontal	
Modelo	XH	SH	SH	LH	LH
Abertura (")	> 1	< 1	> 1	> 1	< 1
rpm	750	800	800	800	800
S (m/min)	30-35	25-30	30-35	30	12-15

2.6.7 Dimensionamento de grelhas vibratórias

Um catálogo de grelhas vibratórias da antiga Faço (Faço, s.n.t.) fornecia a seguinte fórmula para o dimensionamento das grelhas:

$$S = \frac{P}{A \cdot B \cdot C} \quad (2.11)$$

onde:

S = área necessária (m²);
P = quantidade de material que passa pela grelha (m³/h);

A = capacidade básica [(m³/h)/m²)], função da abertura entre os trilhos, conforme:

Abertura entre os trilhos (")	2	3	4	5	6	8
A [m³/(m²/h)]	20	26	29	34	40	43

B = fator de correção para a % de material maior que a abertura da grelha, conforme:

Material que não passa (%)	20	30	40	50	60	70	80
B	1,2	1,1	1,0	0,90	0,85	0,80	0,75

C = fator de correção para a eficiência desejada, conforme:

Eficiência (%)	40	50	60	70	80
C	2,6	1,5	1,3	1,1	1,0

2.6.8 Dimensionamento de peneiras rotativas (Faço, 1975)

A área útil é a da superfície do cilindro, $\pi \times D \times L$, onde D é o diâmetro e L é o comprimento do cilindro. Essa área é dada por:

$$\text{área} = \frac{Q}{0,4 \cdot K_1 \cdot K_2 \cdot K_3 \cdot K_4 \cdot K_5} \quad (2.12)$$

onde:
Q = vazão de *undersize* (m³/h);
K_1 = capacidade unitária da tela [m³/(m²/h)];
K_2 = fator relativo à % de material retido na alimentação;
K_3 = fator relativo à eficiência da separação;
K_4 = fator relativo à inclinação do trômel;
K_5 = fator relativo ao tipo de furo da tela e ao peneiramento a úmido ou a seco.

Os valores desses parâmetros são:

Abertura (")	1/8	3/16	1/4	3/8	1/2	3/4	1	$1^1/_4$	$1^1/_2$	2
K_1 (m³/h)/m²	0,7	0,9	1,45	1,7	2,0	2,6	3,0	3,1	3,2	3,5

% retida	10	20	30	40	50	60	70	80	90	95
K_2	1,1	1,05	1,01	1,0	1,0	0,90	0,75	0,6	0,4	0,2

Eficiência (%)	50	60	70	80	85	90	95
K_3	2,1	1,6	1,3	1	0,85	0,7	0,3

Inclinação (°)	4	5	6	7	8	9	10
K_4	1,25	1	0,83	0,7	0,6	0,56	0,5

	Furo redondo	Furo quadrado
K_5 peneiramento a seco	1	1,2
K_5 peneiramento a úmido	1,6	1,9

Os diâmetros são padronizados (caso do catálogo, 0,8, 1 e 1,2 m); assim, o que precisa ser calculado é o comprimento do trômel para um dado diâmetro:

$$L = \frac{Q}{0,4 \cdot \pi \cdot D \cdot K_1 \cdot K_2 \cdot K_3 \cdot K_4 \cdot K_5} \quad (2.13)$$

2.7 Efeito da umidade

Como já foi mencionado, o peneiramento é feito a seco ou a úmido. Peneiramento a úmido não significa peneiramento do material úmido, mas sim peneiramento com uma grande quantidade de água, via úmida.

Partindo-se do material seco e aumentando a **umidade superficial** das partículas, a operação vai se tornando cada vez mais difícil, até tornar-se totalmente impossível. Isso ocorre entre 5% e 8% de umidade. O peneiramento somente voltará a ser possível com a presença de quantidade de água muito maior, acima de 60%. A Fig. 2.24 esquematiza esse comportamento.

Note que a expressão "umidade superficial" está destacada em negrito, pois apenas a umidade de superfície é que afeta o peneiramento. A umidade presa em trincas, poros abertos e poros fechados, no interior da partícula, não.

A água na superfície exerce um efeito capilar, aproximando as partículas, mantendo-as juntas e, ainda, fazendo as partículas mais finas aderirem-se às partículas maiores. Isso impede as partículas aglomeradas de encaminharem-se ao produto adequado, o que prejudicaria a eficiência do peneiramento.

Outro efeito é que as partículas não ficam livres para se moverem individualmente, o que prejudicaria o transporte do *oversize* sobre o *deck* e, em consequência, diminuiria a capacidade da peneira.

O efeito da umidade é especialmente sensível quando há grande quantidade de partículas finas. Como a área específica dessas partículas

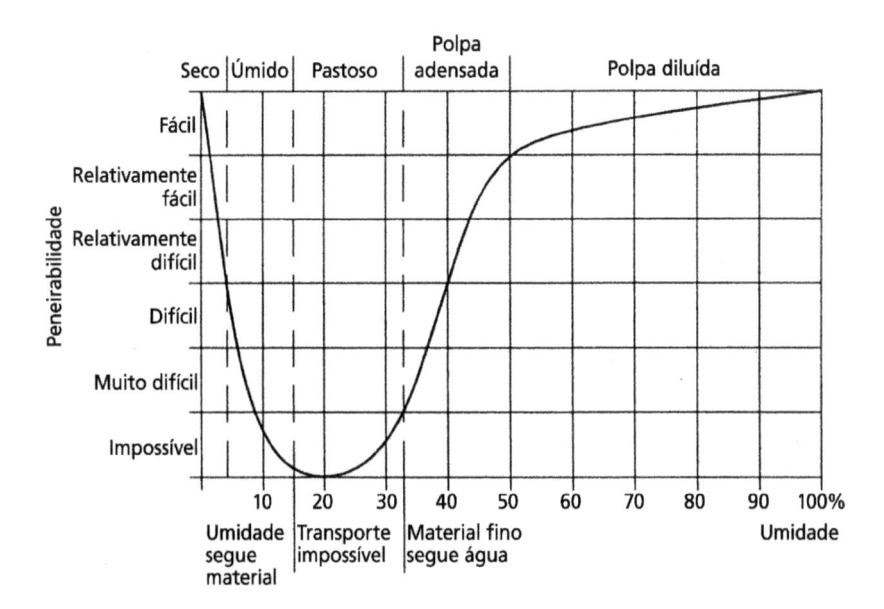

Fig. 2.24 Efeito da umidade sobre o peneiramento
Fonte: CVRD (s.n.t.).

é muito grande, a umidade de superfície é relativamente maior que a das demais. Nessas circunstâncias, o peneiramento a úmido torna-se imperativo.

Exercícios resolvidos

2.1 Uma grelha vibratória de 6" recebe o ROM e procede ao escalpe dos finos antes da britagem primária. Estabelecer o balanço de massas desse escalpe, sabendo que a distribuição granulométrica do ROM é a seguinte:

Malha	16"	12"	8"	4"	2"	1"	-1"
% retida	0	40	30	15	5	5	5

Solução:

Inicialmente, transformam-se as porcentagens retidas por faixa em retidas acumuladas e, em seguida, interpola-se para encontrar a quantidade passante em 6":

Malha	16"	12"	8"	4"	2"	1"	-1"
% retida ac.	0	40	70	85	90	95	100

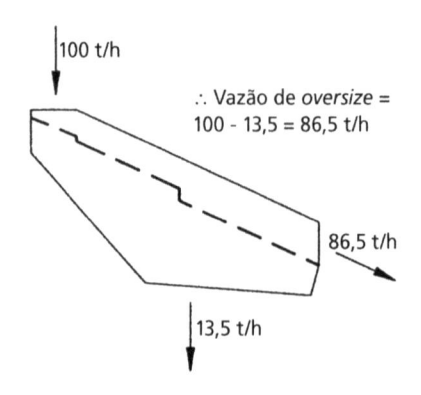

Em 6": 77,5% retida = 22,5% passante.

Utiliza-se agora o conceito de eficiência de peneiramento:

$$\text{efic. de peneiramento} = \frac{\text{t/h de } undersize}{\text{t/h de material da aliment. que deveria passar pela tela}}$$

∴ Vazão de *oversize* = 100 - 13,5 = 86,5 t/h

100 t/h
86,5 t/h
13,5 t/h

A eficiência da grelha vibratória situa-se entre 60% e 70%.

Admitindo-se que a eficiência dessa grelha seja de 60% e tomando-se uma vazão de alimentação arbitrária de 100 t/h, tem-se:

t/h undersize = 0,6 x t/h de passantes na alimentação = 0,6 x 22,5 = 13,5 t/h.

∴ vazão de oversize = 100 − 13,5 = 86,5 t/h

2.2 Escolher a grelha vibratória adequada ao serviço descrito no exercício anterior, sabendo que ela deve atender às seguintes condições:
produção anual = 8.100.000 t/ano,
horas efetivas = 4.331,5 h/ano
densidade do minério = 3,0

Solução:

Capacidade nominal da grelha = $\frac{8.100.000}{4.331,5}$ x 1, 5 = 2.805 t/h

O número 1,5 não é um fator de segurança, mas é o fator de serviço da britagem primária, necessário para adequar o regime de descarga dos caminhões de ROM à capacidade necessária dos equipamentos.

100% = 2805 t/h

86,5% = 2425 t/h

13,5% = 380 t/h

A partir do balanço de massas obtido no exercício anterior, o balanço de massas fica:

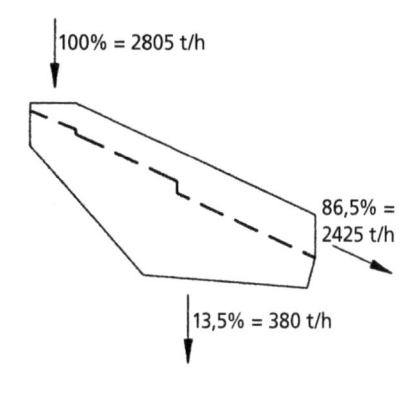

A área necessária para a grelha, conforme a fórmula apresentada na seção 2.6.7, é:

$$S = \frac{P}{A \cdot B \cdot C},$$

onde:

P = 0,225 x 2.805 / 3 = 210,4 [1];

---

1. Não se usa o valor do balanço de massas porque a fórmula leva em conta a eficiência da grelha (fator A). Seria redundante.

$A = 40\ m^3/h/m^2$;

$77,5\%\ +6" \Rightarrow B = 0,75$;

$C = 1,3$.

$S = \dfrac{210,4}{40 \times 0,75 \times 1,3} = 5,4\ m^2$

Ao consultar-se a Tab. 2.5, verifica-se que a grelha M-4018 é o equipamento de área imediatamente superior à necessária. Este será, portanto, o equipamento adotado.

2.3 Um fosfato é peneirado a seco em 1/2". As imperfeições são: meia malha - 20%; finos - 14%; demais malhas - 0%. Dada a distribuição granulométrica da alimentação, simular o peneiramento e escolher a peneira adequada para esse serviço. A vazão de alimentação é de 480 t/h e a densidade aparente do minério é 1,7. As partículas são cúbicas e a umidade do minério é de 2,5%.

Malha	1"	1/2"	1/4"	6#	10#	20#	35#	65#	-65#
% retida	16,1	11,2	12,0	7,8	8,7	1,7	3,0	4,2	35,3

Solução:

Inicialmente, transformam-se os valores porcentuais para valores de vazão mássica:

Malha	1"	1/2"	1/4"	6#	10#	20#	35#	65#	−65#	Total
% retida	16,1	11,2	12,0	7,8	8,7	1,7	3,0	4,2	35,3	100
t/h	77,1	53,8	57,6	37,7	41,6	8,3	14,4	20,2	169,6	480 t/h
Imperfeição	100	100	20	0	0	0	0	0	14	–
t/h oversize	77,1	53,8	11,5	0	0	0	0	0	23,7	165,8 t/h
t/h undersize	0	0	46,1	37,4	41,6	8,3	14,4	20,2	145,9	314,2 t/h
Oversize (%)	46,5	32,4	7,0	0	0	0	0	0	14,1	100%
Undersize (%)	0	0	14,7	11,9	13,2	2,7	4,5	6,5	46,5	100%

A eficiência é (314,2/349,2) x 100 = 90%.

Está, portanto, simulado o peneiramento e fornecido o balanço de massas mais as distribuições granulométricas dos produtos. Passa-se, então, à escolha da peneira:

onde:

$$\text{área de peneiramento (m}^2) = \frac{m^3/h \text{ alimentados}}{\text{capac. unitária} \times f1 \times f2 \times f3 \times f4 \times f5 \times f6 \times f7 \times f8}$$

onde:

m^3/h alimentados = 480/1,7 = 282,3 m^3/h;

capacidade unitária = 23,5 $(m^3/h)/m^2$.

27,3% retidos em 1/2" $\Rightarrow f_1 = 1,1$

60,7% − 1/4" $\Rightarrow$ f2 = 1,4

f3 = f4 = f5 = f6 = f7 = 1

A tela *standard* de 1/2" tem 54% de área livre $\Rightarrow$ f8 = 1,1.

$A = \frac{282,3}{23,5 \times 1 \times 1 \times 1,4 \times 1 \times 1} m^2 = 8,6\ m^2$

Ao examinar-se as opções oferecidas, pode-se escolher uma peneira SA 7x16 ft, com 10,4 m^2 de área útil (2,1 x 4,9m).

Isso feito, é necessário verificar a condição de descarga do *oversize* na extremidade da peneira:

$$D = \frac{100 \cdot Tf}{6 \cdot S \cdot (W - 0{,}15)}\ mm$$

onde:

Tf = 165,8/1,7 = 97,5 m^3/h

S = 30

W = 2,1 m

$D = \frac{100 \times 97{,}5}{6 \times 30 \times (2{,}1 - 0{,}15)} = 27{,}8\ mm$

Essa altura precisa ser inferior a 4 vezes a abertura da tela:

4 x 1/2" = 50,8 mm > 27,8 mm ∴ está atendida a condição e a peneira pode ser utilizada.

2.4 Parte do *undersize* do mesmo fosfato (98,2 t/h) será mais adiante peneirada a úmido em 14#, em duas peneiras (por conveniência de *layout*). As imperfeições são: meia malha - 30%; malha seguinte - 10%; finos - 25%; demais malhas - 0%. Simular o peneiramento e escolher a peneira adequada para esse novo serviço.

Solução:

A nova distribuição granulométrica da alimentação é a do *undersize* obtido no exercício anterior (os números são diferentes – obtidos por interpolação – porque as malhas são outras):

Malha	4#	8#	14#	28#	48#	100#	-100#
% retida	14,7	11,9	13,2	2,7	2,8	8,2	46,5

Inicialmente, transformam-se os valores porcentuais para valores de vazão mássica. A vazão de alimentação é agora de 49,1 t/h (em cada uma das duas peneiras):

Malha	4#	8#	14#	28#	48#	100#	-100#	Total
% retida	14,7	11,9	13,2	2,7	2,8	8,2	46,5	100
t/h	7,2	5,8	6,5	1,3	1,4	4,0	22,9	49,1 Vh
Imperfeição	100	100	100	15	5	0	5	-
t/h oversize	7,2	5,8	6,5	0,2	0,1	0	1,1	20,9 t/h
t/h undersize	0	0	0	1,1	1,3	4,0	21,8	28,2 t/h
Oversize (%)	34,3	27,8	31,1	1,0	0,5	0	5,3	100%*
Undersize (%)	0	0	0	3,9	4,6	14,2	77,3	100%*

* A soma das porcentagens das frações não dá 100, em razão dos erros de arredondamento. A maior porcentagem foi arbitrariamente corrigida para acertar a soma.

Está, portanto, simulado o peneiramento e fornecido o balanço de massas mais as distribuições granulométricas dos produtos. Agora, calcula-se a eficiência desse peneiramento:

(28,1/29,6) x 100 = 94,9%

Passa-se, então, à escolha da peneira:

m^3/h alimentados = 49,1/1,7 = 28,8 m^3/h

capacidade unitária = 4,75 $(m^3/h)/m^2$

39,8% retidos em 14# $\Rightarrow$ f1 = 1,1

54,7% – 1/4" $\Rightarrow$ f2 = 1,3

f3 = f4 = f5 = f6 = f7 = 1

A tela *standard* de 14# tem 29% de área livre ⇒ f8 = 0,6.

$$A = \frac{28,8}{4,75 \times 1,1 \times 1 \times 3 \times 0,6} \, m^2 = 7,1 \, m^2$$

Ao examinar-se as opções oferecidas, pode-se escolher uma peneira SH 5x16 ft, com 7,4 m² de área útil.

Isso feito, é necessário verificar a condição de descarga do *oversize* na extremidade da peneira:

Tf = 20,9/1,7 = 12,3 m³/h

S = 30

W = 1,53 m

$$D = \frac{100 \times 12,3}{6 \times 30 \times (1,53 - 0,15)} = 2,5 \, mm$$

Essa altura precisa ser inferior a 4 vezes a abertura da tela:

4 x 14# = 4,8 mm > 2,5 mm está atendida a condição.

2.5 Seria possível utilizar uma mesma peneira, com dois *decks*, para fazer os peneiramentos dos exercícios 2.3 e 2.4?

Solução:

Não, porque as frequências adequadas para cada um dos peneiramentos são diferentes. A Tab. 2.3 recomenda 1.600 rpm para 14# e 1.000 rpm para 1/2".

2.6 Quais os teores e as distribuições granulométricas do *oversize* e do *undersize* do peneiramento a 4# do material abaixo ? As imperfeições são: meia malha - 20%; malha seguinte - 10%; finos - 3%; demais malhas - 0%. Qual é a eficiência desse peneiramento?

mm	18	9	4,7	2,36	1,17	0,8	–
Malha	3/4"	3/8"	4#	8#	14#	20#	-20#
Fe	66,0	64,0	62,0	58,0	52,0	46,0	4,0
Massa	5,0	4,5	9,0	10,5	26,0	30,0	15,0

188 Teoria e Prática do Tratamento de Minérios – Britagem, peneiramento e moagem

Solução:

Transformam-se os valores porcentuais em valores mássicos para que se possam fazer os balanços de massa. Para facilitar os cálculos, adota-se arbitrariamente 100 t/h. Em seguida, calculam-se as distribuições granulométricas:

Malha	3/4"	3/8"	4#	8#	14#	20#	-20#	Total
Malha (mm)	19,2	9,6	4,8	2,4	1,2	0,6	-0,6	–
% Fe	66,0	64,0	62,0	58,0	52,0	46,0	4,0	–
% massa	5,0	4,5	9,0	10,5	26,0	30,0	15,0	100
t/h alimentação	5,0	4,5	9,0	10,5	26,0	30,0	15,0	100
Imperfeição	100	100	100	20	10	0	3	–
t/h oversize	5,0	4,5	9,0	2,1	2,6	0	0,5	23,7
t/h undersize	0,0	0,0	0,0	8,4	23,4	30,0	14,5	76,3
An. gran. OS (%)	21,1	19,0	37,9	8,9	11.0	0	2,1	100
An. gran. US (%)	0,0	0,0	0,0	11,0	30,7	39,3	19,0	100

Isso feito, podem-se calcular os teores e a eficiência do peneiramento:

$$\text{teor } OS = \frac{5,0 \times 66,0 + 4,5 \times 64,0 + 9,0 \times 62,0 + 2,1 \times 58,0 + 2,6 \times 52,0 + 0 \times 46,0 + 0,5 \times 4,0}{23,7} = 60,7\% \text{ Fe}$$

$$\text{teor } US = \frac{0,0 \times 66,0 + 0,0 \times 64,0 + 0,0 \times 62,0 + 8,4 \times 58,0 + 23,4 \times 52,0 + 30,0 \times 46,0 + 14,5 \times 4,0}{76,3} = 41,1\% \text{ Fe}$$

$$\text{eficiência} = \frac{76,3}{10,5 + 26,0 + 30,0 + 15,0} = 93,7\%$$

2.7 Sendo 100 t/h a vazão de alimentação do material do exercício anterior, e 1,6 a sua densidade aparente, escolher a peneira para peneirá-la em 4# e 8#. Use a fórmula da Smith Engineering Works para calcular a área de peneiramento.

Solução:

Calculam-se as áreas de peneiramento para ambas as telas e adota-se a maior.

A alimentação do primeiro *deck* é:

Malha	3/4"	3/8"	4#	8#	14#	28#	-28#
% massa	5,0	4,5	9,0	10,5	26,0	30,0	15,0

A fórmula é: $S = \dfrac{P}{A \cdot B \cdot C \cdot D \cdot E \cdot F}$

Essa fórmula ê válida para materiais de densidade $1,6 \text{ t/m}^3$. Para materiais de outras densidades, é necessário corrigir a tonelagem alimentada à peneira.

P = 100 x 0,815 = 81,5 t/h

4# ⇒ A = 7,5 (t/h)/m²

18,5% + 4# ⇒ B = 1,02 (interpolado na tabela)

eficiência = 93,7% (calculada no exerc. 2.6) ⇒ C = 1,0

71% − 8# ⇒ D = 1,8

material seco (admitido, uma vez que o enunciado não fala nada)

⇒ E não se aplica

primeiro *deck* ⇒ F = 1,0

$S = \dfrac{81,5}{7,5 \times 1,02 \times 1 \times 1,8 \times 1} = 5,9 \text{ m}^2$

A alimentação do segundo *deck* é:

Malha	8#	14#	28#	-28#
% massa	11,0	26,0	39,3	19,0

P = 76,3 × 0,89 = 67,9 t/h

8# ⇒ A = 4,7 (t/h)/m²

11,0% + 4# ⇒ B = 1,04 (interpolado na tabela)

eficiência = 93,7% (adotada a mesma do exerc. 2.6) ⇒ C = 1,0

58,3% − 14# ⇒ D = 1,3 (interpolado)

material seco (admitido novamente) ⇒ E não se aplica

segundo deck ⇒ F = 0,9

$$S = \frac{67,9}{4,7 \times 1,04 \times 1 \times 1,3 \times 0,9} = 11,2 \text{ m}^2$$

A peneira precisa ter, portanto, área igual ou superior a 11,2 m². Com base nas informações fornecidas pelo *Manual de britagem* (p. 5.42), adota-se a peneira SH, que atende à faixa 4" a 20#. Adota-se o modelo SH 8x16 ft, de área 11,9 m² e dimensões do *deck* 2,45 × 4,88 m.

Agora é preciso verificar se essa peneira atende à condição de altura do leito no ponto de descarga do *oversize*.

$$D = \frac{100 \cdot Tf}{6 \cdot S \cdot (W - 0,15)}$$

Calcula-se Tf:

Para o primeiro *deck*: 100 − 76,4 = 23,6 t/h

23,6/1,6 ⇒ Tf = 14,8 m³/h

Para o segundo *deck*: eficiência = 93,7

⇒ t/h US = 0,937 × 76,4 = 71,8 t/h

t/h OS = 76,4 − 71,8 = 4,6 t/h

Tf = 4,6/1,6 = 2,9 m³/h

A tabela mostrada na seção 2.6.6 informa que, para peneiras SH com telas menores que 1", a velocidade S = 30 m/min.

W = 2,45 m

primeiro *deck*: $D_1 = \frac{100 \times 14,8}{6 \times 30 \times (2,45 - 0,15)} = 3,6$ mm < 14,4 = 3x a abertura da tela

segundo *deck*: $D_2 = \frac{100 \times 2,9}{6 \times 30 \times (2,45 - 0,15)} = 0,7$ mm < 7,2 = 3x a abertura da tela

Portanto, a peneira escolhida atende às duas condições exigidas pelo peneiramento e pode ser utilizada.

2.8 Seria possível utilizar uma peneira vibratória horizontal LH para o mesmo serviço do exercício anterior? Caso positivo, selecione-a.

Solução:

Sim, se o peneiramento for feito a úmido. A peneira vibratória horizontal pode ser utilizada a seco entre 2 ½" e 1/8", e a úmido entre 2 ½" e 48#. Deve-se lembrar que essa peneira tem capacidade 40% superior à inclinada, de modo que a área necessária será 40% menor. Neste exemplo de cálculo, o fator A será multiplicando por 1,4.

Repetindo o cálculo do exercício anterior:

Primeiro deck:

4# ⇒ A = 1,4 x 7,5 = 10,5 (t/h)/m²

18,5% + 4# ⇒ B = 1,02 (interpolado na tabela)

eficiência = 93,7% (calculada no exerc. 2.6) ⇒ C = 1,0

71% − 8# ⇒ D = 1,8

O peneiramento passou a ser a úmido (E, que não se aplicava, passa a ser 1,9).

Primeiro deck ⇒ F = 1,0

$$S = \frac{81,5}{10,5 \times 1,02 \times 1 \times 1,8 \times 1,9 \times 1} = 2,2 \text{ m}^2$$

Segundo deck:

8# ⇒ A = 1,4 x 4,7 = 6,6 (t/h)/m²

11,0% + 4# ⇒ B = 1,04 (interpolado na tabela)

eficiência = 93,7% (adotada a mesma do exerc. 2.6) ⇒ C = 1,0

58,3% −14# ⇒ D = 1,3 (interpolado)

E = 1,75

Segundo deck ⇒ F = 0,9

$$S = \frac{67,9}{6,6 \times 1,04 \times 1 \times 1,3 \times 1,75 \times 0,9} = 4,8 \text{ m}^2$$

Novamente, o segundo deck determina a área da peneira, que precisa ser, portanto, igual ou superior a 4,8 m². Com base nas informações da p. 5.49 do Manual de britagem, adota-se uma peneira low head 5x12 ft, de área 5,5 m², e dimensões do deck 1,53 x 3,66 m.

Agora, verifica-se se essa peneira atende à condição de altura do leito no ponto de descarga do oversize.

Primeiro deck: Tf = 14,8 m³/h

Segundo deck: Tf = 2,9 m³/h

Para peneiras horizontais, a velocidade S = 12 m/min.

primeiro deck: $D_1 = \frac{100 \times 14,8}{6 \times 12 \times (1,53 - 0,15)} = 14,9\,mm > 14,1 = 3x$ a abertura da tela

segundo deck: $D_2 = \frac{100 \times 2,9}{6 \times 12 \times (1,53 - 0,15)} = 2,9\,mm < 7,2 = 3x$ a abertura da tela

Portanto, a peneira escolhida não atende à segunda condição, e precisamos de um modelo maior. Adota-se, então, o modelo 6x14 ft, calcula-se D_1 novamente e tem-se D_1 = 12,1 mm, de modo que a condição passa a ser atendida e essa peneira pode ser utilizada.

2.9 Uma pilha de estocagem intermediária é constituída pelo produto de um britador giratório em que 85% passam em 6" e do *undersize* de uma grelha vibratória de 6". As vazões do britador e do *undersize* da grelha são, respectivamente, 2.424 e 378 t/h. A pilha é retomada à vazão de 2.150 t/h e o material é encaminhado a uma peneira vibratória de 4", cujo *oversize* alimenta um britador Hydrocone aberto em 1 ½" (APF), câmara para grossos. A distribuição granulométrica do *undersize* da grelha é a seguinte:

Malha	4"	2"	1"	1/2"	1/4"	-1/4"
% retida	7,5	18,5	37,0	18,5	10,6	7,9

a] Qual é a distribuição granulométrica do material na pilha?
b] Desenhar o fluxograma e o balanço de massas.
c] Quais são as distribuições granulométricas do *oversize* e do *undersize* do peneiramento a 4", sabendo que as imperfeições são: meia malha - 20%; malha seguinte - 5%; finos - 3%; demais malhas - 1%?
d] Qual é a eficiência do peneiramento a 4"?
e] Quais são as distribuições granulométricas dos produtos de todas essas operações?

2 - Peneiramento 193

Solução:

Inicialmente, desenha-se o fluxograma pedido no item (b). Trata-se de uma questão de mero entendimento do texto. As vazões antes e depois da pilha são diferentes – é para isso mesmo que pilhas, silos e quaisquer dispositivos de estocagem servem!

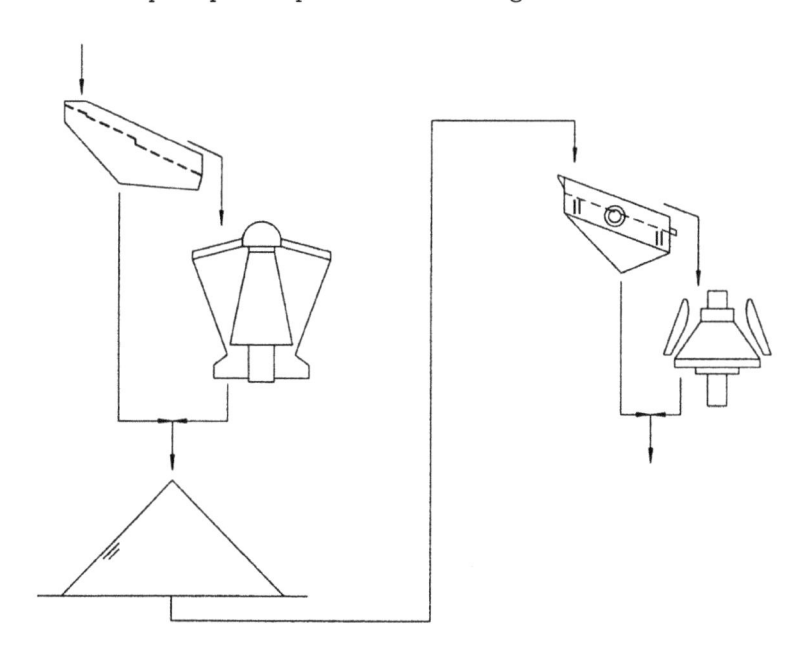

O material que está na pilha intermediária é a soma de dois outros materiais: o *undersize* da grelha e o produto do britador giratório. A distribuição granulométrica do produto do britador (item a) pode ser obtida da Fig. 1.14; a do *undersize* é dada no enunciado. Como não podemos somar porcentagens, temos primeiro de transformá-las em massas (t/h):

Malha (")	Produto de britagem		*Undersize* da grelha		Material na pilha	
	%	t/h	%	t/h	t/h	%
6	15	363,3	0	0	363,3	13,0
4	21	508,6	7,5	28,3	536,9	19,2

Malha	Produto de britagem		Undersize da grelha		Material na pilha	
(")	%	t/h	%	t/h	t/h	%
2	29	702,4	18,5	69,9	772,3	27,6
1	16	387,5	37,0	139,9	527,4	18,8
1/2	8	193,8	18,5	69,9	263,7	9,4
1/4	5	121,1	10,6	40,1	161,2	5,7
-1/4	6	145,3	7,9	289,9	175,2	6,3
Total	100	2.422,0	100,0	378,0	2800,0	100,0

A última coluna é a resposta ao item (a).

Para responder ao item (c), temos de simular o peneiramento, conforme:

Malha	Alimentação		IMPERFEIÇÃO	Oversize		Undersize	
(")	%	t/h		t/h	%	t/h	%
6	13,0	279,5	100	279,5	33,3	0	0
4	19,2	412,8	100	412,8	49,3	0	0
2	27,6	593,4	20	118,7	14,2	474,7	36,2
1	18,8	404,2	5	20,2	2,4	384,0	29,3
1/2	9,4	202,1	1	2,0	0,2	200,1	15,3
1/4	5,7	122,5	1	1,2	0,1	121,3	9,2
-1/4	6,3	135,5	3	4,1	0,5	131,4	10,0
Total	100	2.150,0	–	838,5	100,0	1.311,5	100,0

Com as informações de vazão obtidas, podem-se colocar as massas no fluxograma e, assim, completar a resposta ao item (b).

Para responder ao item (d), basta aplicar a fórmula da eficiência do peneiramento:

$$\text{eficiência} = \frac{1.311,5}{2.150 - 279,5 - 412,8} = 90,0\%$$

Para responder ao item (e), monta-se uma última tabela de balanço de massas por fração granulométrica. A distribuição granulométrica do produto do britador é obtida do gráfico 2-12 do *Manual de britagem*.

2 Peneiramento 195

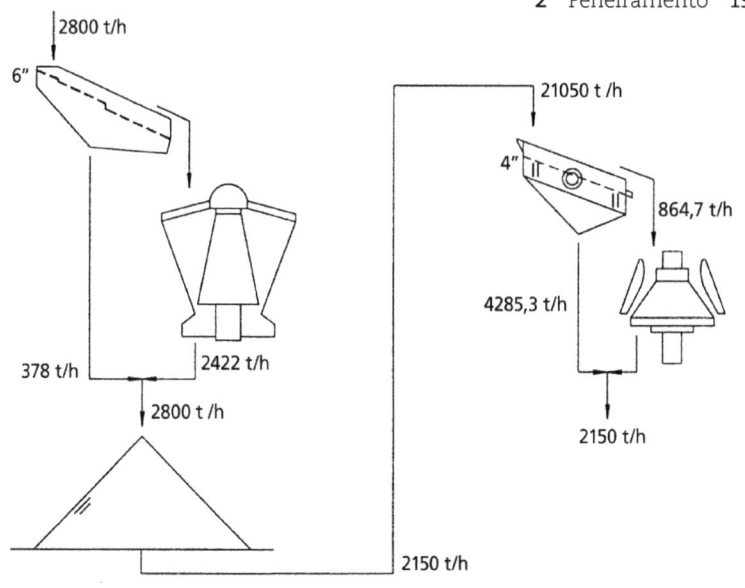

```
                    2800 t/h
    6"                              21050 t/h
                                          4"
                                                 864,7 t/h
                                    4285,3 t/h
378 t/h    2422 t/h
         2800 t/h                           2150 t/h
                                    2150 t/h
```

Malha	Undersize 4"		Prod. britagem a 1/2"	Prod. total	
(")	t/h	%	t/h	t/h	%
2	474,7	22	184,5	659,2	30,7
1	384,0	37	310,2	694,2	32,3
$1^1/_2$	200,1	19	159,3	359,4	16,7
$1^1/_4$	121,3	10	83,9	205,2	9,5
$-1^1/_4$	131,4	12	100,6	232,0	10,8
Total	1.311,5	100	838,5	2.150,0	100,0

2.10 140 t/h de minério de densidade aparente 1,5 t/m³ foram alimentadas a uma peneira de 4#. Tomaram-se amostras da alimentação, do *oversize* e do *undersize*, cujas distribuições granulométricas estão apresentadas a seguir. Pede-se o balanço de massas e a eficiência desse peneiramento.

Malhas	3/4"	3/8"	4#	8#	14#	28#	48#	100#	-100#
Alimentação (%)	0,04	0,10	0,31	2,83	10,56	21,16	9,81	11,10	44,08
Oversize (%)	0,57	1,31	4,08	32,78	35,69	20,06	3,12	1,32	1,08
Undersize (%)	0	0	0	0,38	8,51	21,26	10,36	11,90	47,60

Solução:

Como não se conhece o balanço de massas, deve-se estabelecê-lo por meio da regra dos dois produtos (em caso de dúvidas, consulte o primeiro volume desta série). Há excesso de informação: nove frações granulométricas que podem ser utilizadas para isso, a saber:

Malhas	3/4"	3/8"	4#	8#	14#	28#	48#	100#	–100#
Alimentação (%)	0,04	0,10	0,31	2,83	10,56	21,16	9,81	11,10	44,08
Oversize (%)	0,57	1,31	4,08	32,78	35,69	20,06	3,12	1,32	1,08
Undersize (%)	0	0	0	0,38	8,51	21,26	10,36	11,90	47,60
Partição	93,0	92,4	92,4	92,4	92,5	91,7	92,4	92,4	92,4

Adota-se o valor mais frequente, 92,4%, como a partição correta (92,4% da alimentação vão para o *undersize*). O balanço fica, então:

alimentação = 140 t/h

undersize = 140 x 0,924 = 129,4 t/h

oversize = 140 – 129,4 = 10,6 t/h

A eficiência do peneiramento será:

$$\text{eficiência} = \frac{100 \times 129{,}4}{(2{,}83 + 10{,}56 + 21{,}16 + 9{,}81 + 11{,}1 + 44{,}08) \times 120} = 92{,}9\%$$

Referências bibliográficas

ALLIS CHALMERS. Low head horizontal vibrating screens. *Catálogo 26B6330-04*. Appleton: Allis Chalmers, [s.d.-a].

ALLIS CHALMERS. XH inclined scalping screens. *Catálogo 26B4820*. Appleton: Allis Chalmers, [s.d.-b].

ALLIS MINERAL SYSTEMS/FÁBRICA DE AÇO PAULISTA. *Manual de britagem Faço*. 5. ed. Sorocaba: Svedala, 1994.

CVRD – COMPANHIA VALE DO RIO DOCE. *Programa de treinamento - Peneiramento*. Apostila, xerox. [s.n.t.].

FAÇO - FÁBRICA DE AÇO PAULISTA. Grelhas vibratórias. Faço: catálogo. [s.n.t.].

FAÇO - FÁBRICA DE AÇO PAULISTA. Manual de britagem. 2. ed. São Paulo: Faço, 1975.

IIZUKA, E. K. Análise de tensões em peneiras vibratórias através da modelagem numérica utilizando o método dos elementos finitos e experimentalmente por extensometria. Dissertação (Mestrado) – FEM/Unicamp, Campinas, 2006.

KELLY, E. G.; SPOTTISWOOD, D. J. Introduction to mineral processing. New York: John Wiley & Sons, 1982.

McNALLY PITTSBURGH. McNally coal preparation manual. Pittsburgh: McNally, [s.d.].

METSO MINERALS. Manual de britagem. 6. ed. Sorocaba: Metso, 2005.

SIRIANI, F. A. Métodos de dimensionamento de peneiras. Tese (Livre-docência) – Escola Politécnica da Universidade de São Paulo, São Paulo, 1991.

WALENZIK, C. Requirements for modern screening equipment. Aufbereitungs-technik/Mineral Processing, ano 37, v. 7, p. 32234, 1996.

3 Moagem

A moagem compreende as operações de cominuição na faixa de tamanhos abaixo de 3/4" e é efetuada pelos mecanismos de arredondamento das partículas, quebra de pontas e abrasão.

São, portanto, as faixas de tamanhos em que se trabalha e, principalmente, os mecanismos de redução de tamanhos, que distinguem as operações de moagem e de britagem. Esta última trabalha com granulometrias mais grosseiras e a redução de tamanhos ocorre por compressão ou por impacto.

Na faixa de tamanhos que vai de 1/2" a 20#, superpõem-se a britagem quaternária, feita em britadores tipo *intergranular crushing*, e a moagem grossa, feita em moinhos de barras. A distinção entre os mecanismos de redução torna-se, nesse caso, o único critério distintivo.

Os objetivos da moagem, como operação unitária de Tratamento de Minérios, são os seguintes:

- liberação das espécies minerais com vistas às operações de concentração subsequentes;
- adequação de produtos às especificações granulométricas industriais: talco, cargas etc.;
- transporte em minerodutos: concentrado de fosfato na antiga Fosfértil, hoje Vale Fertilizantes, *pellet feed* da Samarco;
- adequação ao uso subsequente: moagem do *pellet feed* para a pelotização;
- aumento da área de superfície para facilitar a reação química em processos hidrometalúrgicos.

É importante, antes de iniciarmos este estudo, desfazer a confusão criada pelo termo "moagem autógena". Essa operação realiza, num único equipamento e num único estágio, reduções de tamanho que cobrem desde a fase de britagem primária até a moagem. Não pertence, portanto, em senso estrito, ao campo da moagem.

Nunca é demais mencionar também que a moagem é uma operação muito cara, daí a sua importância do ponto de vista gerencial. No custo de processamento de minérios de cobre, desde a mina até o embarque do concentrado, essa operação unitária contribui com 40% dos custos totais.

3.1 Equipamentos utilizados

Os moinhos de carga cadente (moinhos de barras, de bolas e de seixos) são, de longe, os equipamentos de moagem mais importantes, responsáveis pela imensa maioria das utilizações industriais. Os moinhos de martelos têm sua faixa de aplicação para materiais específicos, como calcários e carvões. Para aplicações especiais, utilizam-se moinhos vibratórios, de discos, de impacto de partículas e outros. Finalmente, a moagem de carvão tem equipamentos específicos e uma prática operacional diferenciada, que cumpre distinguir.

Os moinhos de carga cadente (Fig. 3.1) são constituídos de um corpo cilíndrico que gira em torno de seu eixo. A carcaça (shell) é feita de chapa calandrada e soldada. A chapa recomendada tem espessura entre 1/100 e 1/75 do diâmetro do moinho (Garcia, 2000). Ela é fechada nas duas extremidades por peças de aço fundido chamadas tampas, cabeças ou espelhos (heads). O aço geralmente usado é o MR-ST-37-3N (DIN 17-100). A tampa e a carcaça são submetidas a ensaios de ultrassom, raios X ou líquido penetrante, para verificar a existência de eventuais defeitos de fundição ou trincas nas soldas (Garcia, 2000). Os moinhos são sempre revestidos internamente por material resistente ao desgaste, metálico ou de borracha. Eventualmente se encontram moinhos com revestimento cerâmico.

Fazem parte das tampas dois pescoços, ou munhões, que sustentam todo o moinho (carcaça, revestimento, tampas, corpos moedores,

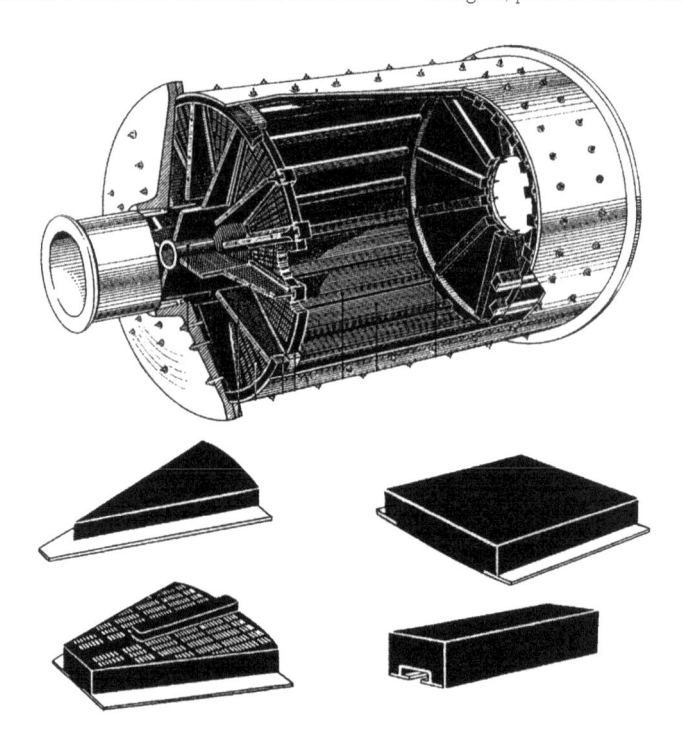

Fig. 3.1 Moinho de carga cadente
Fonte: Trelleborg (s.n.t.).

minério e água que estão lá dentro) e giram dentro de mancais. É muito comum o uso de mancais de metal mole ("autoalinhantes") em berços do aço. Nunca é demais enfatizar o peso enorme que esses pescoços suportam: um moinho de barras 8 x 12 ft carrega 33 t de barras, mais o seu peso, mais o peso dos revestimentos, mais o peso do minério que está lá dentro e mais o peso da água.

Existe outra concepção de projeto de moinhos, em que eles não são suspensos pelos pescoços, mas as suas carcaças rolam apoiadas em munhões, como mostra a Fig. 3.2. Esse esquema construtivo torna o moinho bem mais leve e barateia significativamente a sua construção.

O material de fabricação das tampas é ferro fundido ou aço, fundidos, usinados e soldados ou aparafusados nas tampas. O seu recebimento exige corpo de prova, exames por ultrassom, partículas magnéticas, líquido penetrante e, no caso de soldas, raios X (Garcia, 2000).

Os fabricantes fornecem moinhos de diâmetros predefinidos, uma vez que, do ponto de vista da fabricação do equipamento, é muito fácil alterar o comprimento do corpo do moinho, que é feito de chapa calandrada e soldada. No caso das tampas, porém, feitas de aço fundido, os moldes de fundição são muito caros e os fabricantes dispõem de um número restrito deles.

O acionamento é feito por coroa e pinhão, a coroa sendo solidária ao moinho e externa à carcaça, e fabricada em duas metades aparafusadas, geralmente em aço fundido. Os dentes são retos até potências de 400 HP e helicoidais acima disso. Eles são usinados e depois cementados. O pinhão é tratado para ter dureza menor que a da coroa e, em caso

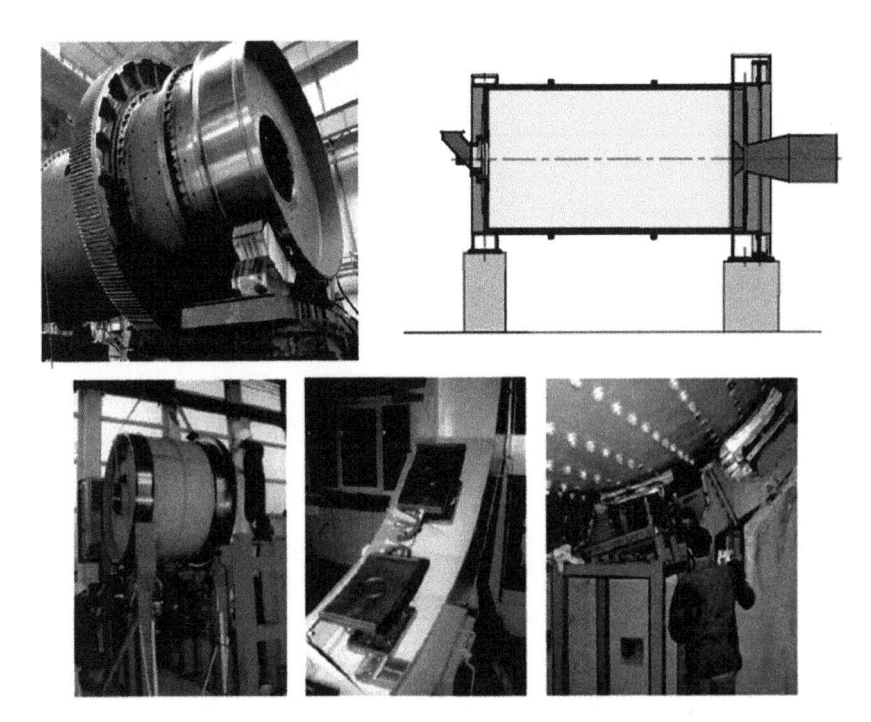

Fig. 3.2 Moinho apoiado em munhões

de desgaste dos dentes, este é compensado com eletrodo e depois reusinado. A coroa é fixada à carcaça ou a um flange preso à tampa.

Para coroas de grande diâmetro, calandra-se uma tira de chapa grossa, com comprimento e espessura adequados. A coroa é geralmente fundida em duas peças, e elas são soldadas ao anel de chapa, que confere mais resistência à coroa (Garcia, 2000).

Como regra de bom projeto, recomenda-se instalar sempre o acionamento do lado oposto ao da alimentação (do lado da descarga), de modo que algum eventual entupimento que implique derramamento da polpa da alimentação não venha a atingir a coroa, que é uma peça de usinagem muito cara.

A lubrificação dos mancais é feita de duas maneiras:
- hidrostática: inicialmente uma bomba de alta pressão injeta óleo entre o pescoço e o mancal. Somente quando as duas peças se desencostam é que o sistema elétrico permite a partida do moinho;
- hidrodinâmica: em sequência, o mancal é lubrificado por grandes vazões de óleo de baixa pressão.

A lubrificação da coroa e pinhão é feita com óleo grosso, tipo pixe (óleo Crater ou similar), por pulverização. Usam-se também grafite coloidal e graxas de sulfeto de molibdênio (Garcia, 2000).

Existem diferentes maneiras de transmitir o movimento ao moinho, conforme a potência. Acompanhe pela Fig. 3.3:
- *correias em V*: utilizadas até 400 HP, têm a vantagem de que as correias podem funcionar como um elemento de proteção do sistema, rompendo-se em caso de travamento do moinho. Os fabricantes recomendam usar um fator de serviço de 1,6 para a seleção das correias;
- *redutor ligado diretamente ao moinho*: utilizado apenas para os moinhos de grande potência. O redutor é instalado entre o motor e a coroa, e precisa de dois acoplamentos flexíveis. É a instalação mais compacta;
- *motor conectado diretamente ao moinho*: utilizam-se, para os modelos maiores, motores de baixa velocidade, acoplados diretamente

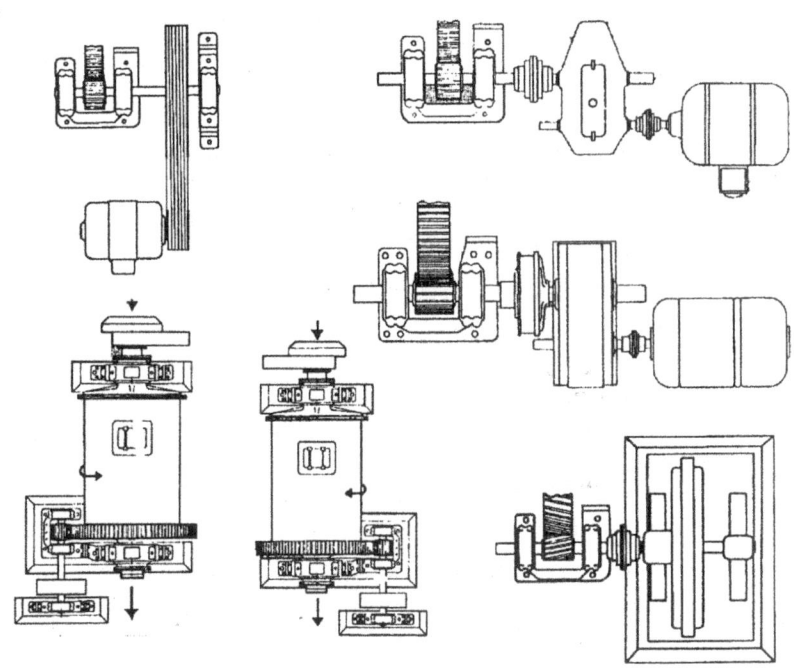

Fig. 3.3 Acionamento do moinho
Fonte: adaptada de Denver (s.d.).

mediante acoplamentos flexíveis. Os problemas de partida do motor, porém, são sérios, e modernamente se generaliza o uso de embreagem;

♦ *redutor + acoplamento hidráulico*: é a solução tecnicamente mais conveniente, por duas razões – permite a partida do motor a plena carga e constitui-se num elemento de proteção do sistema (na sua carcaça, há uma tampinha de metal de baixo ponto de fusão, que se derrete e deixa vazar o óleo interno, em caso de travamento do moinho).

Os moinhos de barras e de bolas trabalham com consumo constante de energia, sendo, portanto, muito bem adaptados para motores síncronos (não têm torque de partida). Rowland e Kjos (1969) recomendam 50% de sobrecapacidade sobre a potência nominal. Na partida, as correntes podem ser muito altas, sobrecarregando o circuito elétrico.

Motores síncronos de 150 a 250 rpm são ligados ao eixo por meio de um *air clutch* ou acoplamento flexível. Motores assíncronos de 600 a 1.000 rpm utilizam um redutor intercalado. Nessa faixa, caso não seja necessário corrigir o fator de potência, motores de indução podem ser utilizados, bem como motores de gaiola, com *air clutch* (Faço,1982).

Para potências superiores a 3.500 HP, Rowland e Kjos (1969) recomendam a instalação de dois motores, com dois pinhões acionando a coroa. Para grandes potências é que se recomenda a utilização de embreagem a ar comprimido, para permitir a partida do motor em vazio.

No caso de moinhos grandes, que trabalham com materiais coesivos, está se firmando a tendência de instalar um motor auxiliar para fazer o galeio da carga antes da partida. Os moinhos desse tipo aplicam cargas dinâmicas muito elevadas (além das cargas estáticas que, sozinhas, são muito grandes). Por essa razão, exigem sempre bases muito pesadas, via de regra construídas em concreto, com chumbadores para a fixação do equipamento.

A alimentação dos moinhos é feita mediante três soluções básicas (Fig. 3.4), sendo usual combiná-las conforme a conveniência da operação:

- *alimentador de tambor* (*drum feeder*): funciona tanto a úmido como a seco, em circuito aberto ou fechado. Trata-se de um tambor curto com placas internas em espiral que empurram o minério para dentro do moinho. O minério é alimentado ao tambor por gravidade;
- *alimentador de tubo* (*spout feeder*): é um tubo que descarrega diretamente, por gravidade, dentro do moinho. Só funciona a úmido. É a instalação típica para manusear *underflows* de ciclones e pode ser associado a alimentadores de tambor ou de bico de papagaio;
- *alimentador de bico de papagaio* (*scoop feeder*): é um dispositivo especialmente projetado para circuitos fechados com classificador espiral. Embora a Fig. 3.4 mostre um *scoop* de um bico, raramente este é empregado, pois aplica esforços cíclicos ao pescoço, que já é, por si mesmo, uma peça muito solicitada mecanicamente. A regra é usar dois ou três *scoops*, de modo a distribuir essas cargas. Pode

Fig. 3.4 Tipos de alimentadores de moinhos
Fonte: Denver (s.d.).

ser combinado com alimentador de tambor. São fabricados em aço-liga fundido ou em chapa preta, com revestimento resistente à abrasão.

Alimentadores de bico de papagaio duplo requerem 20 a 40 HP adicionais.

Moinhos maiores costumam dispor de uma ou mais janelas de visita para permitir o acesso ao seu interior, necessário para atividades de manutenção e substituição dos revestimentos e para o exame e a complementação da carga moedora.

Como já mencionado, os moinhos são revestidos internamente de placas de desgaste, metálicas ou de borracha. Quando se utilizam placas metálicas, é necessário interpor entre elas e a carcaça um lençol de borracha, de modo a permitir a perfeita aderência e a evitar o atrito entre peças metálicas, bem como a entrada de partículas sólidas entre o revestimento e a carcaça, e os consequentes danos à carcaça.

Os revestimentos metálicos são de aços-liga ou ferros fundidos resistentes à abrasão. Não se utilizam aqui os aços manganês Hadfield, tão utilizados nos britadores, mas aços cromo-molibdênio, bem como ferros fundidos especiais e Ni-hard. As peças são moduladas e fabricadas sob encomenda para cada moinho (embora os diâmetros sejam padronizados, os comprimentos variam caso a caso). Kjos (1980) apresenta a Tab. 3.1, com as informações sobre os materiais metálicos mais importantes.

O aço Hadfield encrua-se sob impacto, o que ocorre de maneira apenas moderada nos moinhos de carga cadente. Essa transformação

Tab. 3.1 MATERIAIS METÁLICOS MAIS IMPORTANTES PARA MOINHOS

Material	BHN	Desgaste relativo
Ferro fundido ao Cr-Mo 15-3	600-740	100-105
Ferro fundido de alto Cr (23% a 28%)	550-650	110-115
Ni-hard	520-650	120-130
Aço martensítico ao Cr-Mo, médio C	450-555	135-145
Aço austenítico 6% Mn, 1% Mo	190-230	150-175
Aço perlítico Cr-Mo, alto C	250-420	155-200
Aço austenítico 12% Mn (Hadfield)	180-220	200-300

metalográfica leva a uma expansão das peças, de modo que a sua utilização acaba sendo problemática.

Os revestimentos de borracha vêm merecendo atenção crescente. Além da resistência ao desgaste superior à do material metálico, são mais leves, de manutenção mais fácil e absorvem parte significativa do ruído. Em polpas corrosivas, levam vantagem sobre os revestimentos metálicos. Não têm utilização mais generalizada por seu preço mais alto. Existem peças de diferentes desenhos, que podem ser vistas na Fig. 3.1, as quais, combinadas, dão o perfil desejado à cavidade interna do moinho. As peças são cortadas no comprimento do moinho e presas através dos *lifters*, num projeto de desenho muito mais avançado que o das placas metálicas (Fig. 3.5).

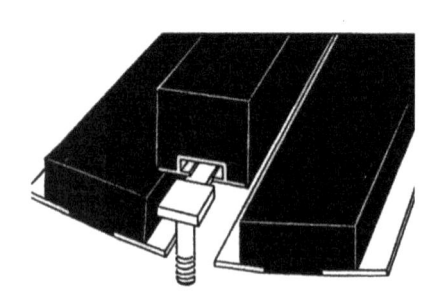

Fig. 3.5 Fixação dos revestimentos de borracha

Para usos especiais, em que não se permita contaminação com o ferro das bolas e dos revestimentos, são utilizados revestimentos cerâmicos e bolas de alumina de alta densidade (ou seixos do próprio material que se está moendo – como é o caso do moinho de seixos, que será visto nos exercícios resolvidos). Trata-se de aplicações especiais e restritas a moinhos de pequeno diâmetro. Como será visto mais adiante, o revestimento desgasta-se a uma velocidade muito menor que a dos corpos moedores. Não se pode afirmar que os revestimentos de borracha tendam a tomar o lugar dos revestimentos cerâmicos, porque não podem ser utilizados em moagem a seco (por causa da temperatura elevada dentro do moinho) ou quando a polpa tem óleos ou solventes que ataquem a borracha.

As barras e bolas dentro de um moinho têm uma distribuição de diâmetros característica, que depende do tamanho do moinho, das condições operacionais e do material que está sendo moído. Isso já era conhecido desde 1927 (Taggart, 1956), e as tabelas que refletem essa distribuição de tamanhos serão examinadas em detalhe nos exercícios de dimensionamento. Demonstra-se que qualquer que seja a distribuição de tamanhos inicial dos corpos moedores, ela evoluirá para essa distribuição, denominada distribuição sazonada ("sazonada" tem o mesmo significado de "madura"). Essa distribuição é a que dá a máxima densidade aparente para a carga de corpos moedores.

Raramente os moinhos têm revestimento liso, por razões que serão esclarecidas adiante. A Fig. 3.18 mostrará perfis comuns dos revestimentos metálicos. Os perfis mais comuns dos revestimentos de borracha serão mostrados na Fig. 3.17.

Os revestimentos metálicos são fixados à carcaça por meio de parafusos. Eles têm buracos que fixam a cabeça do parafuso, o qual atravessa a manta de borracha e a carcaça, e é fixado com uma arruela de vedação, porca e contra-porca do lado de fora. A Fig. 3.6A mostra como essa fixação é feita para revestimentos metálicos. A circunferência onde o revestimento do tambor encontra o revestimento da tampa é uma região sujeita a condições de desgaste especiais, razão pela qual merece toda a atenção. A Fig. 3.6B mostra um detalhe dessa região.

Kelly e Spottiswood (1982) mostram os custos e os consumos relativos de revestimentos de aço e de borracha. Por tratar-se de uma obra publicada em 1982 e que possivelmente reflita a realidade norte-americana, seria conveniente verificar as condições atuais no contexto brasileiro.

Por exemplo, sabe-se que na realidade brasileira os revestimentos de borracha dependem muito da qualidade e da composição da borracha utilizada, além de serem suscetíveis ao rasgamento durante a operação. Na prática industrial com a moagem secundária da Samarco, a curva de custo do revestimento metálico fica abaixo da curva de custo da borracha, não se superpondo para os tamanhos de bola superiores, como mostrado na referida obra. Não são recomendáveis revestimentos de borracha que trabalhem com bolas maiores que 50 mm. Além disso, o desgaste da borracha não depende apenas da dureza do minério, mas também da granulometria (J. D. Donda, comunicação pessoal, 15 jul. 1998).

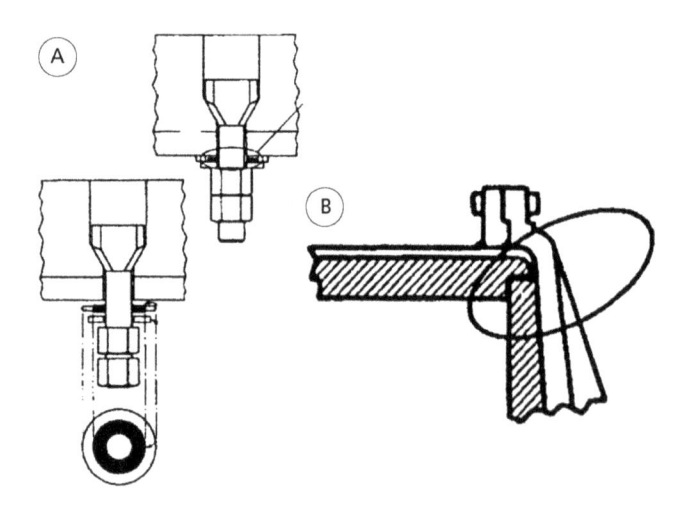

Fig. 3.6 (A) Fixação dos revestimentos à carcaça; (B) detalhe

Os parafusos que prendem as placas de desgaste à carcaça trabalham sob condições muito severas de solicitação mecânica (fadiga, esforços cisalhantes, abrasão e em ambiente quimicamente agressivo). Por isso, geralmente são feitos de aço de alto carbono, forjados, usinados e temperados. Os parafusos que fixam o revestimento por meio de barras elevadoras, como no caso dos revestimentos de borracha, estão sujeitos a esforços cisalhantes mais elevados do que os parafusos que fixam placas.

Nunca é demais enfatizar a importância da qualidade das tampas do moinho. Essas peças são fabricadas por fundição, o que consiste em fabricar o aço ou ferro fundido nodular com a composição desejada, e vertê-lo, derretido, dentro de moldes ocos. O metal vai escorrendo para dentro desses moldes, ocupando os vazios e tomando a sua forma. Esses moldes são feitos de areia socada e aglomerada dentro de caixas especiais, e adquirem rigidez mediante o uso de uma série de materiais auxiliares, que incluem resinas e argilas. A forma é dada pelo modelo, geralmente de madeira, contra o qual a areia é socada. Existem vários tipos de areia, tais como areia de enchimento, areia de faceamento, areia para machos etc. Para cada peça a ser fundida é necessário dispor-se de um modelo. Os fabricantes oferecem moinhos com diâmetros que variam de 1/2 em 1/2 ft.

O projeto de fundição torna-se complexo porque tem de considerar a contração do metal durante a solidificação e o resfriamento. Para compensar a contração durante a solidificação (que poderá deixar vazios dentro da peça, os "rechupes"), são construídos reservatórios para o metal (massalotes), que é mantido fundido mediante o uso de pós exotérmicos, para encher os rechupes da peça. No caso de peças muito extensas, como tampas de grande diâmetro, o metal pode resfriar-se e solidificar películas superficiais enquanto corre para dentro do molde. Forma-se, então, um defeito de fundição chamado de "pano amassado", que compromete definitivamente a qualidade da peça fundida.

Finalmente, deve-se considerar que o aço tem uma temperatura de fusão muito alta, superior à do ferro fundido, o que exige fornos de maior potência. Dessa forma, existem poucas fundições capazes de fornecer tampas de moinho de qualidade superior.

Foram feitas tentativas de fabricar tampas de chapa grossa cortada e soldada; porém, as tensões residuais impostas pela solda acabam por comprometer a qualidade mecânica da tampa assim fabricada.

Os mancais são outras peças de grande importância. A Fig. 3.7 mostra detalhes construtivos desses mancais. Eles são revestidos internamente de metal patente (*babitt*) ou de bronze, e são lubrificados por lubrificação forçada (injeção de óleo mediante bombeamento) ou por banho de óleo. Muito frequentemente, a lubrificação é por injeção na partida, passando a banho de óleo quando se atinge a velocidade de operação. Dessa forma, são necessárias duas bombas.

Finalmente, a Fig. 3.8 mostra a instalação de moinhos de carga cadente. O acionamento deve ser sempre feito do lado da descarga, pela mão direita ou pela mão esquerda, conforme a conveniência do *layout*. No caso de moinhos de barras, é necessário prover espaço suficiente em frente à boca de descarga, para poder carregar as barras para dentro do moinho. É de toda a conveniência dispor de uma mesa com rolos ou, pelo menos, cavaletes móveis com rolos, para empurrar as barras para dentro do moinho, e, é claro, de ponte rolante para trazer o feixe de barras. De qualquer forma, a ponte rolante é sempre necessária para a manutenção do equipamento.

Para moinhos muito grandes, é usual instalar dois motores. No caso de cargas coesivas, como minérios de ferro, é conveniente ter um motor auxiliar para fazer o galeio da carga na partida.

A área deve ser espaçosa, pois periodicamente é necessário entrar no moinho para examinar a carga e retirar as peças quebra-

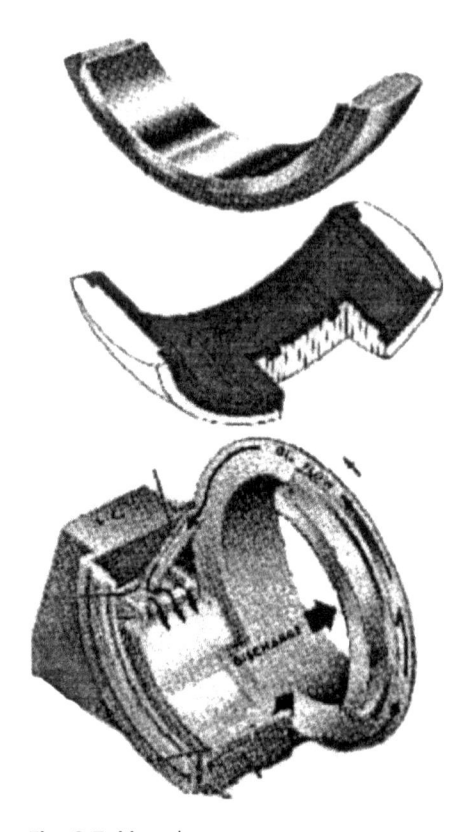

Fig. 3.7 Mancais
Fonte: Denver (s.d.).

das ou desgastadas e repor peças novas. Para essa operação também é muito conveniente dispor do motor auxiliar de galeio, capaz de dar um pequeno movimento ao moinho, fazendo a carga rolar e tornando possível examiná-la. Na posta em marcha de um moinho novo é necessário enchê--lo de minério, de modo a evitar que ele gire em vazio, o que provoca barulho e pode causar a quebra dos revestimentos, fazendo bater metal contra metal.

3.2 Dinâmica interna dos moinhos de carga cadente

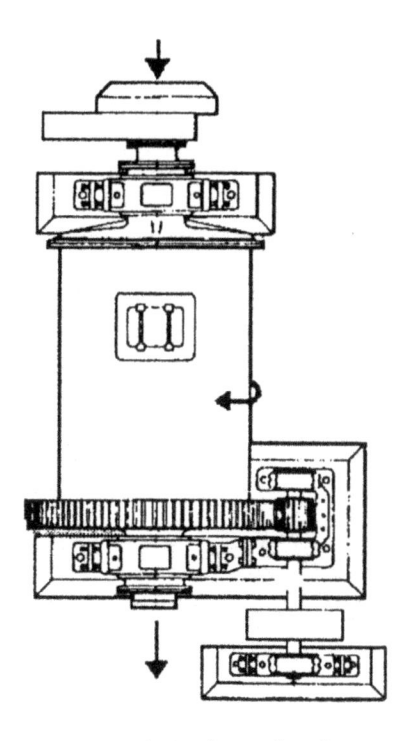

Fig. 3.8 Instalação de moinhos de carga cadente

Características do moinho são as suas *dimensões* (diâmetro e comprimento) e a sua *potência* instalada, função principalmente das dimensões, mas também afetada pelas variáveis operacionais.

As variáveis operacionais são a *quantidade de corpos moedores* carregada ao moinho, geralmente expressa como porcentagem do volume interno; a *velocidade de rotação*, que é função do tipo de moinho e é afetada pela porcentagem volumétrica da carga; e a *porcentagem de sólidos* da polpa alimentada.

A carga pode ser feita de barras, bolas, *cylpebs* ou seixos. Barras e bolas são mais usadas. *Cylpebs*, em princípio, são peças metálicas cilíndricas ou tronco-cônicas usadas em lugar das bolas. Podem ser laminadas (peças cilíndricas) ou forjadas, de modo que têm qualidade mecânica superior à de peças fundidas. Existem também *cylpebs* fundidos. A Samarco utilizou bolas na remoagem até 1982, ocasião em que iniciou a utilização de *cylpebs* (de preço inferior, apesar do consumo mais elevado e da área específica 15% superior à de uma bola de mesmo peso). Em 1993, as bolas voltaram a ser usadas, pela necessidade de aumentar a capacidade da remoagem. Observara-se uma queda na qualidade metalúrgica dos *cylpebs*, especialmente em termos de regularidade das características de diferentes lotes.

Seixos são usados quando o material a ser moído não pode ser contaminado com o ferro proveniente da abrasão dos corpos moedores. Usam-se pedras arredondadas – como cascalho – do mineral que está sendo moído ou de algum outro mineral que não interfira com a sua composição química. Nas indústrias química, cerâmica, alimentar e farmacêutica são utilizadas bolas de cerâmica especial, de alta densidade.

Os *cylpebs* estão limitados a 47 mm. Abaixo disso, a utilização de bolas é obrigatória. Em 1995, o quilograma de bolas custava em torno de US$ 1,00, ao passo que o de *cylpebs* custava US$ 0,32.

No Brasil, a Magotteaux oferece um produto denominado *boulpeb* fundido, corpo moedor de alto custo. Ele pode ser comparado com bolas segundo a Tab. 3.2.

Tab. 3.2 COMPARAÇÃO ENTRE BOLAS E *boulpebs*

Boulpeb fundido		Bola	
Diâmetro x comprimento (mm)	Massa (g)	Diâmetro (mm)	Massa (g)
25 x 32	101	30	106
22 x 28	65	25	62,5

Os *cylpebs* são também fabricados por guseiros, e o preço é alto. Em consequência, *cylpebs* custam US$ 250,00/t e têm alto consumo. Bolas forjadas ou fundidas de boa qualidade custam US$ 65,00/t e bolas de alto cromo custam US$ 1.250,00/t, apresentando, em contrapartida, baixo consumo.

A seguir, analisa-se a ação de cada uma das variáveis mencionadas anteriormente.

A moagem é, de preferência, sempre feita a úmido. Em uma polpa, isso significa entre 50% e 60% de sólidos – eventualmente, até mais –, como será visto adiante. A quantidade de água adicionada junto com a alimentação do minério a moer afeta não só a velocidade com que as partículas passam por dentro do moinho, mas também a viscosidade e a densidade da polpa e, em consequência, a ação mecânica das barras e bolas. Essa porcentagem de sólidos é, portanto, uma variável a ser cuidadosamente otimizada na usina.

Dentro de um moinho de carga cadente, conforme aumenta a sua velocidade de rotação, acontecem os seguintes fenômenos:

a] a baixa velocidade, as bolas/barras são arrastadas pela carcaça até uma certa altura, de onde rolam sobre ela e umas sobre as outras, como mostra a Fig. 3.9. Esse rolamento se dá em camadas, e seu perfil é mostrado na Fig. 3.10. Taggart (1956) chama esse movimento de *cascateamento*, mas preferimos o termo *rolamento*. Individualmente, as bolas também têm o seu próprio movimento de rotação, como mostrado na Fig. 3.11, na qual se vê que cada corpo moedor rola contra o outro e contra o revestimento, isto é, entre duas bolas ou duas barras, e entre uma bola ou barra e o revestimento, ocorre atrito intenso que abrade as partículas ali presentes e causa toda a geração de área específica. Lembre-se de que o que diferencia a moagem da britagem é o uso de forças de abrasão na moagem. A Fig. 3.11 explica como a abrasão ocorre nos moinhos de carga cadente;

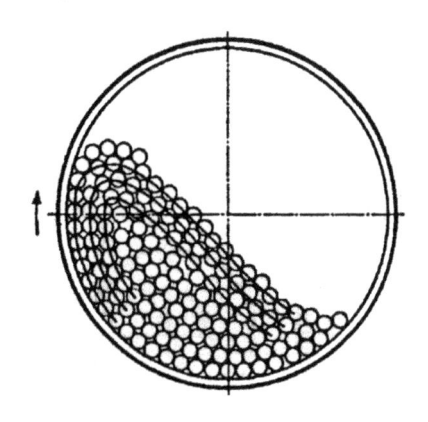

Fig. 3.9 Rolamento das bolas
Fonte: Trelleborg (s.n.t.).

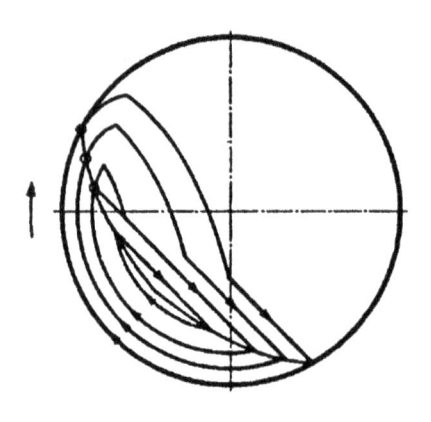

Fig. 3.10 Perfil do rolamento em camadas
Fonte: Trelleborg (s.n.t.).

b) conforme aumenta a velocidade de rotação do moinho, as bolas passam a ser lançadas para cima e a percorrer uma trajetória parabólica, acabando por cair sobre as outras bolas, como mostra a Fig. 3.12. Taggart (1956) chama esse movimento de *cataratamento*, mas preferimos o termo *cascateamento*. O cascateamento é importante quando existem partículas grosseiras para serem moídas em moinhos de bolas. A sua área de superfície é menor que a das partículas mais finas. Na situação mostrada na Fig. 3.11, o efeito de abrasão entre as bolas é diminuído e as partículas grosseiras afastam as bolas umas das outras. É preciso, portanto, quebrá-las, o que é feito pelo cascateamento da bola lançada sobre o leito de bolas;

c) aumentando mais ainda a rotação, as bolas ultrapassam o leito de bolas e começam a cair sobre o revestimento do lado oposto, como mostra a Fig. 3.13;

d) aumentando ainda mais essa rotação, chega-se a uma situação em que a carga é centrifugada contra a carcaça do moinho e fica estacionária em relação a esta. Essa rotação é chamada de *velocidade crítica*, e a rotação do moinho é sempre referida como a porcentagem desse valor a que o moinho está operando. Ela é dada por:

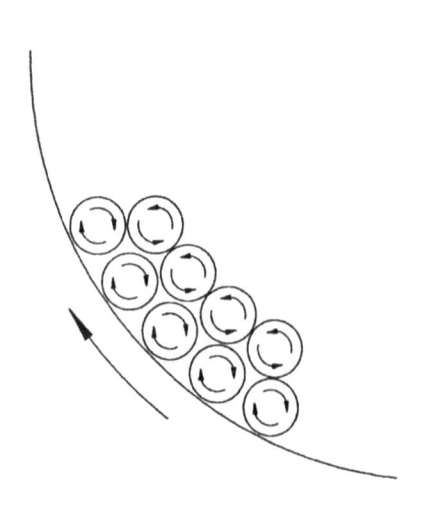

Fig. 3.11 Movimento individual dos corpos moedores
Fonte: adaptada de Taggart (1956).

$$VC = \frac{1}{2\pi}\sqrt{\frac{2g}{D}} \quad \text{(3.1)}$$

ou seja, é proporcional ao inverso da raiz quadrada do diâmetro do moinho.

A situação descrita no item (b) e na Fig. 3.12 é a situação ideal para o funcionamento do moinho de bolas. Moinhos de barras trabalham com rotações ligeiramente inferiores, de modo que haja um pequeno cascateamento, mas a cominuição se dê principalmente pelo rolamento das barras umas sobre as outras. É a situação mostrada na Fig. 3.9.

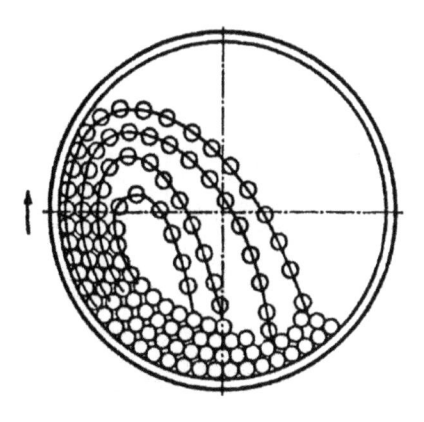

Fig. 3.12 Cascateamento
Fonte: Trelleborg (s.n.t.).

Por sua vez, a situação mostrada em (c) e na Fig. 3.13 é altamente indesejável, pois não se traduz em moagem efetiva do minério, significando apenas aumento do desgaste dos corpos moedores e do revestimento, aumento do nível de ruído e aumento do consumo de energia. Há também o risco de fraturas do revestimento.

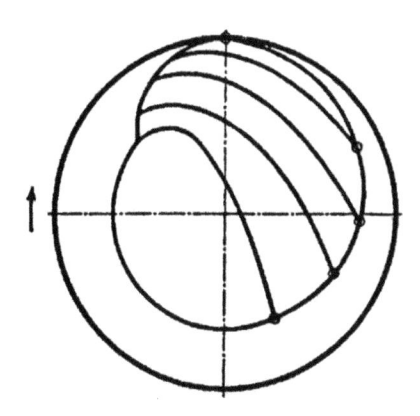

Fig. 3.13 Queda das bolas do lado oposto
Fonte: Trelleborg (s.n.t.).

A Fig. 3.14 mostra as regiões dentro da seção transversal do moinho onde ocorrem as diferentes ações mecânicas que contribuem para a redução de tamanho.

A quantidade de carga dentro do moinho afeta o estabelecimento dos regimes descritos. A Fig. 3.15 mostra o compromisso entre carga e velocidade de rotação (sempre expressa como porcentagem da velocidade crítica) e a ocupação do volume interno do moinho.

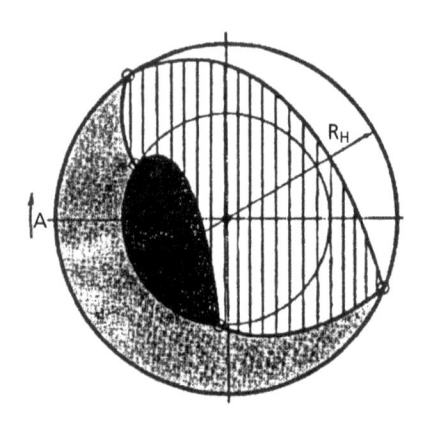

Fig. 3.14 Regiões no moinho
Fonte: Kelly e Spottiswood (1982).

Rowland e Kjos (1969) recomendam as rotações indicadas na Tab. 3.3.

O perfil do revestimento interno também afeta sensivelmente a trajetória dos corpos moedores. As saliências no revestimento, chamadas de *lifters* em inglês, servem para levantar as barras e bolas, dando-lhes um impulso ascendente. As Figs. 3.9 a 3.13 valem para moinhos de paredes lisas. Para moinhos com paredes revestidas, as trajetórias parabólicas alteram-se, como mostra a Fig. 3.16. Os diferentes perfis mencionados nessa figura são os perfis de revestimentos de borracha fornecidos pela Trelleborg e mostrados na Fig. 3.17.

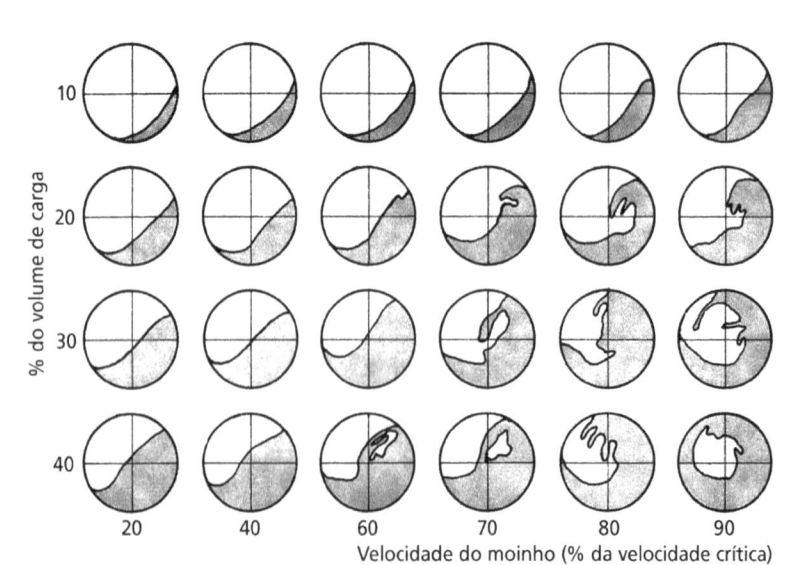

Fig. 3.15 Efeitos da carga e da velocidade
Fonte: Trelleborg (s.n.t.).

Tab. 3.3 ROTAÇÕES EM MOINHOS DE BARRAS E DE BOLAS

Diâmetro interno (ft)	3 a 6	6 a 9	9 a 12	12 a 15	15 a 18
% VC - barras	76 a 73	73 a 70	70 a 67	67 a 64	–
% VC - bolas	80 a 78	78 a 75	75 a 72	72 a 69	69 a 66

Fonte: Rowland e Kjos (1969).

O *revestimento liso faz com que predomine o rolamento, sendo, portanto, adequado para moagem fina e quando não há partículas grosseiras na alimentação.*

A Fig. 3.18, reproduzida de Taggart (1956), mostra outros perfis de revestimentos metálicos. Esse autor, já em 1927, chamava a atenção para o fato de que existe um compromisso entre o tamanho das ondas do revestimento e

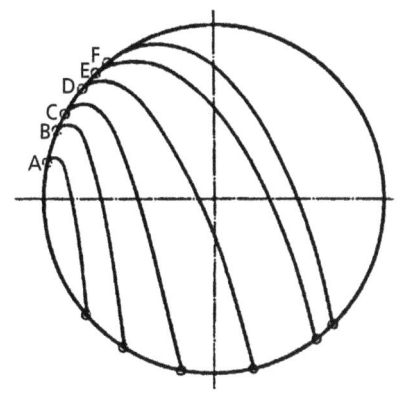

Fig. 3.16 Trajetórias parabólicas em moinhos com paredes revestidas

o tamanho dos corpos moedores (se o espaço entre as ondas não puder abrigar as bolas, não funciona), compromisso esse que desempenha um

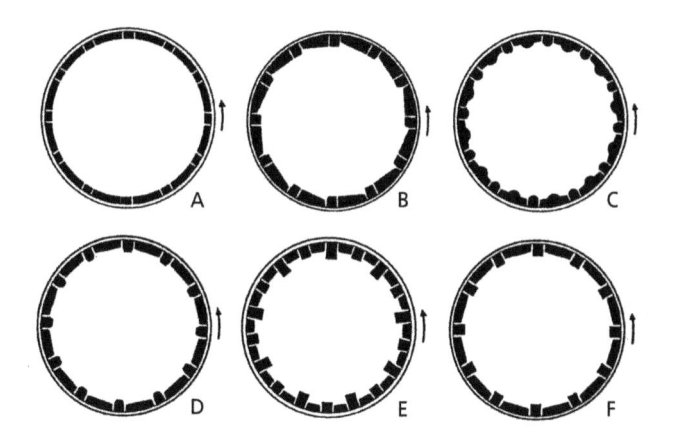

Fig. 3.17 Perfis de revestimentos de borracha

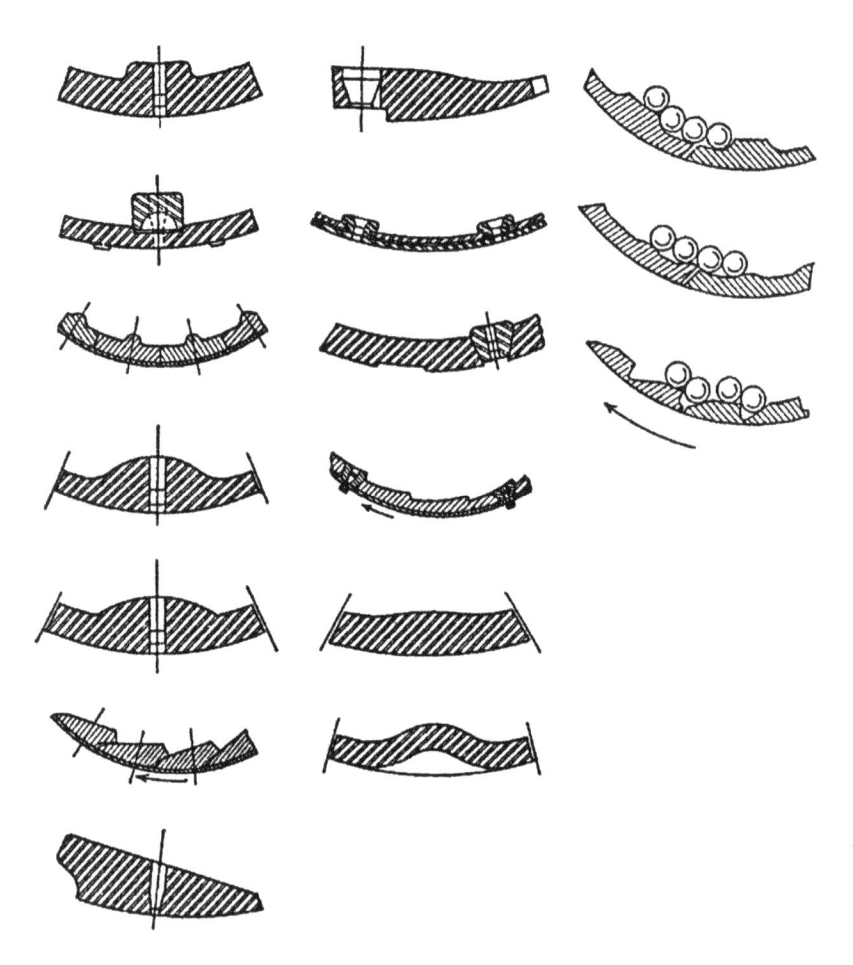

Fig. 3.18 Perfis de revestimentos metálicos
Fonte: Taggart (1956).

importante papel sobre o efeito do meio em relação ao produto da moagem e sobre o desgaste do revestimento e dos corpos moedores. Rowland e Kjos (1969) discutem esse assunto em detalhe. Recomendamos a leitura desse texto para aqueles envolvidos com a operação.

Deve-se considerar, ainda, o efeito da carga de bolas sobre o consumo energético, conforme demonstra a Fig. 3.19. A Fig. 3.20 relaciona a velocidade do moinho com o consumo de energia.

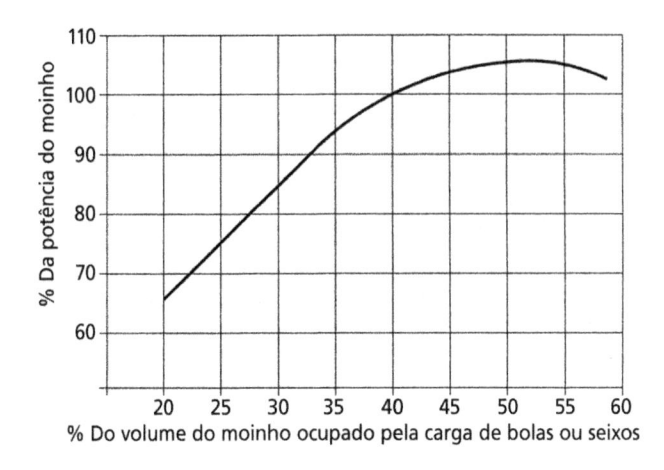

Fig. 3.19 Consumo energético x carga moedora
Fonte: Rowland e Kjos (1969).

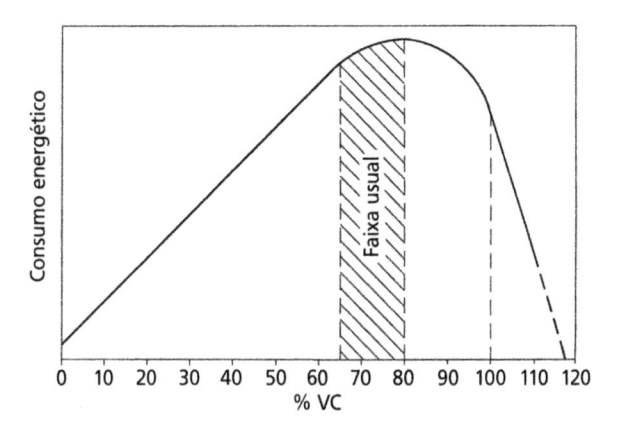

Fig. 3.20 Consumo energético x velocidade
Fonte: Kelly e Spottiswood (1982).

3.3 Moagem a úmido e a seco

Em Tratamento de Minérios, o processamento a úmido é a regra geral, pela razão básica de que a água é um excelente meio de transporte e dissipação de calor. Adicionalmente, ela, por si só, resolve o problema de abatimento das poeiras.

O processamento a seco só é praticado quando existe alguma razão impeditiva para o processamento a úmido. Uma dessas razões é a escassez de água, como é o caso de instalações em regiões áridas ou semiáridas. Outra razão é quando o material a ser moído reage com a água, como é o caso da cal virgem, de clínquer de cimento portland ou de materiais solúveis, como o sal, por exemplo.

A moagem a seco também é utilizada quando o produto da moagem terá de ser secado para o processamento subsequente ou a comercialização, caso acontece com o carvão pulverizado para queima em maçaricos.

Na moagem a seco, ocorre um desgaste menor dos revestimentos e dos corpos moedores, porque a polpa contém eletrólitos que causam a corrosão das partes metálicas expostas. Como, no caso, a corrosão está associada à abrasão (isto é, a corrosão ataca as partes metálicas, que são removidas por abrasão, expondo superfícies metálicas frescas, prontas para serem corroídas), o processo tem sua intensidade multiplicada. Obviamente, a corrosão contamina o material com o ferro removido dos corpos moedores e revestimentos, e isso induz mais uma razão para se optar pela moagem a seco, que é o desejo de minimizar a contaminação do material em moagem com ferro. Na operação rotineira, se a polpa tiver de trabalhar em meio alcalino (por exemplo, por exigência da flotação ou da dispersão de lamas), é de toda a conveniência regular o pH da polpa antes da entrada do moinho, de modo a também minorar a corrosão.

A moagem a seco exige a instalação de equipamentos e dispositivos auxiliares para o abatimento das poeiras geradas no processo e para o transporte do material (no processo a úmido, a água cuida disso). Esses dispositivos, denominados periféricos, consomem potência cerca de 25% maior que a própria cominuição e custam cerca de 85% do investimento no moinho.

A moagem a seco provoca sérios problemas de aquecimento do equipamento (moinho). A dissipação desse calor é um problema adicional a ser resolvido. Nesse caso, especial atenção tem de ser dada à lubrificação, sobretudo aos mancais.

Em oposição, a moagem a úmido:
- consome menos energia (cerca de 75% da moagem a seco);
- transporta a polpa e abate as poeiras, eliminando os equipamentos periféricos;
- dissipa o calor gerado na moagem;
- como o moinho a úmido é um excelente misturador, seu produto torna-se mais homogêneo.

Vale lembrar, mais uma vez, que a moagem é feita apenas a seco, ou seja, com a umidade superficial do minério (não que ele precise ser secado para isso), ou em polpa, a úmido (não é com a sua umidade natural). Em outras palavras, moe-se minério até uns 5 a 7% de umidade e acima de 50% de água. É impossível trabalhar com o minério na faixa intermediária.

3.4 Moinhos de barras

3.4.1 Características

Esses equipamentos trabalham com alimentação na faixa de 3/4" a 3/8" (80% passante) e com produtos entre 4# e 28#. Como já foi mencionado, giram a rotações mais baixas que os moinhos de bolas. As barras devem rolar e ser levemente arremetidas contra a carga – mais rolar que arremeter, o que implica velocidades de rotação mais baixas. Conforme aumenta o diâmetro do moinho, sua rotação precisa diminuir ou a velocidade periférica aumentará muito. Lopes (s.d.) recomenda as velocidades em função do diâmetro indicadas na Tab. 3.4.

Tab. 3.4 VELOCIDADES EM FUNÇÃO DO DIÂMETRO EM MOINHOS DE BARRAS

Diâmetro interno (ft)	3 a 4	5	6 a 8	9 a 10,5	≥ 11
% VC	75 a 80	72 a 72,5	69	64 a 68	61 a 65

O limite prático para o comprimento das barras é 20 ft. Além desse valor, a deformação e a quebra são muito intensas e prejudicam a operação (Rowland; Kjos, 1969). Para poder operar moinhos mais compridos, as barras teriam de ter diâmetros maiores ou a sua resistência mecânica ficaria comprometida. Beraldo (1987) afirma que o tamanho máximo existente à epoca era de 4,5 x 6 m.

O comprimento deve ser sempre maior que 1,25 vez o diâmetro, caso contrário as barras poderiam ficar atravessadas dentro do moinho ou emaranhar-se. Rowland e Kjos (1969) indicam 1,4 a 1,6 como os valores mais usuais e recomendam as seguintes relações comprimento/diâmetro:

◆ para moinhos de descarga periférica e central: 1,3 a 1,5;
◆ para moinhos de descarga por *overflow*: 1,4 a 1,7.

Existem três configurações para os moinhos de barras, mostradas na Fig. 3.21:

◆ *descarga por overflow*: a boca de descarga tem diâmetro maior que a boca de alimentação, de modo que a pequena diferença de nível entre a entrada e a saída é suficiente para que a polpa flua através do moinho. Obviamente, essa configuração só permite a operação a úmido. Funciona melhor com produtos mais finos, que não

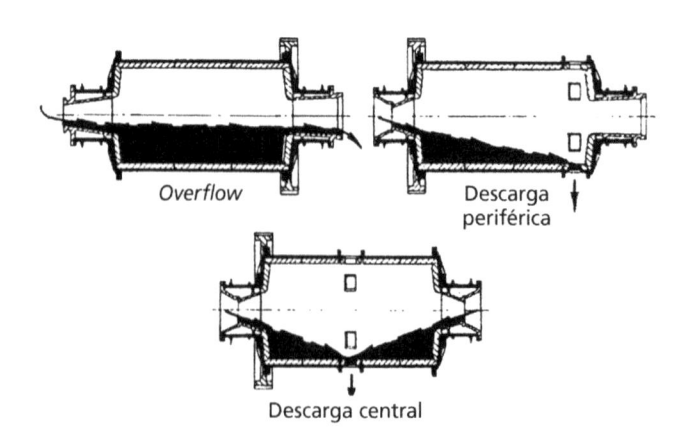

Fig. 3.21 Configurações de moinhos de barras

apresentem problemas de transporte. As relações de redução (RR) obtidas são de 15 a 20:1;
♦ *descarga periférica*: a descarga é feita por um rasgo na extremidade do tambor oposta à entrada. Com isso, o volume ocupado pela polpa dentro do moinho é reduzido à metade e o tempo de residência do minério dentro do moinho diminui proporcionalmente. Obtém-se RR = 12 a 15:1;
♦ *descarga central*: semelhante ao caso anterior, apenas que o rasgo é no meio do tambor. A alimentação é feita pelos dois pescoços do moinho. O volume útil e o tempo de residência são ainda mais reduzidos. Essa configuração é restrita à operação a seco. Obtém-se RR = 4 a 8:1.

A alimentação é feita, usualmente, por *spout feeder* (Rowland; Kjos, 1969), sendo recomendada uma carga mínima de 1,5 m acima do diâmetro do moinho. As barras são 4" a 6" mais curtas que o comprimento interno do moinho. Como se trata de material submetido a esforços mecânicos intensos, sujeito a abrasão e a tensões de flexão e de compressão cíclicas, a qualidade mecânica da barra é crítica. Deve-se otimizar, em especial, a resistência à fadiga. Para isso, utiliza-se aço de alto carbono, SAE 1090 a 1095, barras laminadas e usinadas, ou, então, trefiladas. Não se admitem trincas superficiais, daí a usinagem das barras laminadas. As pontas das barras são desquinadas para evitar que os cantos vivos risquem as outras barras e, assim, induzam zonas de baixa resistência à fadiga.

Nunca é demais enfatizar o peso das barras, individualmente e em conjunto. Para tanto, a Tab. 3.5 relaciona os pesos (kg/m) de barras de diversos diâmetros.

Uma barra de 4" de diâmetro e 4 m de comprimento pesa 254 kg!

Conforme será detalhado adiante, as barras carregadas dentro de um moinho assumem uma distribuição de diâmetros bem característica. Dessa forma, elas vão sendo consumidas dentro do moinho, e quando chegam a um diâmetro em que possam se quebrar e emaranhar a carga, devem ser retiradas. Só se repõem barras de diâmetro superior a 2".

A densidade aparente da carga de barras dentro do moinho é de 390 lb/ft³ ou 6.247 kg/m³. Cargas usadas perdem até 13% desse valor, em razão da presença de barras partidas ou tortas.

Tab. 3.5 Pesos de barras de diversos diâmetros

Diâmetro		Peso
pol.	mm	kg/m
2	50,8	15,9
2 ¼	57,2	20,1
2 ½	63,5	24,8
2 ¾	69,9	30,1
3	76,2	35,8
3 ¼	82,6	42,0
3 ½	88,9	48,7
4	101,6	63,6
4 ½	114,3	80,5
5	127,0	99,4
5 ½	139,7	120,2
6	152,4	143,1
6 ½	165,1	167,9
7	177,8	194,7

Segundo Rowland e Kjos (1969), as cargas usuais são de 35% a 40%, podendo chegar até 45% do volume interno, e os revestimentos mais comuns são os de aço-liga ou de ferro fundido ligado, não sendo recomendados os de aço Hadfield.

3.4.2 Funcionamento

Dentro do moinho, as partículas minerais caminham no centro da área morta da seção ocupada pelas barras. A barra, sendo muito pesada em relação às partículas, tende a afundar, deixando pouco espaço disponível para o fluxo do minério.

As partículas grossas, junto à entrada, separam as barras, abrindo o feixe. Como o tamanho das partículas é menor junto à descarga, aí o feixe de barras é mais fechado. O volume de barras e o espaço entre elas têm, portanto, um formato afunilado, como mostra a Fig. 3.22. Com isso, as partículas minerais movem-se livremente no espaço interbarras enquanto este é maior que o seu tamanho. Quando o espaço se torna igual, elas são retidas e fraturadas, e os fragmentos voltam a se mover até serem retidos e cominuídos, de maneira cíclica e sucessiva.

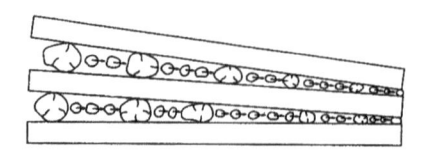

Fig. 3.22 Volumes de barras e partículas no moinho de barras

Dessa forma, os mecanismos de quebra variam conforme o tamanho da partícula:
- se uma partícula grossa está cercada de partículas finas, ela perderá tamanho principalmente por abrasão;
- se várias partículas grossas estiverem próximas umas das outras, elas serão cominuídas pela compressão aplicada pelas barras;
- se muitas partículas finas estiverem juntas, sem a presença de partículas grossas, o mecanismo principal será de impacto.

Esse mecanismo de cominuição acarreta três consequências de importância fundamental:

1ª Os tamanhos máximos do produto são bem definidos e homogêneos: estatisticamente não há partículas maiores, porque elas teriam ficado presas pelas barras antes de chegar à saída e, consequentemente, teriam sido cominuídas. Em outras palavras: o moinho de barras é um excelente bitolador. Não há necessidade de trabalhar em circuito fechado. O MOINHO DE BARRAS TRABALHA SEMPRE EM CIRCUITO ABERTO (o famoso circuito da Usina 320 da Serrana S.A. de Mineração é uma exceção a essa regra).

2ª Existem limitações para a relação de redução obtida nesse equipamento: isso é coerente com a explicação dada sobre o mecanismo de cominuição. Assim, não adianta forçar e pretender obter do moinho de barras um produto mais fino do que ele pode fazer.

3ª O escalpe é desnecessário como maneira de reduzir a geração de finos no produto: além de o próprio moinho de barras gerar pequena quantidade de finos, na maior parte do tempo as partículas finas viajam no espaço interbarras sem sofrer cominuição nenhuma. Aliás, Lopes (s.d.) afirma que os finos são necessários para aumentar a densidade e a viscosidade da polpa, levantar as barras e empurrar as partículas mais grossas para a frente. Sem finos, estas ficam presas na entrada e entopem o moinho.

Na configuração de moinho de descarga central, o feixe de barras fica aberto nas duas extremidades, alterando, portanto, o mecanismo descrito. O tempo de residência dentro do moinho também diminui e, em consequência, a relação de redução (RR) diminui muito. Na realidade, é raro encontrar moinhos operando nessa configuração. Sabe-se de um que a utilizava para arredondar partículas de uma areia para fundição. Beraldo (1987) registra o uso dessa configuração para a moagem de *sinter feed*. Na mina de Pitinga (AM), existem moinhos de barras de descarga central operando a úmido. A operação parece ser bem pouco efetiva, em função da pequena relação de redução alcançada, do consumo de energia e do rápido desgaste das pontas das barras (comum nesse tipo de moinho, no qual se recomenda trabalhar apenas com moagem a seco, acelerada com moagem a úmido).

Rowland e Kjos (1969) indicam as densidades aparentes de cargas de barras mostradas na Tab. 3.6. Os mesmos autores apresentam a seguinte equação para a potência consumida por um moinho de barras:

$$P = 1{,}752 D^{1/3} (6{,}3 - 5{,}4 \times \text{fr. enchimento}) \times \text{fr} \cdot VC \qquad (3.2)$$

onde:

P = potência consumida (kW) por tonelada de barras;

D = diâmetro interno do moinho (m);

as % de VC e de enchimento são dadas em fração decimal.

Para moinhos de comprimentos diferentes, a potência consumida é proporcional ao comprimento das barras. Em moinhos com revestimentos gastos, o consumo energético aumenta em 6%.

Tab. 3.6 DENSIDADES APARENTES DE CARGAS DE BARRAS

Diâmetro do moinho (ft)	Diâmetro do moinho (m)	kg/m³	lb/ft³
3-6	0,91-1,83	5.947	365
6-9	1,83-2,74	5.766	360
9-12	2,74-3,66	5.606	350
12-15	3,66-4,57	5.446	340
BARRAS NOVAS	–	6.247	390

Fonte: Rowland e Kjos (1969).

A moagem de barras a seco geralmente resulta em problemas muito difíceis e deve ser evitada, exceto quando absolutamente necessária. Nessa circunstância, Rowland e Kjos (1969) recomendam a consulta aos fabricantes.

3.5 Moinhos de bolas

Esses moinhos trabalham com a alimentação na faixa de 14# a 28# e geram um produto tão fino quanto se queira. Beraldo (1987) afirma que o maior moinho de bolas à época tinha 18 ft (5,4 m de diâmetro). A relação comprimento/diâmetro interno varia entre 1 e 5 (1 a 2, segundo Rowland e Kjos, 1969), aumentando conforme aumente a finura desejada para o produto. Para essa relação, Rowland e Kjos (1969) recomendam os valores mostrados na Tab. 3.7.

As condições usuais de operação são 65% a 80% VC e 35% a 50% do volume útil cheio de bolas – mais frequentemente na faixa 40%-45% (descarga por *overflow*) até o máximo de 50%, ou até mesmo mais (descarga por diafragma) (Rowland; Kjos, 1969). A seco trabalha-se na faixa 35%-40%. As bolas são forjadas (densidade aparente = 290 lb/ft^3 = 4.646 kg/m^3) ou fundidas (densidade aparente = 260 lb/ft^3 = 4.165 kg/m^3) (Rowland; Kjos, 1969). O tamanho mínimo das bolas utilizadas industrialmente é de 1".

Embora a carga mais usual seja de esferas, outros formatos também são utilizados. Em princípio, quanto mais dura a bola, maior a sua

Tab. 3.7 Relação comprimento/diâmetro interno para moinhos de balas

F (d_{80} da alimentação)	5.000 a 1.000 mm	5.000 a 1.000 mm	Fina/remoagem
L/D	1 a 1,25	1,25 a 1,75	1,5 a 2,5
Diâmetro da maior bola	2,5" a 3,5"	2,5" a 2"	3/4" a 1 ¼"

Fonte: Rowland e Kjos (1969).

durabilidade. Porém, a dureza está sempre associada à fragilidade, e essa característica pode comprometer esse critério. As durezas normais são 350 a 450 BHN para bolas moles e acima de 700 BHN para bolas duras. Muito frequentemente, efeitos de fundição, tais como rechupes e inclusões de areia ou escória, prejudicam e comprometem a qualidade das bolas fundidas.

Maia (1994) apresenta os defeitos mais frequentes encontrados nas bolas fabricadas no Brasil, inclusive com fotografias, salientando que:

- rechupes ocasionam desgaste acentuado. Os vazios interiores causam perda do controle do desgaste da carga, provocam quebras e pioram a eficiência da moagem;
- erros de composição ou segregação durante a solidificação da bola causam problemas de corrosão localizada, o que é especialmente grave na moagem a úmido.

O autor salienta ainda que avaliar a qualidade de um corpo moedor apenas pela sua composição química (teor de cromo) é errado. O tratamento térmico eleva a resistência ao desgaste, mas pode fragilizar o material, tornando-o mais suscetível a trincas, quebras e lascamentos. Esse tipo de quebra geralmente ocorre nas primeiras horas de operação de cargas novas, pelo que ele recomenda a realização de ensaios com amostras marcadas.

A recomendação mais importante feita por Maia (1994) é para o engenheiro tratamentista acompanhar a fabricação do lote de corpos moedores, verificar os resultados de análise química e a conformidade com as especificações, e retirar amostras dos corpos moedores para ensaios mecânicos e avaliação metalográfica. O autor assinala, ainda, que a verificação dimensional dos corpos moedores também fornece indicações importantes sobre o controle do processo de fundição.

Duda (1976) apresenta alguns dados de dureza e consumo de bolas de diferentes materiais (forjadas, exceto onde mencionado o contrário), mostrados na Tab. 3.8.

Tab. 3.8 Dureza e consumo de bolas de diferentes materiais

Material	BHN	Desgaste a seco (g/24h · cm²)	Desgaste a úmido (g/24h · cm²)
SAE 1095	739	0,000314	n.d.
SAE 1060 modificado	705	n.d.	0,00243
SAE 1045	587-613	0,000365	n.d.
SAE 5210	–	n.d.	n.d.
SAE 5165	442-487	0,000181	n.d.
AISI 440C (inox)	668-722	n.d.	0,00181
Cr-Ni, fundido	n.d.	n.d.	–
Baixo Cr, fundido	546-613	0,000011	0,00220

Fonte: Duda (1976).

É muito frequente o uso do *shatter test* para avaliar a qualidade das bolas. Elas são deixadas cair de uma altura de 5 m sobre uma placa de aço, e verifica-se se resistem.

As configurações usualmente empregadas são descarga por *overflow*, idêntica à do moinho de barras, e descarga por diafragma, mostradas na Fig. 3.23. A descarga por diafragma corresponde à descarga periférica dos moinhos de barras. Não se utilizam moinhos de bolas de descarga periférica porque o diafragma é muito melhor. Por outro lado, não se pode pensar em usar moinhos de barras com diafragma, pois essa peça não resiste aos impactos das barras. O diafragma é recomendado para alimentações grosseiras ou quando se deseja minimizar a geração de finos. Gasta cerca de 15 a 20% a mais de potência que o moinho de

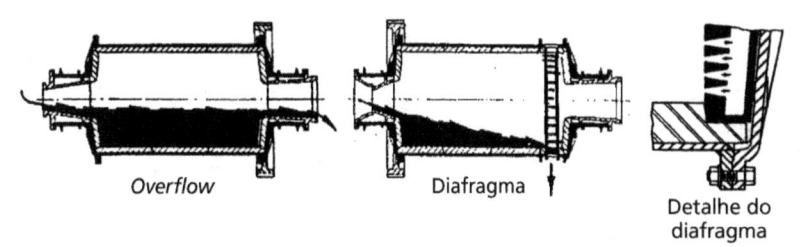

Fig. 3.23 Configurações de moinhos de bolas

descarga por *overflow* e consome mais corpos moedores. Pode também entupir, apesar de o seu projeto ter os furos do crivo abertos na direção do fluxo.

O diafragma é um disco crivado, conforme mostra a Fig. 3.24. Esse crivo pode cobrir toda a superfície da peça, situação em que o seu efeito seria idêntico ao da descarga periférica, ou apenas uma parte dela, situação em que é possível graduar o tempo de residência dentro do moinho de acordo com as conveniências da operação. Taggart (1956) mostra detalhes de fabricação do diafragma, a construção dos orifícios abertos para fora, de modo a minimizar os entupimentos, e as aletas de elevação do material que atravessou o diafragma.

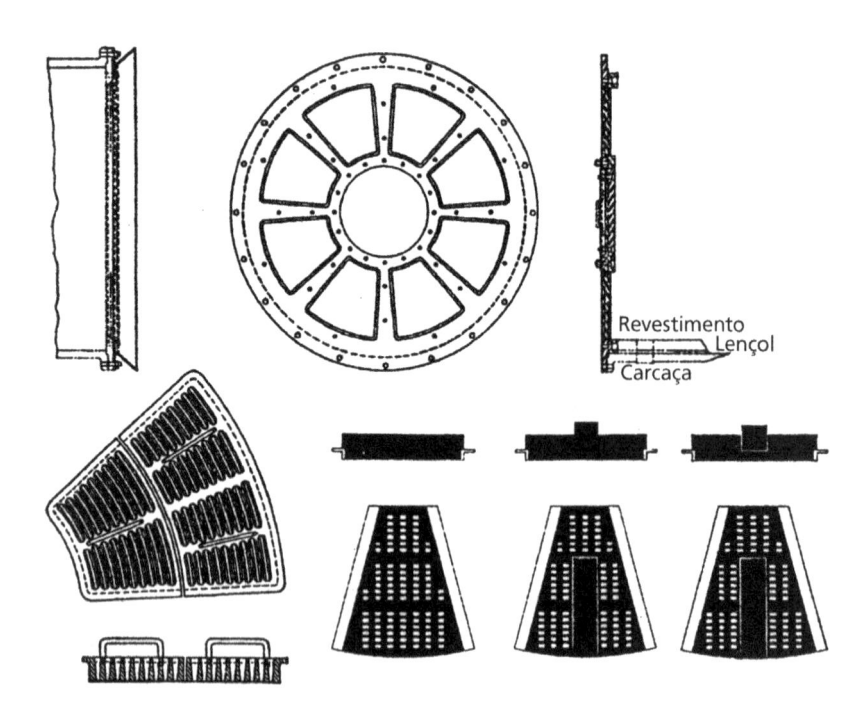

Fig. 3.24 Diafragma e placas de diafragma

Nos moinhos de descarga por *overflow*, as bolas tendem a descarregar junto com o produto. Para evitar a saída das bolas, utilizam-se vários dispositivos, como os diafragmas, cabeças divisoras ou espirais reversas instaladas num trômel na descarga do moinho.

Como descrito anteriormente, as bolas devem rolar e cascatear, e existe uma distribuição de tamanhos de bolas que produz o melhor efeito. Na realidade, o resultado ótimo seria obtido se as bolas de maior diâmetro cascateassem sobre as partículas grossas da alimentação, isto é, na entrada do moinho, e as bolas mais finas rolassem sobre as partículas mais finas, isto é, da metade do moinho para a frente. Infelizmente, porém, existe uma tendência à migração das bolas maiores em direção à descarga, onde elas são inúteis (talvez arrastadas pelo movimento da polpa). Ao migrarem para lá, elas empurram as bolas menores na direção oposta, onde estas são inúteis. Para reverter essa tendência, os revestimentos aletados são construídos com as aletas inclinadas em relação à geratriz do cilindro, de modo a jogar as bolas para trás, como mostra a Fig. 3.25.

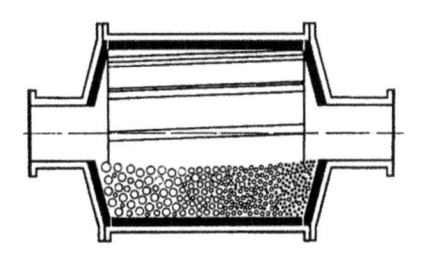

Fig. 3.25 Segregação das bolas
Fonte: Trelleborg (s.n.t.).

Rowland e Kjos (1969) mostram os tamanhos máximos de bolas e as relações L/D recomendados para diferentes tamanhos de alimentação (Tab. 3.9).

Tab. 3.9

F (d_{80}) (mm)	Bola maior (mm)	Bola maior (")	Relação L/D
5 a 10	60 a 90	2,5 a 3,5	1:1 a 1,25:1
0,9 a 4	40 a 50	2,5 a 2	1,25:1 a 1,75:1
Moagem fina - remoagem	20 a 30	3 $1/4$ a 1 $1/4$"	1,5:1 a 2,5:1

Fonte: Rowland e Kjos (1969).

3.6 Aproximações teóricas da moagem

3.6.1 Aproximação energética

Em 1865, nos Estados Unidos, Kick estabeleceu a teoria de que a energia dispendida é proporcional à variação dos tamanhos de partículas (relação de redução), o que pode ser expresso por:

$$E = k_2 \cdot \log[F/P] \qquad (3.3)$$

Em 1867, na Alemanha, Rittinger estabeleceu outra teoria, afirmando que a área da nova superfície gerada na cominuição é diretamente proporcional ao trabalho útil fornecido, conforme a equação:

$$E = k_1 \cdot \left[\frac{1}{P} - \frac{1}{F}\right] \qquad (3.4)$$

As duas teorias imediatamente encontraram adeptos apaixonados e irredutíveis, que se degladiaram durante quase um século, sem trazer nenhum benefício real ou contribuição metodológica objetiva. Tratava-se quase de uma questão de fé, em que aspectos mais imediatos, como a inadequação de ambos os modelos à realidade industrial, eram simplesmente colocados de lado.

Em 1952, nos Estados Unidos, Fred C. Bond, partindo de critérios totalmente empíricos (ele amostrava e controlava a operação de moinhos industriais comprovadamente eficientes, tirava amostras representativas da produção durante o período de controle e as processava numa usina-piloto que montou nos laboratórios da Allis Chalmers, em Milwaukee, e, ainda, ensaiava as amostras em um moinho de laboratório), estabeleceu um método de dimensionamento de moinhos de carga cadente que logo se mostrou extremamente adequado à realidade industrial.

Embora totalmente experimental e descompromissado com qualquer fundamento teórico, Bond tentou, pretensiosamente, transformar o seu método numa "terceira teoria". Nesse esforço, postulava que *a energia gasta é proporcional ao comprimento da crista de trinca gerada no esforço mecânico aplicado*. Nunca ficou claro como essa premissa se relaciona com os seus resultados experimentais, que foram traduzidos pela equação:

$$E = k_3 \cdot \left[\frac{1}{\sqrt{P}} - \frac{1}{\sqrt{F}} \right]$$ (3.5)

$k_3/10$ é o chamado *work index*, grandeza representada por WI e que traduz o trabalho, em kWh, necessário para reduzir 1 st do material desde F_{80} = infinito até P_{80} = 100 μm.

A energia gasta na moagem de F até P é, portanto, a diferença entre as energias necessárias para ir do infinito até F e do infinito até P. Bond atribuía também enorme importância ao que havia acontecido com o material até chegar a F, ou seja, ao que ele chamava de "história prévia" do material.

O método de Bond teve sucesso estrondoso e passou a ser imediatamente aplicado.

Em 1957, Charles demonstrou que as três teorias podem ser representadas por uma única equação:

$$dE = -k \frac{dx}{x^n}$$ (3.6)

onde n e k são constantes referentes ao material e dE é a diferencial de energia necessária para gerar uma diferencial de tamanho dx.

Se n = 2, então $E = k \left[\frac{1}{x_2} - \frac{1}{x_1} \right]$, que é a expressão da lei de Rittinger.

Se n = 1, então $E = k \cdot \log \left(\frac{x_1}{x_2} \right)$, que é a lei de Kick.

Se n = 1,5, então $E = k \left[\frac{1}{\sqrt{x_2}} - \frac{1}{\sqrt{x_1}} \right]$, que é a equação de Bond.

A grande contribuição para o conhecimento tecnológico trazido por Charles não foi a elegância matemática da sua demonstração, mas a constatação de que *k* não é uma constante, mas sim variável com a faixa de trabalho de cominuição. Traçando-se a curva da sua função $E = f(x)$, passa-se sucessivamente da fórmula de Kick, adequada para reduções de partículas de grande tamanho (como ocorre na britagem), para a fórmula de Bond, adequada para as reduções de tamanho praticadas na moagem industrial, para, finalmente, chegar-se à fórmula de Rittinger, adequada para a moagem ultrafina (Fig. 3.26).

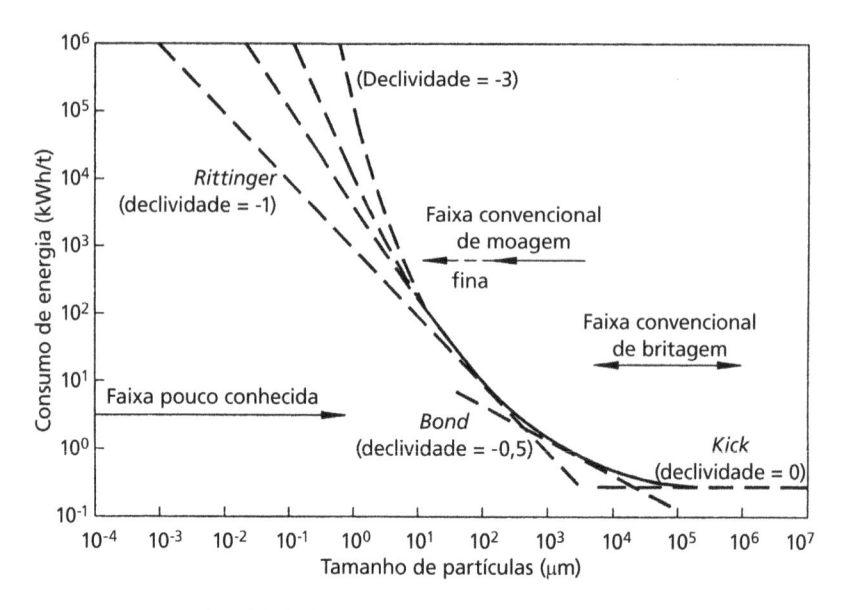

Fig. 3.26 Regiões de validade das três leis

O sucesso de Bond e o fracasso dos outros dois teóricos se explicam: enquanto o primeiro arregaçou as mangas e foi à luta atrás da realidade industrial, os outros dois (e seus partidários) aninharam-se em seus nichos e ficaram elucubrando teorias sem qualquer compromisso prático. Resultado: Bond acertou em cheio nas necessidades da prática industrial.

O método de Bond é, portanto, um método empírico e essencialmente prático. À medida que as condições industriais foram evoluindo e se afastando das condições vigentes na década de 1950, o método começou a falhar. Bond, inicialmente, e, em seguida, o seu sucessor na Allis Chalmers, Chet Rowland, introduziram uma série de fatores de correção para adequar o modelo à nova realidade. Esses fatores, sua aplicação e o próprio método de dimensionamento serão vistos adiante.

3.6.2 Determinação do WI para moinho de bolas

A determinação do *work index* de Bond para moinho de bolas é um ensaio padronizado, inclusive pela norma brasileira MB-3253, em

que se objetiva reduzir a amostra de alimentação até 80% passante na malha-teste, simulando um circuito fechado com 250% de carga circulante. O procedimento experimental é o seguinte:
1) A amostra de 10 kg deve ser representativa do minério.
2) Ela deve ser britada em britador de mandíbulas e peneirada em 3,36 mm (6# Tyler).
3) O +3,36 mm é rebritado em britador de rolos até 100% -3,36 mm e incorporado ao *undersize* do peneiramento.
4) Os dois produtos são misturados e homogeneizados em pilha alongada, da qual serão tomadas as alíquotas para a realização do ensaio.
5) Toma-se uma alíquota para a análise granulométrica da alimentação (série completa). A malha-teste é a peneira para cuja abertura está sendo determinado o valor do WI, para determinar P.
6) O moinho padrão é um moinho cilíndrico de 30,5 × 30,5 cm (1 × 1 ft). Ele é liso internamente e tem cantos arredondados. Gira a 70 ±3 rpm (91,4% VC). Dispõe de conta-giros e dispositivo de parada automática. Ele é carregado com a carga padrão mostrada na Tab. 3.10.

Tab. 3.10 CARGA PADRÃO PARA CARREGAMENTO DO MOINHO DE BOLAS PADRÃO

Diâmetro		Número de bolas	Peso	
(mm)	(in)		(g)	%
36,5	1 7/16	43	9.094	45,2
29,4	1 5/32	67	7.444	37,0
25,4	1	10	694	3,5
19,0	3/4	71	2.078	10,3
15,9	5/8	94	815	4,0
Total	–	285	20.125	–

7) O primeiro ciclo de moagem é iniciado com o volume de 700 mL que foi utilizado para a determinação da densidade aparente do

minério dentro do moinho, e dura cem revoluções. Descarrega-se o moinho e o produto de moagem é peneirado na malha-teste.

8) Calcula-se o produto ideal do período por uma fórmula fornecida pelas normas e pelo número de rotações que o moinho deverá girar para gerá-lo. A massa passante é reposta e o segundo ciclo tem início. Roda-se o moinho pelo número de revoluções calculado, tentando-se atingir a carga circulante de 250%.

9) Vários ciclos são necessários para que essa carga circulante de 250% seja alcançada e estabilizada. A cada ciclo, calculam-se o produto ideal do período e o novo número de revoluções. Alguns laboratórios exigem a execução de um número mínimo de sete ciclos.

10) Uma vez estabilizada a carga circulante, o ensaio está terminado. Faz-se a análise granulométrica do produto para determinar P.

11) GRP é o valor da massa moída por revolução. Calcula-se a média aritmética dos três últimos ciclos.

12) O WI é calculado por meio de:

$$WI = \frac{44,5}{\text{malha-teste}^{0,23} \cdot \text{GRP}^{0,625} \cdot \frac{10}{\sqrt{P}} \cdot \frac{10}{\sqrt{F}}} \qquad (3.7)$$

3.6.3 Determinação do WI para moinho de barras

A determinação do *work index* de Bond para moinho de barras é outro ensaio padronizado segundo os seguintes procedimentos:

1) A amostra de 10 kg deve ser representativa do minério.
2) Ela deve ser britada em britador de mandíbulas e peneirada em 12,5 mm (1/2").
3) O +12,5 mm é rebritado em britador de rolos até 100% passante e incorporado ao *undersize* do peneiramento.
4) Os dois produtos são misturados e homogeneizados em pilha alongada, da qual serão tomadas as alíquotas para a realização do ensaio.

5) Toma-se uma alíquota para a análise granulométrica da alimentação (série completa). O conceito de malha-teste é o mesmo do ensaio anterior, para determinar P.

6) O moinho padrão é um moinho cilíndrico de 30,48 × 60,96 cm (1 × 2 ft). Gira a 46 rpm (60% VC). Ele é ondulado internamente, tem cantos arredondados e um sistema que permite incliná-lo para evitar a segregação do minério. Dispõe de conta-giros e dispositivo de parada automática. Ele é carregado com a carga padrão (barras de 53,34 cm de comprimento) mostrada na Tab. 3.11.

Tab. 3.11 CARGA PADRÃO PARA CARREGAMENTO DO MOINHO DE BARRAS PADRÃO

Diâmetro		Número de barras
(mm)	(in)	
44,4	1 3/4	6
31,9	1 1/8	2

7) O primeiro ciclo de moagem é iniciado com o volume de 700 mL que foi utilizado para a determinação da densidade aparente do minério dentro do moinho, e dura cem revoluções. Descarrega-se o moinho e o produto de moagem é peneirado na malha-teste.

8) Calcula-se o produto ideal do período por uma fórmula fornecida pelas normas e pelo número de rotações que o moinho deverá girar para gerá-lo. A massa passante é reposta e o segundo ciclo tem início. Roda pelo número de revoluções calculado, tentando-se atingir a carga circulante de 250%.

9) Vários ciclos são necessários para que essa carga circulante de 250% seja alcançada e estabilizada. A cada ciclo, calculam-se o produto ideal do período e o novo número de revoluções. Alguns laboratórios exigem a execução de um número mínimo de sete ciclos.

10) Uma vez estabilizada a carga circulante, o ensaio está terminado. Faz-se a análise granulométrica do produto para determinar P.

11) GRP é o valor da massa moída por revolução. Calcula-se a média aritmética dos três últimos ciclos.

12) O WI é calculado por meio de:

$$WI = \frac{62}{\text{malha-teste}^{0,23} \cdot \text{GRP}^{0,625} \cdot \frac{10}{\sqrt{P}} \cdot \frac{10}{\sqrt{F}}} \quad (3.8)$$

3.6.4 Work index operacional

Os moinhos industriais consomem menos energia que a calculada pelo WI. Dessa forma, existe um WI operacional, que é o valor medido na operação industrial. Ele é medido com wattímetros ou amperímetros na corrente de alimentação do motor do moinho, e resulta:

$$WI \text{ operacional} = \frac{\text{energia consumida}}{\frac{10}{\sqrt{P}} \cdot \frac{10}{\sqrt{F}}} \quad (3.9)$$

Esse WI não leva em conta os fatores de correção de Rowland. Se ele for corrigido pela aplicação criteriosa dos EF, teremos outro valor, que é o WI operacional corrigido.

Muitas vezes, o WI operacional é inferior ao WI determinado em laboratório. Isso significa que a instalação projetada a partir do ensaio de laboratório terá capacidade superior à nominal. Trata-se, portanto, de um conceito que precisa ser incorporado ao procedimento de dimensionamento de moinhos. O Prof. Homero Delboni Jr. considera-o, inclusive, quase como um novo EF. Ele exemplifica com o caso da Rio Paracatu Mineração, cujo WI operacional é 60% maior que o de laboratório. A partir dessa constatação, todos os dimensionamentos feitos naquela empresa levam em conta esse fato (H. Delboni Jr., comunicação pessoal, 16 dez. 2002).

O mesmo Prof. Delboni e seus orientandos (Rosa, 2012), num cuidadoso trabalho experimental, levantaram o WI operacional, mediram o WI do minério que estava sendo processado e o consumo de energia por tonelada de minério para o Concentrador I da Samarco, operando nas configurações de circuito fechado direto e reverso. Os resultados são apresentados na Tab. 3.12.

Tab. 3.12 COMPARAÇÃO ENTRE WIs (KWH/ST) NA USINA
CONCENTRADOR I DA SAMARCO

Config.	linha	1	2	3	4	5
direto	kWh/t	3,46	3,60 a 3,63	3,47 a 3,51	3,63 a 3,68	3,14 a 3,41
	WI op	4,06	3,72 a 4,37	3,91 a 4,02	3,91 a 3,96	3,92 a 4,14
	WI	9,28	8,33 a 10,00	8,30 a 8,70	10,28 a 10,54	8,49 a 8,53
reverso	kWh/t	1,77	1,59 a 1,68	1,43 a 1,63	1,63 a 1,78	1,48 a 1,52
	WI op	6,89	8,53 a 9,42	3,04 a 3,73	5,53 a 5,91	6,28 a 6,65
	WI	10,74	10,14 a 11,15	5,84 a 7,17	8,36 a 9,08	8,45 a 9,04

3.7 Balanço populacional

Na década de 1960, apareceu outra ordem de ideias, inicialmente sugerida por Austin e Klimpel, que passam a tratar a moagem como o resultado de dois processos independentes e simultâneos. Uma parte da carga sofre redução de tamanho para dar a distribuição de tamanhos e a outra passa diretamente ao produto. Essa ordem de ideias entusiasmou grande parte da comunidade científica, embora não tenha causado o mesmo furor na comunidade técnica. Destacam-se os trabalhos dos dois autores citados, na Penn State University (EUA); de Herbst, na Universidade de Utah (EUA); de Concha, na Universidad de Concepción (Chile); e, é claro, um grande número de trabalhos menores.

O tratamento teórico pode ser encontrado em muitas publicações, que se repetem e gostam de apresentar um enorme repertório matemático, que acaba fazendo perder de vista o fenômeno físico que está em estudo. Dentre elas, destaca-se, pela clareza de conceitos, Lynch (1977), cuja leitura recomendamos.

Os muitos modelos criados pela imaginação dos tratamentistas de computador podem ser reduzidos a dois: o matricial e o cinético. No modelo matricial, a cominuição é considerada uma sucessão de eventos de quebra, com a alimentação de cada evento sendo o produto do evento precedente, como é a realidade do processo. No modelo cinético, a cominuição é considerada um processo contínuo. Ambos os modelos baseiam-se nos conceitos de:

- **probabilidade de quebra**: chamada *função de seleção* ou função de velocidade de quebra;
- **distribuição de tamanhos característica após o evento de quebra**: chamada de *função de distribuição*, função de quebra ou de aparência; e
- **movimento diferencial** das partículas dentro do equipamento.

A **função de seleção** expressa o fato de que partículas de todos os tamanhos entram num processo de cominuição. Cada uma delas tem uma *probabilidade individual de ser cominuída*, e *essa probabilidade muda conforme muda o seu tamanho*. Resulta então que, durante o processo, uma certa proporção das partículas de cada fração granulométrica da alimentação é cominuída, enquanto o restante atravessa o equipamento sem sofrer nada. Seu valor é determinado experimentalmente pela velocidade de desaparecimento de uma fração granulométrica da alimentação. Parece intuitivo que, quanto maior o tamanho da partícula, maior a sua velocidade de quebra.

A **função de distribuição** mostra que *cada fração de tamanhos é submetida a algum processo de seleção antes de sofrer o próximo estágio de cominuição*. Já vimos o mecanismo de cominuição dentro de um moinho de barras: ele impõe uma distribuição de tamanhos característica. Britadores de mandíbulas são outro exemplo bem característico. Seu valor é determinado experimentalmente, verificando-se a distribuição granulométrica da fração que se quebrou no ensaio anterior.

A Fig. 3.27 tenta explicar a sequência e a relação entre essas duas funções.

Finalmente, o **movimento diferencial** depende do tempo de residência das partículas dentro do moinho. Sua determinação é mais difícil e é feita com partículas marcadas radioativamente. O resultado reflete a distribuição dos tamanhos da parcela das partículas que sofreu redução

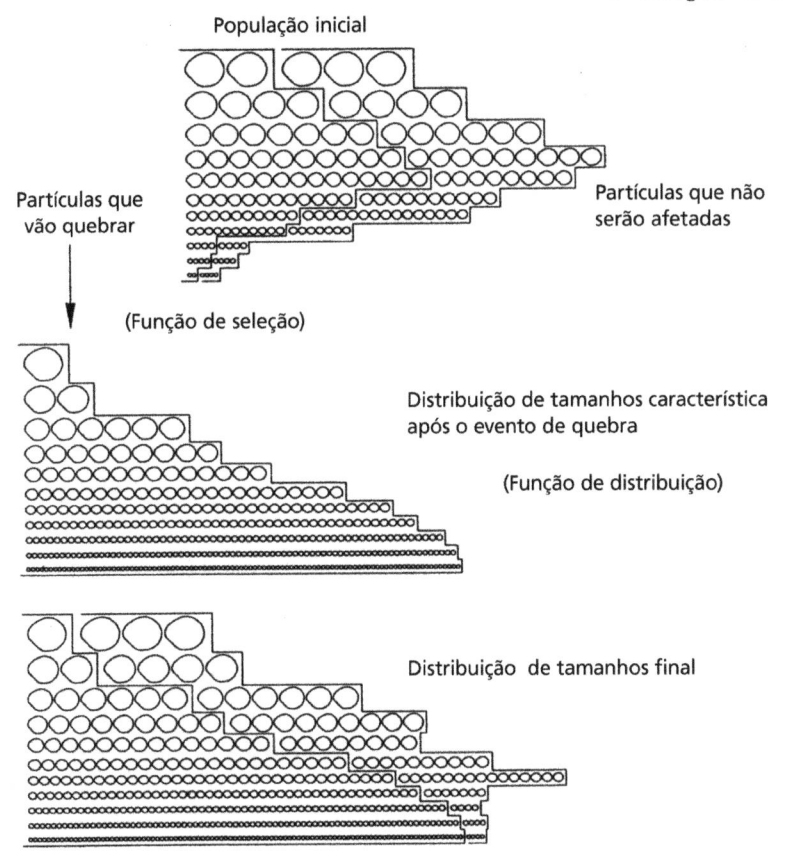

Fig. 3.27 Funções de seleção e de distribuição

de tamanho. A maior parte dos modelos matemáticos utiliza alguma função do tipo Rosin-Rammler para traduzir essa distribuição.

Embora se reconheça a lucidez dessas ideias, mostra-se inadequada a maneira como elas são colocadas, geralmente principiando por negar a validade e os méritos do método de Bond, o que não é legítimo nem verdadeiro. É preocupante, sobretudo, a maneira como os modelos matemáticos são aplicados, sem nenhum compromisso com a realidade industrial.

A real aplicabilidade desses modelos ao dimensionamento de instalações é passível de questionamento; entretanto, para a modelagem e para a compreensão de instalações onde as funções de seleção e de distribuição possam ser levantadas, essas ideias são realmente úteis. Corretamente utilizadas, elas podem levar – como de fato têm feito – à otimização das instalações industriais.

3.8 Desgaste em moinhos

A maior contribuição nesse tema foi dada pelo próprio Bond, que desenvolveu um ensaio laboratorial para medir o desgaste de um dado minério sobre um dado material de revestimento. O ensaio consiste em tamborear uma amostra sobre uma placa do metal em ensaio, fixada ao eixo do tambor. O tambor e o eixo giram em velocidades diferentes. O tambor tem, internamente, aletas que elevam o minério e o fazem cair e chocar-se com a aleta. O índice de abrasão (AI, de *abrasion index*) expressa o peso, em gramas, perdido pela placa (Faço, 1982).

A Tab. 3.13, que reproduz a página 8-23 do *Manual de britagem* da Faço, é autoexplicativa. Note que o desgaste dos corpos moedores é muito mais intenso que o desgaste dos revestimentos.

Tab. 3.13 FÓRMULAS PARA DETERMINAÇÃO DE DESGASTE EM FUNÇÃO DO ÍNDICE DE ABRASÃO (G/KWH)

Máquina	Peça de desgaste	Fórmula
Moinho de barras (a úmido)	barras	$q = 155 \, (AI - 0,02)^{0,2}$
	Revestimentos	$q = 15,5 \, (AI - 0,015)^{0,3}$
Moinho de bolas (a úmido)	bolas	$q = 15,5 \, (AI - 0,015)^{0,33}$
	Revestimentos	$q = 11,6 \, (AI - 0,015)^{0,3}$
moinho de bolas (a seco)	bolas	$q = 22,2 \, \sqrt{AI}$
	Revestimentos	$q = 2,22 \, \sqrt{AI}$

Notas: (a) As fórmulas aplicam-se para 0,02 < AI < 0,8; (b) foram consideradas como material das peças de desgaste as seguintes ligas: britadores/cones/hidrocones - aço Hadfield; bolas de moinhos - aço liga com dureza 400 HB; barras - aço SAE 1090; revestimento - ligas com dureza 300-350 HB.

3.8.1 Ensaio para determinação do AI

O índice de abrasão (AI) é determinado num equipamento especial, que é um tambor com taliscas internas, fechado hermeticamente por uma tampa. Dentro dele existe um eixo com uma chaveta, na qual é encaixada uma placa de aço SAE 4340 (dureza Brinnel da ordem de 500), conforme proposto inicialmente por Bond, mas que pode ser substituído pelo metal do revestimento que vai ser utilizado. O tambor gira num sentido e o eixo com a placa gira no mesmo sentido, mas com velocidade diferente (Fig. 3.28).

O tambor tem 300 mm de diâmetro por 11,5 mm de comprimento e catorze taliscas para elevar a carga e lançá-la contra a placa.

O ensaio consiste em carregar o tambor com 400 g de minério na granulometria de -3/4 + 1/2" e deixá-lo rodar por quatro períodos de 15 minutos a rotação predefinida. A placa é pesada antes e depois do ensaio. O índice de abrasão é a massa perdida pela placa, medida em g.

Fig. 3.28 Determinação do AI

3.8.2 Desgate de bolas

Uma vez que o consumo de corpos moedores é um dos principais itens de custo na moagem, é importante conhecer as maneiras como as bolas de um moinho se estragam. Isso pode ocorrer por:
- riscamento: partículas duras riscam a superfície das bolas, levantando metal paralelamente à direção do seu movimento;
- indentação ou mordida: grãos duros, prensados entre duas bolas, indentam a superfície de uma delas, empurrando o metal para os lados, gerando uma cratera, inicialmente sem remoção do material, como no riscamento descrito anteriormente;
- sulcamento: partículas duras e pesadas rasgam a superfície, arrancando metal;

- desgaste metal contra metal: o contato entre as superfícies de duas bolas, sem minério entre elas, faz surgirem áreas desgastadas com dimensões maiores que as dos demais eventos de desgaste provocados pela abrasão provocada pelo minério;

- *pitting corrosion*: caracteriza-se por furos profundos decorrentes da corrosão do metal, provocada pela formação de pares galvânicos dentro da bola (Fig. 3.29);

- lascamento (*spalling*): decorre de trincamento da bola a partir de defeitos de fundição (rechupes). A bola vai sendo lascada sucessivamente, em camadas, como uma cebola (Fig. 3.30);

Fig. 3.29 *Pitting corrosion*

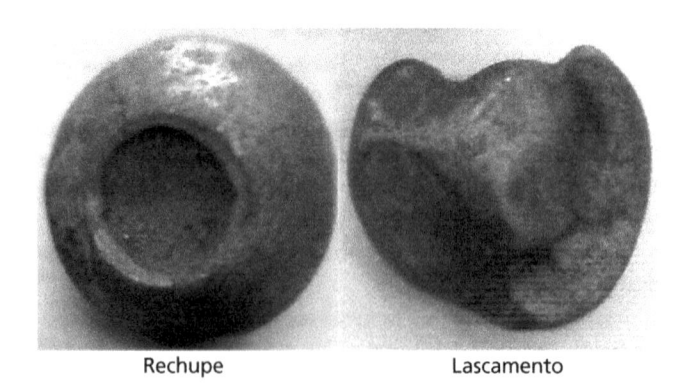

Rechupe   Lascamento

Fig. 3.30 Lascamento a partir do rechupe

- fratura hemisférica por mau ajustamento das caixas de fundição: o mau ajustamento das caixas de fundição gera o desencontro dos hemisférios, como mostrado na Fig. 3.31. A fratura ocorre no plano de contato e em planos perpendiculares a ele.

Desencontro
do molde

Lascamento

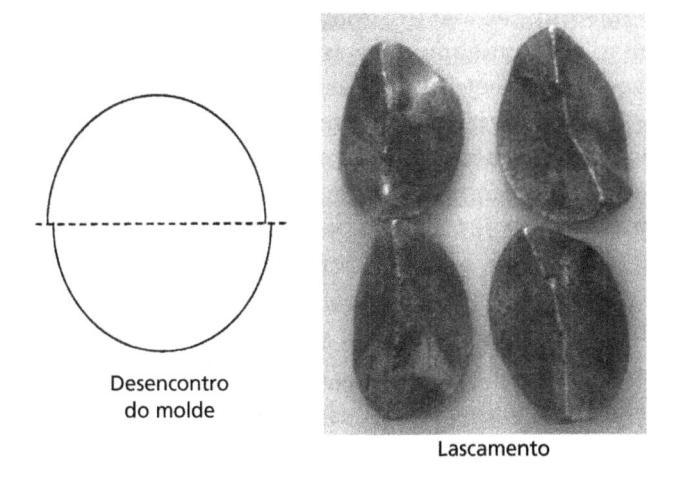

Fig. 3.31 Fratura a partir da superfície de contato entre os hemisférios

Do ponto de vista teórico, é importante saber que existem diferentes mecanismos de desgaste abrasivo. Para efeito de exposição do assunto, eles podem ser reduzidos a apenas três tipos:

♦ desgaste por sulcamento (*gouging abrasion*): característico de partículas mais grosseiras impactando superfícies de baixa dureza com velocidades altas e médias. Pedaços macroscópicos do metal ou da borracha são arrancados da superfície pela ação de corte das partículas do mineral. Tal desgaste depende, evidentemente, do tamanho, da forma e da dureza (abrasividade) da partícula, bem como da dureza do material da superfície;

♦ erosão: ocorre com baixas tensões e baixo impacto. O movimento das partículas finas sobre a superfície vai polindo-a e erodindo-a. Esse desgaste depende, principalmente, da velocidade com que as partículas passam sobre a superfície e da sua dureza em relação à dureza da superfície;

♦ riscamento e moagem: desgaste característico de altas tensões, de impacto médio e baixo. Trata-se de um comportamento intermediário entre os dois anteriores.

A borracha é um material extremamente resistente aos dois últimos tipos de desgaste, pois as partículas pequenas ricocheteiam sobre ela e não a danificam. É, entretanto, extremamente sensível ao primeiro mecanismo de desgaste, por ser muito mole e facilmente rasgável por partículas angulosas e de maior massa.

Os elastômeros são utilizados em função da sua capacidade de deformar-se elasticamente e, dessa forma, resistir ao desgaste erosivo e abrasivo. A composição do elastômero afeta a sua resistência; assim, a borracha natural é o melhor material, e a adição dos materiais de carga usuais, especialmente negro de fumo, prejudica o seu desempenho. É importante lembrar que as peças de borracha precisam ter uma espessura mínima, para que a sua deformação elástica seja suficiente para amortecer o impacto, ou ocorrerá o desgaste. As grandes limitações dos elastômeros referem-se à:

- sensibilidade à temperatura: a borracha natural só pode ser usada continuamente até os 70^oC, e intermitentemente, até os 140-180^oC;
- sensibilidade aos óleos e solventes orgânicos.

Maia (1994) descreve a evolução dos materiais utilizados como carga moedora. O autor relata que, inicialmente (por volta da virada do século XIX para o século XX), era usual a existência de uma fundição anexa à usina de beneficiamento, onde as bolas, as peças de bomba, os revestimentos de moinho etc. eram fundidos. A composição do fundido era resultado da sucata e de materiais disponíveis. O ferro fundido branco começou a ser utilizado em 1917 e as ligas Fe-C-Cr-Mo, a partir de 1930. As ligas de alto cromo, incorporando ou não molibdênio e outros elementos de liga, foram normalizadas pela ASTM em 1965. O tratamento térmico das bolas deve, portanto, datar dos anos 1930.

Para resistir ao desgaste por sulcamento, são recomendados materiais tenazes e duros, isto é, que não sofram deformação plástica e que tenham alta resistência ao riscamento. Os materiais que apresentam essas características são aqueles suscetíveis de têmpera, tratamento térmico que mantém o núcleo tenaz e torna a superfície dura.

Para aplicações em que o material deva resistir principalmente à erosão, a característica mais importante a ser buscada é a dureza superficial. Ferros fundidos brancos não ligados, ferro fundido com 28% Cr, ferros fundidos brancos martensíticos e Ni-hard, com dureza entre 550 e 700 BHN, são utilizados.

Para aplicações em que predomina o desgaste por riscamento e moagem, devem-se procurar materiais de alta resistência ao cisalhamento e à compressão. Dependendo do tamanho e da velocidade das partículas, a energia com que elas impactam a superfície variará de modo correspondente. É possível, pois, adotar uma faixa ampla de valores de tenacidade e dureza (propriedades que variam inversamente, ou seja, quanto mais duro um material, mais frágil ele será; quanto mais tenaz, mais mole). Os materiais mais populares são os ferros fundidos brancos martensíticos (por exemplo, com 15% Cr e 3% Mo) ou as ligas Ni-hard de baixo teor de carbono.

Portanto, o tratamento térmico do corpo moedor, especialmente das bolas, é tão importante quanto a sua composição.

Existem duas teorias que buscam quantificar o desgaste dos corpos moedores metálicos. A primeira, menos aceita, é a teoria volumétrica do desgaste de bolas, que postula que a velocidade de desgaste de uma bola é proporcional à sua massa e, por consequência, ao seu volume, ou seja, ao cubo do diâmetro. Isso pode ser verdade na região de cascateamento.

A teoria mais importante, e que parece adaptar-se melhor à realidade industrial, é a teoria superficial do desgaste de bolas, que postula que a velocidade de desgaste de uma bola é proporcional à área da bola e, por conseguinte, ao quadrado do diâmetro. Isso é verdade na região de rolamento da carga, e como este é o mecanismo predominante, daí a importância relativa maior dessa teoria.

Azzaroni (1977) demonstra matematicamente, a partir desse modelo, que a redução do diâmetro de uma bola, decorrente do desgaste, é constante e uniforme em relação ao tempo, ou, mais precisamente, em relação à produção do moinho: $d\emptyset/dt = -k$.

Na realidade industrial, porém, Azzaroni constata que a velocidade de redução do diâmetro acaba por se afastar de uma reta, diminuindo ao longo do tempo, para cada bola. Isso pode ser expresso por: $(d\emptyset/dt)^n = -k$.

n é função das características da moagem, da distribuição da dureza ao longo do diâmetro do corpo moedor (efeito do tratamento térmico) e de outras variáveis, podendo ser diferente de moinho para moinho. Essa lei vale para toda a carga sazonada e pode ser medida para instalações industriais, como fez Maia (1994) para a Fosfertil, em Tapira (MG).

3.9 Carga circulante[1]

A carga circulante é um artifício utilizado para acertar a distribuição granulométrica do produto do moinho. Ao aumentar-se a carga circulante, aumenta-se a quantidade de material que passa pelo moinho e diminui-se o tempo de residência de cada partícula dentro dele. Em consequência, diminui-se a geração de finos. A presença de maior número de partículas amortece o efeito da carga sobre as partículas (*cushioning effect*), o que também contribui para diminuir a geração de finos.

Existem apenas dois modos de fechar o circuito de moagem. No primeiro, chamado de circuito fechado normal (Fig. 3.32), a alimentação nova é introduzida pelo moinho. No segundo, chamado de circuito fechado reverso (Fig. 3.33), ela é introduzida pelo equipamento de classificação.

Lopes (s.d.) explica que o fechamento do circuito de moagem pode ser feito com diferentes equipamentos, a saber:
- ♦ > 20# (até 65#, em certos casos): peneira vibratória;
- ♦ 20# a 65#: peneiras DSM;
- ♦ < 48#: ciclone (eficiência de 60%-70%) ou classificador espiral (eficiência de 85%-90%).

O ciclone tende a ser mais utilizado. Sua vantagem decorre do fato de sua eficiência ser inferior à do classificador espiral, deixando sempre certa quantidade de lamas no moinho. Essas lamas são importantes para o funcionamento do equipamento, como já foi discutido.

---

1. A autoria da presente seção é de Eldon Azevedo Masini.

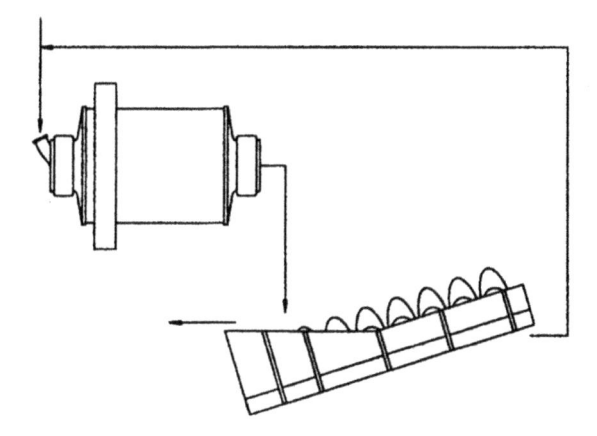

Fig. 3.32 Circuito fechado normal

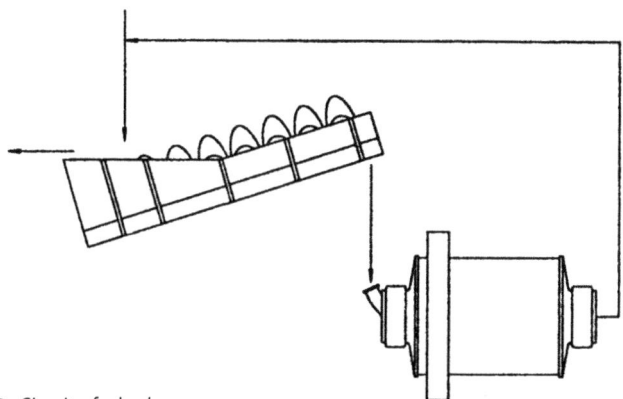

Fig. 3.33 Circuito fechado reverso

O primeiro modelo proposto para estimação da carga circulante de circuitos normais foi apresentado pela Allis Chalmers, em 1953 (McGrew, 1953). Esse modelo admite que o *oversize* (*underflow*) é fragmentado, passada a passada, pelo equipamento de cominuição, gerando uma progressão geométrica convergente, que pode ser expressa pela relação:

$$S_1 = \frac{100}{1 - r/100} \qquad (3.10)$$

onde S_1 é a carga total no britador; r é a % de *oversize* (*underflow*) no produto do equipamento de cominuição; e a eficiência é 100%.

Ao admitir-se a eficiência do equipamento de classificação, a expressão fica:

$$S_1 = \frac{100}{1 - r/e} \qquad (3.11)$$

S_1 é a carga total no moinho. S, a carga circulante, fica sendo:

$$S = \frac{100 \cdot r}{e - r} \qquad (3.12)$$

É indiferente expressar e e r como porcentagens ou como frações decimais.

A Tab. 3.14 mostra como a carga circulante varia em função da granulometria do produto do equipamento de cominuição e da eficiência do equipamento de separação de tamanhos.

Tab. 3.14 Variação da carga circulante em função da granulometria do produto do moinho e da eficiência da classificação, segundo a Allis Chalmers

% oversize no produto de cominuição	Eficiência			
	100	90	80	70
10	11,2	12,6	14,2	16,8
20	25,0	28,4	33,4	40,0
30	42,9	50,3	60,0	74,5
40	66,7	80,0	100,0	133,5
50	100,0	125,0	166,7	250,0
60	150,0	200,0	300,0	600,0
70	233,0	351,0	700,0	–
80	400,0	802,0	–	–

Fonte: McGrew (1953).

Em 1966, a mesma Allis Chalmers apresentou uma relação para o cálculo da carga circulante em circuitos fechados reversos (Andrews, 1966), que é a seguinte:

$$S = \frac{1}{y} \cdot \left[\frac{100^3}{E} - 100 \cdot a \right] \qquad (3.13)$$

onde:

y = % *undersize* no produto da britagem;
E = eficiência da separação de tamanhos;
a = % *undersize* na alimentação.

À mesma época, a Faço divulgava no Brasil o método Sankey (Lund; Niklewsky, 1965), que leva às seguintes equações:

♦ circuito fechado normal:

$$S = \frac{(100-a)\cdot(100-y)}{y\cdot(100-s)} \times 100 \qquad (3.14)$$

♦ circuito fechado reverso:

$$S = \frac{100\cdot(100-a)}{y\cdot(100-s)} \times 100 \qquad (3.15)$$

onde:

a = % *undersize* na alimentação nova;
y = % *undersize* no produto do britador;
s = % *undersize* no *oversize* da peneira (*underflow* do classificador).

Em 1979, a Rexnord Nordberg apresentou outro modelo, desenvolvido por Karra (1979):

♦ circuito fechado normal:

$$S = \frac{100^3}{E\cdot y} - 100 \qquad (3.16)$$

♦ circuito fechado reverso:

$$S = \frac{100^3}{E} - 100\cdot a \qquad (3.17)$$

Por essas fórmulas, as cargas circulantes apresentadas na Tab. 3.14 passariam a ser conforme se mostra na Tab. 3.15.

Ao analisar-se os três métodos, verifica-se que o método Sankey não dá resultados consistentes com os outros dois, fornecendo estimativas menores para a carga circulante. Entretanto, para 100% de eficiência na separação de tamanhos, os três métodos concordam.

Tab. 3.15 Variação da carga circulante em função da granulometria do produto do moinho e da eficiência da classificação, segundo Karra

% oversize no produto de cominuição	Eficiência			
	100	90	80	70
10	11,7	23,5	38,9	58,7
20	25,0	38,9	56,3	78,6
30	42,9	58,7	78,6	104,1
40	66,7	85,2	108,3	138,1
50	100,0	122,2	150,0	185,7
50	150,0	177,8	212,5	257,1
70	233,3	270,4	316,7	376,2
80	400,0	455,6	525,0	614,3

Uma fórmula cuja fundamentação teórica parece ser a regra dos dois produtos é utilizada na Mineração Serra Grande (S. B. Rolim, comunicação pessoal, 6 nov. 1996). Ela usa as relações água/sólidos da alimentação e dos produtos do equipamento de classificação que fecha o circuito:

$$\text{carga circulante} = \frac{R_{OF} - R_{AI}}{R_{AI} - R_{UF}} \quad (3.18)$$

No *start-up* de novas instalações, a carga circulante leva algum tempo para se formar. Em consequência, a distribuição granulométrica do moinho e do produto do circuito fechado evoluem até a operação se estabilizar.

Como se verifica pelas fórmulas expostas anteriormente, a eficiência da separação de tamanhos (classificação em ciclones ou em classificadores espirais) afeta o valor da carga circulante. Os ciclones têm uma eficiência de classificação menor que os classificadores espirais corretamente operados. O seu sucesso industrial decorre da maior capacidade e flexibilidade operacional das baterias de ciclones. Por isso, muitas vezes é necessário efetuar uma classificação em dois estágios, em que o *underflow* do primeiro estágio é repassado para diminuir a quantidade de finos que retorna ao moinho.

Os objetivos primordiais da carga circulante são dois:
1) garantir o tamanho máximo do produto de moagem;
2) diminuir a geração de finos dentro do moinho: a carga circulante age como um amortecedor da moagem das partículas da alimentação nova, dissipando a energia mecânica aplicada sobre elas e causando a geração de menor quantidade de finos.

Daí a importância de controlar cuidadosamente tanto o valor da carga circulante como as condições operacionais do classificador ou ciclone.

3.10 Prática operacional

Na operação de instalações de moagem, existem hoje sofisticados sistemas de controle automático de processo, baseados em modelos matemáticos e que podem trabalhar em *feed forward*. Eles serão abordados resumidamente no final desta seção. Porém, nada elimina o controle sensorial feito por um operador competente.

Além do controle da vazão e da amperagem do motor, fornecidos pelo painel de controle, o operador preocupa-se com o ruído do moinho, com a temperatura e a consistência da polpa descarregada, especialmente se a porcentagem de sólidos estiver correta, bem como com o volume de carga circulante.

A temperatura é a indicação mais imediata: se for mais baixa, pode indicar deficiência da vazão de sólidos ou excesso da vazão de água; se for muito alta, pode indicar desgaste anômalo da carga.

A polpa excessivamente diluída (baixa porcentagem de sólidos) deixa as partículas muito distantes umas das outras e dos corpos moedores, diminui a ação das barras/bolas sobre as partículas e aumenta os choques das barras/bolas com o revestimento, causando um ruído insuportável, trincas e desgaste metálico excessivo.

A polpa excessivamente adensada (porcentagem de sólidos superior ao desejado) acaba por tornar-se viscosa demais, prejudicando o movimento relativo das partículas e dos corpos moedores, e pode, inclusive, chegar a inibir o rolamento da carga. Isso se agrava com minérios argilosos.

Em moinhos de barras de grande diâmetro, o tombo das barras é muito grande, de modo que elas têm de ser robustas o suficiente para resistir a ele, ou seja, têm de apresentar grande diâmetro, o que, por vezes, é incompatível com o resultado desejado. Da mesma forma, em moinhos com grandes diâmetros, a possibilidade de as barras se embaralharem é maior, sendo necessário, portanto, aumentar a relação L/D, o que também nem sempre é compatível com o resultado desejado.

A quebra de barras é o maior problema. Quanto mais duro o aço da barra, mais frágil ele se torna. Barras que têm bom comportamento inicial podem se enfraquecer conforme vão sendo desgastadas (conforme diminui o diâmetro) e podem quebrar-se ou entortar-se, diminuindo a densidade de carga e gerando volumes vazios dentro do moinho.

A própria dinâmica do moinho faz o desgaste das barras ser maior junto às pontas, e não no meio delas. Isso é especialmente grave com moinhos de barras de descarga central, e é mais um aspecto que precisa ser acompanhado, pois as barras assim desgastadas podem perder rapidamente qualquer efeito.

A Fig. 3.15 mostrou a relação entre a dinâmica interna do moinho e a carga/velocidade. Essa figura deve ser usada como indicação quando se resolver mudar a porcentagem de carga do moinho. A tendência ao cascateamento excessivo é indesejável sempre, por acarretar aumento de ruído e do desgaste.

O uso de produtos químicos como auxiliares de moagem vem se generalizando cada vez mais. Por exemplo, a porcentagem de sólidos pode ser aumentada, a despeito da viscosidade, se for utilizado um dispersante para as argilas, ou se for encontrado um tensoativo que diminua a viscosidade da polpa.

Uma polpa sempre contém eletrólitos, seja por adição intencional (reguladores de pH, depressores, ativadores, coletores), seja por solubilização das espécies minerais presentes. Criam-se, portanto, as condições para a ocorrência das correntes elétricas responsáveis pela corrosão das superfícies metálicas. Como as condições mecânicas vigentes dentro de um moinho são de intensa abrasão, cria-se o mecanismo sinergético já mencionado, denominado corrosão sob abrasão, em que a corrosão enfraquece a superfície metálica e a camada corroída é rapidamente removida pela abrasão, gerando uma superfície fresca, pronta para ser corroída e, a seguir, removida, e assim por diante. Isso é especialmente grave se algum dos componentes do minério for um silicato duro ou se houver a presença de quartzo.

Nesses casos, as soluções são:
♦ alcalinizar o meio;
♦ usar antioxidantes ou inibidores da corrosão (nitrito, cromato, metassilicato);
♦ mudar os materiais de revestimento e da carga para algum tipo de aço inoxidável ou ferro fundido resistente a corrosão;
♦ desistir da moagem a úmido e adotar a moagem a seco, com todas as desvantagens decorrentes.

É importante ter em mente, porém, que esses produtos químicos podem ter efeito adverso sobre as operações subsequentes, especialmente a flotação e, em menor escala, a classificação. Torna-se necessário, portanto, executar ensaios prévios em laboratório.

A lubrificação do mancal é sempre problemática, por causa do elevado nível de esforço de serviço e por causa da temperatura. Os fabricantes, porém, já incorporaram soluções tecnicamente satisfatórias aos seus equipamentos, tanto por pescador como por lubrificação forçada. A lubrificação do pinhão também é assunto sério. As tradicionais graxas de pixe (Crater) têm sido substituídas com sucesso por graxas grafitadas borrifadas.

Os motores muito grandes vêm sendo instrumentados. Garcia (2000) recomenda medir:
♦ a temperatura dos mancais e dos enrolamentos;
♦ a amperagem por fase, com registro;
♦ as medidas das escovas e do anel;
♦ as folgas a 90° entre rotor e estator.

Os motores grandes geralmente dispõem de relé de detecção de ausência de fase e de aquecedor a resistência, para evitar condensação de água no seu interior. Com motores síncronos, tornou-se comum o uso de excitatriz elétrica para controlar a partida e manter a rotação constante.

A característica mais importante, entre todas, é sempre a distribuição granulométrica do produto de moagem, daí a importância do d_{95} como parâmetro característico da moagem e da classificação. Esse parâmetro é tradicionalmente utilizado para o controle operacional porque pode ser rapidamente medido com uma amostragem seguida de análise granulométrica, em poucos minutos, o que permite a tomada imediata de providências corretivas, se necessário. Os tratamentistas de computador e os menos avisados adoram utilizar o d_{50}, que é um parâmetro da curva de partição do classificador ou ciclone cuja determinação exige cuidados maiores, maior número de incrementos, tomada de medidas de vazão, análise granulométrica da alimentação, *overflow* e *underflow*, e, finalmente, cálculos mais trabalhosos.

Ao tomar-se amostras dos diferentes fluxos, para controle ou incrementação, há uma regra a seguir, que é a de trabalhar sempre de trás para a frente, de modo que a flutuação instantânea da vazão causada pela retirada da amostra não venha a afetar a amostragem subsequente. Embora o efeito prático seja desprezível em grandes instalações, ele se torna significativo conforme o porte da instalação diminui, e acaba por tornar-se crítico em usinas-piloto.

Existem hoje modelos sofisticados de controle automático. Não entraremos em detalhe na discussão desses sistemas, o que foge ao objetivo desta obra, remetendo o leitor para Lynch (1977). O bom funcionamento desses sistemas depende muitas vezes da disponibilidade de um bom instrumento para análise granulométrica *online* e, em especial, da sua correta calibração.

Um sistema automático de controle pode ser entendido a partir da Fig. 3.34. No eixo dos y temos o tamanho de partícula e no eixo dos x, a produção. Um dado moinho fornece uma energia constante, que

3 Moagem 257

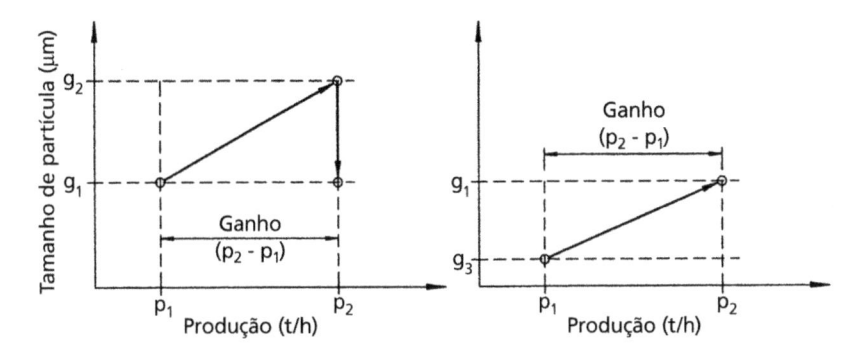

Fig. 3.34 Ação do sistema automático de controle

é consumida pela moagem do minério dentro dele. Ao aumentar-se a produção de p_1 para p_2, a granulometria do produto, que era g_1, torna-se maior, $g_2 > g_1$. É preciso corrigi-la e, para isso, é necessário abaixá-la para um novo ponto, definido pelas coordenadas (g_1, p_2). Alternativamente, se o produto estiver sendo sobremoído ($g_3 < g_1$), é necessário aumentar a produção para p_2, de modo a atingir o ponto de coordenadas (g_1, p_2). Deve-se observar que, em ambas as situações anômalas, o sistema agiu no sentido de otimizar a produção, dando sempre um ganho $p_2 - p_1$.

A maneira como funciona um sistema desses é esquematizada na Fig. 3.35. Os parâmetros de processo (análise granulométrica do produto do moinho e vazões de *over* e *underflow*) são medidos e informados ao

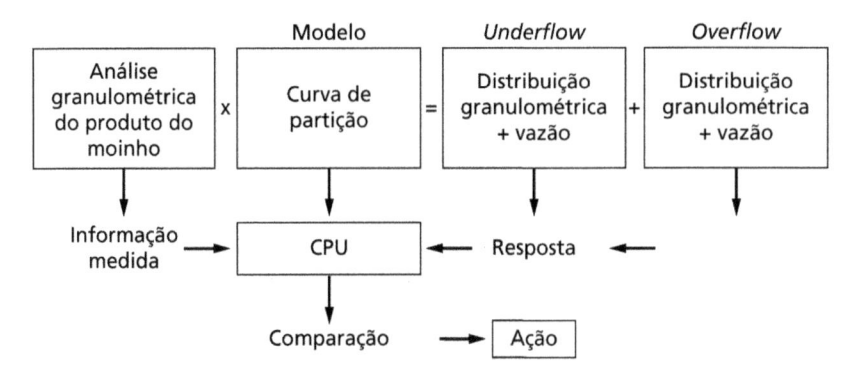

Fig. 3.35 Funcionamento do sistema de controle

processador. Este tem um programa que, a partir da curva de partição do ciclone que está fechando o circuito, calcula as distribuições granulométricas e as vazões de *over* e *underflow*. A comparação entre as vazões medidas e as vazões calculadas indica a anomalia e age sobre uma das outras variáveis de processo: vazão alimentada ou porcentagem de sólidos na alimentação do ciclone.

Na posta em marcha de unidades novas, a rotina é sempre rodar inicialmente vazio, para verificar se os acionamentos estão funcionando corretamente, se não há motores com direção errada, se a lubrificação está funcionando etc. Passa-se, em seguida, a alimentar apenas água, o que permite constatar a existência de eventuais vazamentos. Faz-se, então, o carregamento manual com minério e, em seguida, coloca-se um terço da carga – nunca se deve rodar o moinho vazio com carga sob pena de quebrar os revestimentos. Carrega-se mais outro terço e, depois, carrega-se tudo e opera-se o moinho normalmente. Depois de algumas horas de operação é necessário parar para reapertar todos os parafusos, pois o calor gerado dilata todas as peças metálicas. Isso se torna evidente, pois começa a vazar polpa pelos buracos da carcaça.

Na retomada da operação, após qualquer parada, é sempre importante proceder ao galeio do moinho, para desprender a carga, presa pelo minério sedimentado. Além de facilitar o trabalho do motor, isso impede que a carga possa cair de uma vez sobre a revestimento. Para tanto, usam-se motores auxiliares, com uma embreagem que é utilizada durante a partida e, depois, desengrenada.

Esses motores auxiliares são muito úteis também para acertar a posição da janela de inspeção. Mesmo em moinhos de grandes dimensões, em que é possível entrar pelas bocas de alimentação ou descarga, é importante abrir as janelas para a ventilação do interior do moinho: a temperatura lá dentro é tão grande que, sem ventilação, é impossível permanecer ali.

A quebra de revestimentos é sempre uma preocupação muito grande. Modernamente já é possível soldar essas peças, mas é sempre uma operação cara, pois exige técnicas e eletrodos especiais, além da parada da instalação.

Conforme já foi mencionado, o controle automático é muito aplicado à operação de moinhos de bolas e de barras. Esta parece ser uma tendência irreversível e cada vez mais importante, pelo efeito da moagem sobre as operações subsequentes do circuito. Entre as variáveis que podem ser controladas, estão a porcentagem de sólidos dentro do moinho, a distribuição granulométrica do produto de moagem e a carga circulante.

É claro que a mais importante delas é a distribuição granulométrica do produto. Existem instrumentos para o controle automático dessa variável, o que simplifica sobremaneira o circuito de controle. Esses instrumentos enviam um sinal para o comparador, que compara com o *set point* e envia um sinal para o variador de velocidade do alimentador do moinho: se a granulometria estiver fina, diminui-se a alimentação; se estiver grossa, o contrário. A estratégia de controle pode preferir variar a adição de água na alimentação do moinho, variando assim a porcentagem de sólidos no seu interior, ou variar a quantidade de água adicionada na alimentação do ciclone, variando assim o seu diâmetro de corte.

Quando não se dispõe da instrumentação para controlar a granulometria do produto, é comum usar-se uma estimação da granulometria, fornecida por algum modelo matemático do ciclone. A lógica de controle é a mesma, apenas é necessário dispor-se do computador para fazer a simulação.

Beraldo (1998) comenta que o objetivo mais comum é a maximização da produção da moagem e, para isso, recomenda a seguinte estratégia:
♦ controlar a vazão de água na alimentação do moinho, mantendo constante a relação entre ela e a vazão de sólidos, de forma a manter constante a porcentagem de sólidos dentro do moinho;
♦ controlar a adição de água na caixa de bomba por meio da medição da granulometria do produto de moagem;

♦ controlar a vazão de alimentação pela medição da vazão da carga circulante ou pela medição do nível da caixa de bomba.

O mesmo autor resume o efeito das variáveis de controle e controladas e a rapidez da resposta conforme o Quadro 3.1.

Quadro 3.1 Efeito das variáveis de controle e controladas e a rapidez da resposta

Variáveis de controle	Variáveis controladas			
	Finura do produto	Carga circulante	Nível da caixa de bomba	% de sólidos no moinho
Vazão de alimentação	− lento	+ lento	+ lento	+ lento
Água na caixa	+ rápido	+ rápido	+ rápido	+ lento
Velocidade da bomba	+ − rápido	+ rápido	− rápido	+ rápido
Água no moinho	+ − lento	+ lento	+ lento	− rápido
Velocidade do moinho	+ − rápido	− + rápido	− lento	− lento

Fonte: Beraldo (1998).

Evidentemente, qualquer sistema de controle é afetado por variações na moabilidade do material a moer. Se variar o WI, não há sistema que funcione corretamente.

3.11 Dimensionamento de moinhos segundo Bond e Rowland

3.11.1 Cálculo da potência consumida

Para os moinhos de carga cadente, será utilizado o método de Bond (para uma metodologia mais precisa, recomendamos o trabalho de Peres e Machado, 1988). Esse método, como já foi visto na seção 3.6, baseia-se na seguinte equação:

$$W = \frac{10WI}{\sqrt{P}} - \frac{10WI}{\sqrt{F}} \qquad (3.19)$$

onde W é expresso em kWh/st e F e P, em μm. Vale ressaltar que F e P são os d_{80} do produto e da alimentação, respectivamente. Não se trata do top size nem do d_{95}!

Como as condições em que Bond trabalhou foram restritas (moinho de 8 ft de diâmetro, moinho de barras a úmido em circuito aberto ou moinho de bolas a úmido em circuito fechado, e carga circulante de 250%), à medida que as condições operacionais se afastarem delas, torna-se necessário introduzir fatores de correção. Alguns deles foram desenvolvidos pelo próprio Bond, mas a maioria foi desenvolvida por Rowland, e são chamados de fatores de correção de Rowland. São os seguintes:

EF1: *se a moagem for feita a seco*, multiplica-se o valor de W por 1,3 (a moagem a seco consome 30% de energia a mais que a moagem a úmido).

EF2: *se a moagem for feita em moinho de bolas em circuito aberto*, multiplica-se o valor de W pelo fator encontrado na Tab. 3.16. O moinho de bolas foi concebido para trabalhar em circuito fechado, ao contrário do moinho de barras, que foi concebido para trabalhar em circuito aberto. Se for necessário trabalhar com o moinho de bolas em circuito aberto e, ao mesmo tempo, garantir o tamanho máximo, será preciso gastar uma quantidade adicional de energia, fornecida pela Tab. 3.16.

Tab. 3.16 EF2

(% do produto menor que a nominal)	EF2
50	1,035
60	1,05
70	1,10
80	1,20
90	1,40
92	1,46
95	1,57
98	1,70

EF3: *se o diâmetro interno ao revestimento do moinho for diferente de 8 ft*, multiplica-se por:

$$EF3 = (8/D)^{0,2} \tag{3.20}$$

se D estiver expresso em ft; ou por:

$$EF3 = (2,44/D)^{0,2} \qquad (3.21)$$

se D for em m.

EF4: *considera a energia adicional necessária quando a alimentação é muito grossa*. O tamanho ótimo da alimentação é fornecido por:

♦ moinhos de barras:

$$Fo = 16.000\sqrt{\frac{13}{WI}} \qquad (3.22)$$

♦ moinhos de bolas:

$$Fo = 4.000\sqrt{\frac{13}{WI}} \qquad (3.23)$$

Se F < Fo, EF4 não é aplicado; caso contrário, multiplica-se W por:

$$EF4 = \frac{RR + (WI - 7) \times \left(\frac{F-Fo}{Fo}\right)}{RR} \qquad (3.24)$$

onde RR é a relação de redução (RR = F/P).

EF5: *considera a energia adicional para moagens extremamente finas* (d_{80} menores que 200# ou 0,074 mm). O fator pelo qual W deve ser multiplicado é:

$$EF5 = \frac{P + 10,3}{1,145 \cdot P} \qquad (3.25)$$

EF6: *a relação de redução ótima que o moinho de barras pode fornecer* é dada por:

$$RRo = 8 + (5 \times L/D) \qquad (3.26)$$

onde L é o comprimento das barras e D é o diâmetro interno do moinho, ambos medidos em pés.

Quando a relação de redução se afastar muito da ótima, será necessário fornecer potência adicional (se RRo − 2 < RR < RRo + 2, não é necessário usar EF6):

$$EF6 = 1 + \frac{(RR - RRo)^2}{150} \qquad (3.27)$$

Peres e Machado (1990) detectaram um erro de superdimensionamento quando ocorrem, concomitantemente, valores de WI inferiores a 7 kWh/st e a aplicação de EF6. Nessa situação, ou seja, WI < 7,0 e RR > RRo + 2 ou RR < RRo − 2, usa-se EF6 = 1,2.

EF7: *se a relação de redução de um moinho de bolas for inferior a 6, multiplica-se W por:*

$$EF7 = \frac{(RR - 1,35) + 0,26}{2(RR - 1,35)} = \frac{RR - 1,22}{RR - 1,35} \qquad (3.28)$$

A primeira expressão é dada por Rowland e Kjos (1969); a segunda, pelo *Manual de britagem* (Faço, 1982).

EF8: *fator de ineficiência dos moinhos de barras.* O moinho de barras, como já mencionado, é um equipamento de operação problemática. O método de Bond é correto para ele apenas quando o moinho opera no circuito clássico de cominuição, isto é, após um britador terciário operando em circuito fechado e antes de um moinho de bolas operando também em circuito fechado (Bond considerou que o ciclone ou classificador está posicionado após o moinho de bolas). Fora dessa condição, e se a sua alimentação for mais grossa que a prática usual, será necessário um acréscimo de potência, conforme:

- *moinho de barras sozinho no circuito de moagem, isto é, sem moinho de bolas depois:*

    EF8 = 1,4 se a alimentação vier de um circuito aberto de britagem;

    EF8 = 1,2 se a alimentação vier de um circuito fechado de britagem.

- *moinho de barras operando em conjunto com moinho de bolas, sem classificação entre ambos:*

    EF8 = 1,2 se a alimentação vier de um circuito aberto de britagem;

    EF8 = 1,0 se a alimentação vier de um circuito fechado de britagem e tiver F ≤ 1/2";

    EF8 = 1,0 se a alimentação vier de um circuito fechado de britagem e tiver F ≥ 1/2".

Rowland e Kjos (1969) fornecem a seguinte equação para a potência consumida por um moinho de barras:

$$(\text{kW/t barras}) = 1{,}752 D^{1/3} \cdot (6{,}3 - 5{,}4 \cdot fr \cdot \text{volume}) \cdot fr \cdot VC \quad (3.29)$$

com D em m.

Se D for expresso em ft, a equação fica:

$$(\text{kW/t barras}) = 1{,}07 D^{1/3} \cdot (6{,}3 - 5{,}4 \cdot fr \cdot \text{volume}) \cdot Fr \cdot VC \quad (3.30)$$

Para moinhos de bolas, eles fornecem:

$$\text{kW/t bolas} = 4{,}879 \cdot D^{0,3} \cdot (3{,}2 - 3 \cdot fr \cdot \text{volume})$$
$$\cdot fr \cdot VC \cdot \left[1 - \frac{0{,}1}{2^{9-10 \cdot fr \cdot VC}}\right] + S \quad (3.31)$$

para D em m e onde S é o fator de tamanho do moinho de bolas que afeta moinhos de tamanho maior que 10 ft de diâmetro, dado por:

$$S = \frac{B - \frac{3D}{20}}{2} \quad (3.32)$$

com D em ft e B = tamanho da bola em polegadas.

Para D em ft, tem-se:

$$\text{kW/t bolas} = 3{,}1 \cdot D^{0,3} \cdot (3{,}2 - 3 \cdot fr \cdot \text{volume})$$
$$\cdot fr \cdot VC \cdot \left[1 - \frac{0{,}1}{2^{9-10 \cdot fr \cdot VC}}\right] + S \quad (3.33)$$

Os referidos autores recomendam multiplicar o valor determinado para a potência por:
- moagem a seco, diafragma no nível mais baixo: 1,16;
- moagem a seco, diafragma no nível mais alto: 1,08.

Os resultados da aplicação dessas fórmulas aos moinhos padrão fabricados pela Metso são apresentados nas Tabs. 3.17 e 3.18 (tabelas 4-07 e 4-06 do *Manual de britagem* da Faço). Para comprimentos diferentes dos tabelados, a potência consumida varia na proporção direta do comprimento. Segundo esses autores, existe indicação de que revestimentos de borracha demandam 5% a 10% de potência adicional.

3 Moagem 265

Tab. 3.17 CARACTERÍSTICAS DE MOINHOS DE BARRAS

Diâmetro interno nominal		Comprimento nominal		Comprimento das barras (L)		Velocidade do moinho			Potência do moinho (HP) % vol. da carga			Diâmetro (D) interior ao revest.	
m	pés	m	pés	m	pés	rpm	% VC	ft/min	35%	40%	45%	m	pés
0,91	3,0	1,22	4	1,07	3,5	36,1	7,5	284	7	8	8	0,76	2,5
1,22	4,0	1,83	6	1,68	5,5	30,6	74,7	336	23	25	26	1,07	3,5
1,52	5,0	2,44	8	2,29	7,5	25,7	71,2	363	57	61	64	1,37	4,5
1,83	6,0	3,05	10	2,90	9,5	23,1	70,7	399	114	122	128	1,68	5,5
2,13	7,0	3,35	11	3,20	10,5	21,0	69,9	428	181	194	204	1,98	6,5
2,44	8,0	3,66	12	3,51	11,5	19,4	69,3	457	275	295	310	2,29	7,5
2,59	8,5	3,66	12	3,51	11,5	18,7	69,0	470	318	341	359	2,44	8,0
2,74	9,0	3,66	12	3,51	11,5	17,9	67,5	470	344	369	388	2,55	8,35
2,89	9,5	3,96	13	3,81	12,5	17,4	67,6	483	416	446	470	2,70	8,85
3,05	10,0	4,27	14	4,11	13,5	16,9	67,0	493	507	544	572	2,85	9,35
3,20	10,5	4,57	15	4,42	14,5	16,7	66,4	501	609	653	687	3,00	9,85
3,25	11,0	4,88	16	4,72	15,5	15,8	66,8	517	735	788	823	3,15	10,35
3,51	11,5	4,88	16	4,72	15,5	15,5	66,6	528	819	878	924	3,31	10,85
3,66	12,0	4,88	16	4,72	15,5	15,1	66,4	538	906	972	1023	3,46	11,35
3,81	12,5	5,49	18	5,34	17,5	14,7	66,0	547	1093	1173	1234	3,61	11,55
3,96	13,0	5,79	19	5,4	18,5	14,3	65,6	555	1264	1356	1426	3,76	12,35
4,11	13,5	5,79	19	5,64	18,5	14,0	65,5	569	1385	1486	1562	3,92	12,85
4,27	14,0	6,10	20	5,94	19,5	13,6	64,9	570	1580	1695	1783	4,07	13,35
4,42	14,5	6,10	20	5,94	19,5	13,3	64,6	579	1715	1840	1935	4,22	13,85
4,57	15,0	6,10	20	5,94	19,5	13,0	64,3	586	1853	1988	2091	4,37	14,35

Tab. 3.18 CARACTERÍSTICAS DE MOINHOS DE BOLAS

Diâmetro nominal		Comprimento nominal		Velocidade do moinho			Potência do moinho (HP)							Diâmetro (D) interior ao revest.	
							Descarga por overflow % vol. da carga			Descarga por diafragma % vol. da carga					
m	pés	m	pés	rpm	% VC	ft/min	35%	40%	45%	35%	40%	45%		m	pés
0,91	3,0	0,91	3,0	38,7	79,9	304	7	7	7	8	8	8		0,76	2,5
1,22	4,0	1,22	4,0	32,4	79,1	356	19	20	21	22	24	25		1,07	3,5
1,52	5,0	1,52	5,0	28,2	78,1	399	42	45	47	49	52	54		1,34	4,5
1,83	6,0	1,83	6,0	25,5	78,0	441	80	85	89	93	99	103		1,68	5,5
2,13	7,0	2,13	7,0	23,2	77,2	474	137	145	151	158	168	175		1,98	6,5
2,44	8,0	2,44	8,0	21,3	76,1	502	215	228	237	249	265	275		2,29	7,5
2,59	8,5	2,44	8,0	20,4	75,3	513	250	266	277	290	308	321		2,44	8,0
2,74	9,0	2,74	9,0	19,7	75,0	523	322	342	356	373	397	413		2,55	8,5
2,89	9,5	274	9,0	19,15	75,0	541	367	390	406	425	453	471		2,71	9,0
3,05	10,0	3,05	10,0	18,65	75,0	557	462	491	512	535	570	593		2,89	9,5
3,20	10,5	3,05	10,0	18,15	75,0	570	519	552	575	602	640	667		3,05	10,0
3,35	11,0	3,35	10,5	17,3	72,8	565	610	649	676	708	753	784		3,17	10,4
3,51	11,5	3,35	11,0	16,75	72,2	574	674	718	747	782	832	867		3,32	10,9
3,66	12,0	3,66	12,0	16,3	71,8	584	812	864	900	942	1003	1044		3,47	11,4
3,81	12,5	3,66	12,0	15,95	7,8	596	896	954	993	1040	1106	1152		3,63	11,9
3,96	13,0	3,96	13,0	15,60	71,7	607	1063	1130	1177	1233	1311	1365		3,78	12,4
4,11	13,5	3,96	13,0	15,30	71,7	620	1189	1266	1321	1379	1409	1532		3,93	12,9
4,27	14,0	4,27	14,0	14,8	70,7	623	1375	1464	1527	1595	1699	1771		4,08	13,4
4,47	14,5	4,27	14,0	14,55	70,8	635	1492	1588	1656	1730	1842	1921		4,24	13,9
4,57	15,0	4,57	15,0	14,1	69,8	638	1707	1817	1893	1980	2107	2196		4,39	14,4
4,72	15,5	4,57	15,0	13,85	69,6	648	1838	1956	2037	2132	2234	2363		4,54	14,9
4,88	16,0	4,88	16,0	13,45	68,9	651	2084	2217	2309	2417	2521	2678		4,69	15,4
5,03	16,5	4,88	16,0	13,2	68,7	659	2229	2370	2468	2585	2750	2803		4,85	15,9
5,18	17,0	5,18	17,0	13,0	68,7	670	2595	2764	2883	3010	3206	3344		5,00	16,4
5,33	17,5	5,18	17,0	12,7	68,1	674	2750	2929	3053	3190	3397	3542		5,15	16,9
5,49	18,0	5,49	18,0	12,4	67,5	678	3077	3276	3414	3560	3800	3961		5,30	17,4

3 Moagem

3.11.2 Relações geométricas e características de operação

Moinhos de barras:

L/D = 1,4 a 1,6, sempre > 1,25.
D < 12,5 ft (por problemas mecânicos com as barras).
L < 20 ft (idem).
As barras devem ser 4" a 6" mais curtas que L.
35% a 40% de enchimento (no máximo, 45%).
A moagem a seco é rara e difícil.
Densidade aparente das barras = 6.247 kg/m^3 = 390 lb/ft^3.
Velocidades recomendadas:

Diâmetro interno (ft)	3-6	6-9	9-12	12-15
% da veloc. crítica	76-73	73-70	70-67	67-64

Moinhos de bolas:

L/D = 1 a 2.
Densidade aparente das bolas:
fundidas = 4.165 kg/m^3 = 260 lb/ft^3
forjadas = 4.646 kg/m^3 = 290 lb/ft^3
40% a 45% de enchimento (até 50%).
Um alimentador de bico de papagaio duplo consome 20 a 40 HP adicionais.
Velocidades recomendadas:

Diâmetro interno (ft)	3-6	6-9	9-12	12-15	15-18
% da veloc. crítica	80-78	78-75	75-72	72-69	69-66

Relações L/D e diâmetros da bola maior para diferentes alimentações:

F (mm)	5 a 10	0,9 a 4	fina/remoagem
L/D	1 a 1,25	1,25 a 1,75	1,5 a 2,5
Diâmetro da bola maior	2,5 a 3,5"	2,5 a 2"	3/4 a 1 1/4"

Desgaste:
Dado em g/kWh.
Conforme já visto:
barras: 155 (AI − 0,02)^{0,2}
revestimentos: 15,5 (AI − 0,015)^{0,3}
bolas: 155 (AI − 0,015)^{0,33} – a úmido
     22,2 $\sqrt{AI}$ – a seco
revestimentos: 11,6 (AI − 0,015)^{0,3} – a úmido
     2,22 $\sqrt{AI}$ – a seco

3.12 Cargas de corpos moedores

Se um moinho de carga cadente for carregado com bolas ou barras de mesmo diâmetro e colocado a operar, decorrido um determinado tempo, verifica-se que o desgaste não terá sido homogêneo em todas as barras ou bolas: algumas se desgastarão mais rapidamente que as outras. Verifica-se, ainda, que as cargas dentro dos moinhos atingem uma situação de equilíbrio, chamada carga sazonada. Essa distribuição de diâmetros fornece o máximo adensamento da carga (em outras palavras: a melhor utilização do volume). Essa distribuição é apresentada nas Tabs. 3.19 e 3.20 (tabelas 4-09 e 4-10 do *Manual de britagem* da Faço).

Para a determinação do tamanho máximo das bolas e das barras, existem diferentes fórmulas:

♦ **Bond** (Rowland; Kjos, 1969):

$$d_{bola} = \sqrt{\frac{F}{K}} \sqrt[3]{\frac{WI \cdot \rho}{\%VC\sqrt{D}}} \qquad (3.34)$$

onde K é uma constante igual a 350 para moinhos com descarga por *overflow*, 330 para moinhos de diafragma a úmido e 335 para moinhos de diafragma a seco.

$$d_{barra} = \frac{F^{0,75}}{160} \sqrt{\frac{WI \cdot \rho}{\%VC\sqrt{3,28D}}} \qquad (3.35)$$

onde:

d_{barra} está em mm e F, em μm;
ρ é a densidade real do minério;
D está em m.
Para d em polegadas e D em ft, tem-se:

$$d_{barra} = \frac{F^{0,75}}{160} \sqrt{\frac{WI \cdot \rho}{\%VC\sqrt{D}}} \qquad (3.36)$$

Tab. 3.19 Distribuição sazonada de bolas (% em peso)

Diâmetro da bola		Diâmetros máximos					
mm	pol.	115 mm	100 mm	90 mm	75 mm	65 mm	50 mm	40 mm
115	4,5	23,0						
100	4,0	31,0	23,0					
90	3,5	18,0	34,0	24,0				
75	3,0	15,0	21,0	38,0	31,0			
65	2,5	7,0	12,0	20,5	39,0	34,0		
50	2,0	3,8	6,5	11,5	19,0	43,0	40,0	
40	1,5	1,7	2,5	4,5	8,0	17,0	45,0	51,0
25	1,0	0,5	1,0	1,5	3,0	6,0	15,0	49,0

Tab. 3.20 Distribuição sazonada de barras (% em peso)

Diâmetro da barra		Diâmetros máximos					
mm	pol.	125 mm	115 mm	100 mm	50 mmn	75 mm	65 mm
125	5,0	18					
115	4,5	22	20				
100	4,0	0	23	20			
90	3,5	14	20	27	20		
75	3,0	11	15	21	33	31	
65	2,5	7	10	15	21	39	34
50	2,0	9	12	17	26	30	66

- **Olewski** (apud Trelleborg, s.n.t.):

$$D = 6 \cdot \sqrt{d} \cdot \log d_k \quad (3.37)$$

onde:

D está em mm;

d é o tamanho da maior partícula da alimentação (mm);

d_k é o tamanho da maior partícula do produto (mm).

- **Azzaroni** (1977):

$$D_{\text{bolas}} = 5{,}8F^{1/3{,}5} \cdot WI^{1/2{,}5} \cdot \left[1 + \frac{CL}{100}\right]^{0{,}1} \cdot (N \cdot D)^{-1/4} \quad (3.38)$$

$$D_{\text{barras}} = 14{,}2F^{1/4} \cdot WI^{1/2{,}5} \cdot (N \cdot D)^{-1/2{,}5} \quad (3.39)$$

onde:

D_{bolas} e D_{barras} em mm;

CL = carga circulante (%);

N = velocidade do moinho (rpm);

D = diâmetro interno do moinho (m);

F é dado em µm.

Bartol (1977), aplicando conceitos de balanço populacional, concluiu que existe uma relação ótima entre tamanhos de bolas e de partículas para que a moagem esteja otimizada. Essa relação é indicada na Tab. 3.21.

Obviamente, para uma distribuição granulométrica, será necessária uma distribuição de tamanhos de bolas – a carga sazonada. Isso chama a atenção para o fato de que as bolas de maior diâmetro são necessárias para quebrar as partículas mais grossas, ao passo que as bolas menores moem as partículas mais finas. Daí que é especialmente danoso o efeito de segregação das bolas maiores em direção à descarga, expulsando de lá as bolas de menor diâmetro (já mencionado), problema que é resolvido com a inclinação das barras elevatórias do revestimento.

Ao iniciar-se a operação de um moinho, este é carregado com a carga sazonada. A partir daí, porém, só se completa a carga com bolas ou barras do tamanho máximo. Na operação de moinhos de barras,

Tab. 3.21 Relação ótima entre tamanhos de bolas e de partículas

# Tyler	d_{bolas} (")	$d_{partículas}$ (mm)
3	2 ½ a 4	5,7
3 a 8	2 a 2 ½	5,7 a 2,4
8 a 20	1 ½ a 2	2,4 a 0,84
20 a 35	1 ¼ a 1 ½	0,84 a 0,42
35 a 65	1 a 1 ¼	0,42 a 0,21
65	1	0,21

Fonte: Bartol (1977).

é necessário parar periodicamente o moinho para retirar de dentro as barras que ficaram muito finas e poderiam quebrar-se ou mesmo entortar, engaiolando a carga.

3.13 O método do trapezoide de possibilidades

Peres e Machado (1988) desenvolveram um método de dimensionamento de moinhos que é um progresso em relação ao método de Bond e que ajuda a entender melhor o raciocínio envolvido no dimensionamento de moinhos.

A equação de Kelly (Kelly; Spottiswood, 1982) relaciona a potência consumida por um moinho de bolas ou de barras com o seu diâmetro e o seu comprimento, conforme:

$$W = k \cdot L \cdot D^{2,5} \tag{3.40}$$

onde L e D são os valores efetivos (internos ao revestimento), e k é função das variáveis operacionais.

Conforme será mostrado nos exercícios, de início não se conhecem L e D para o moinho que está sendo calculado. Dessa forma, o método de cálculo de moinhos exige sucessivas reiterações. Calcula-se um valor provisório para a potência consumida, com base na fórmula de Bond e nos fatores de correção de Rowland, exceto EF3 e EF6.

Peres e Machado (1988) deduziram matematicamente os valores mínimos e máximos de k (Tab. 3.22), a partir dos catálogos de fornecedores conhecidos de equipamentos.

Tab. 3.22 VALORES MÁXIMOS E MÍNIMOS DE K

Moinho	Tipo de moagem	Tipo de descarga	k mínimo	k máximo
bolas	seco	–	0,10216	0,26934
	úmido	diafragma	0,09195	0,24240
		overflow	0,08173	0,21547
barras	seco	–	0,11236	0,28591
	úmido	periférica	0,10098	0,25732
		overflow	0,08981	0,22873

Estabelecido um valor provisório para a potência W e determinados os valores mínimo e máximo da variável k, a equação de Kelly dá origem a duas curvas paralelas:

$$a_{mín} = \frac{W}{k_{máx}} = L \cdot D^{2,5} \quad \text{ou} \quad L = \frac{a_{mín}}{D^{2,5}} \quad (3.41)$$

e

$$a_{máx} = \frac{W}{k_{mín}} = L \cdot D^{2,5} \quad \text{ou} \quad L = \frac{a_{máx}}{D^{2,5}} \quad (3.42)$$

que correspondem às projeções ortogonais do plano LD das curvas-intersecção da Superfície de Kelly (expressa pela sua equação) com os planos horizontais $P_1 = P/k_{máx}$ e $P_2 = P/k_{mín}$.

Nesse mesmo plano, as relações L/D máximas e mínimas, definidas a partir das características dos equipamentos, correspondem a duas retas que passam pela origem:

$$L = (L/D)_{mín} \cdot D \quad (3.43)$$

e

$$L = (L/D)_{máx} \cdot D \quad (3.44)$$

Define-se, então, no plano LD, um "trapezoide provisório de possibilidades" que circunscreve e aprisiona as possíveis soluções associadas aos valores (em pés) dos diâmetros e comprimentos efetivos do moinho em dimensionamento, como mostra a Fig. 3.36. Em termos conceituais, esse trapezoide demonstra que existem várias soluções para atender à necessidade de uma dada vazão de um material de WI conhecido ser moída de um tamanho F até um tamanho P. Uma delas será melhor que as outras, para cada caso.

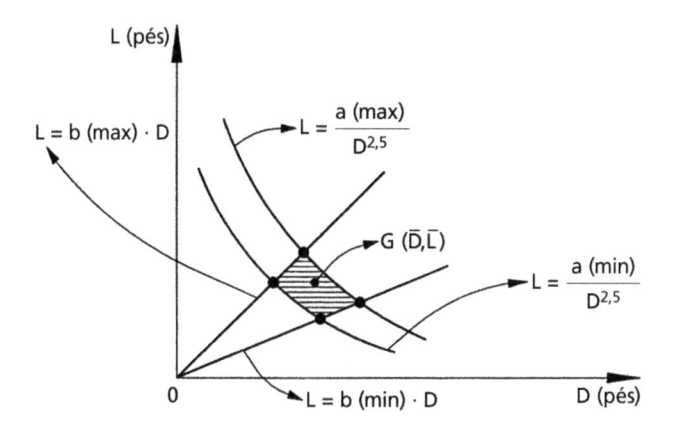

Fig. 3.36 Trapezoide provisório de possibilidades

O centro de gravidade do trapezoide pode ser considerado como uma boa solução, e as suas coordenadas são tomadas como os valores provisórios de D e L, a partir dos quais podem-se calcular os EF3 e EF6 e, então, fazer a primeira atualização do valor de W. O processo deve ser reiterado até que os valores de L e D convirjam, e EF3 e EF6 não mais se alterem.

Peres e Machado (1988) desenvolveram um programa de computador para fazer esse trabalho, cuja lógica é mostrada na Fig. 3.37. Demonstra-se matematicamente que o esquema é estável e consistente, com exceção dos casos associados a pequenos moinhos de barras operando com relações de redução extremamente baixas. O programa tem um bloqueio-alerta que registra o centésimo *loop*, sem interromper, porém, o processamento, com vistas aos raros – mas possíveis – casos de não convergência.

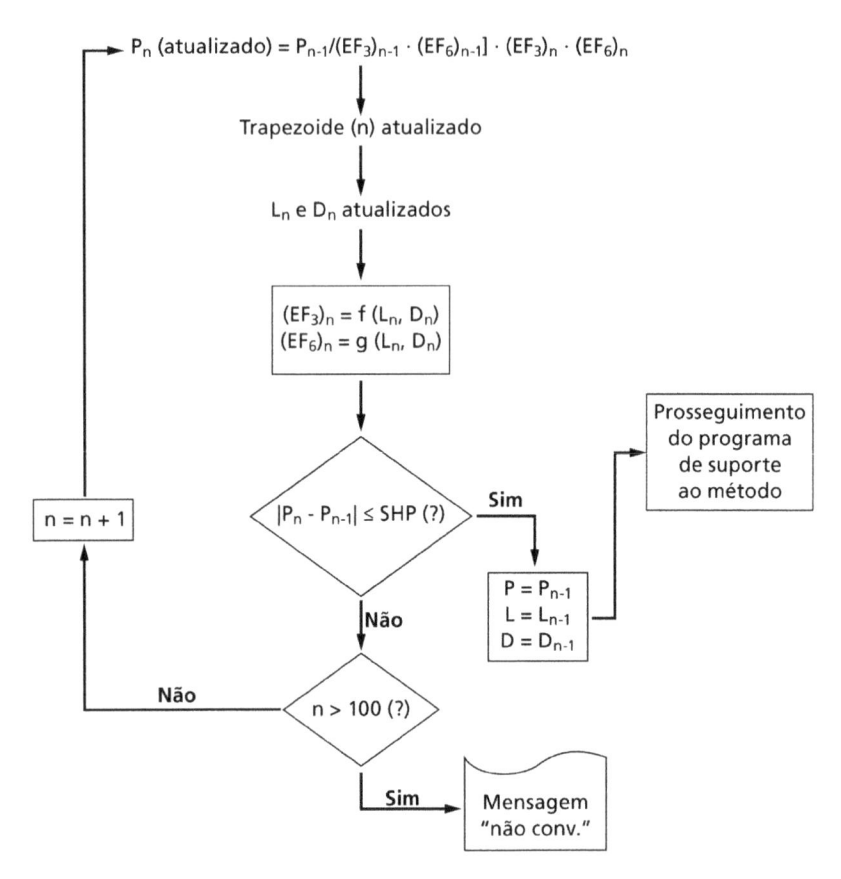

```
                    ┌─► Pₙ (atualizado) = Pₙ₋₁/(EF₃)ₙ₋₁ · (EF₆)ₙ₋₁] · (EF₃)ₙ · (EF₆)ₙ
                    │              │
                    │    Trapezoide (n) atualizado
                    │              │
                    │      Lₙ e Dₙ atualizados
                    │              │
                    │      (EF₃)ₙ = f (Lₙ, Dₙ)
                    │      (EF₆)ₙ = g (Lₙ, Dₙ)
                    │              │                      ┌─────────────┐
                    │                              Sim    │Prosseguimento│
                    │                          ┌──────────┤ do programa  │
         ┌─────┐    │     |Pₙ - Pₙ₋₁| ≤ SHP(?) ─┤          │ de suporte   │
         │n=n+1│    │              │            │          │ ao método    │
         └─────┘    │             Não           │          └─────────────┘
           ▲        │              │            │   P = Pₙ₋₁
           │        │                            └─ L = Lₙ₋₁
       Não │                n > 100 (?)              D = Dₙ₋₁
           └─────────────────   │
                              Sim ─── Mensagem "não conv."
```

Fig. 3.37 Algoritmo de atualização dos valores da potência (P), do diâmetro (D) e do comprimento (L)

O programa inclui, ainda, as equações para cálculo da velocidade crítica em rpm, da velocidade de operação em rpm e VC, do volume de carga em porcentagem do volume total, da massa de carga, do diâmetro máximo dos corpos moedores, do comprimento das barras, quando é o caso, e da espessura da carcaça e do revestimento metálico.

Exercícios resolvidos

Os exercícios sobre moinhos abordarão especialmente o dimensionamento de moinhos de bolas e de barras, que são os mais importantes do ponto de vista industrial, com referências esparsas a alguns outros moinhos especiais. Os exercícios sobre moinhos de carga cadente foram baseados nos exemplos desenvolvidos por Rowland no *Mineral processing plant design* (Rowland; Kjos, 1969).

3.1 250 t/h de um minério com 80% passante em 18 mm (100% a −25 mm, produto de britagem em circuito fechado) devem ser moídas a 80% passante em 1,2 mm. Na sequência, um moinho de bolas operando em circuito fechado. Ambas as operações de cominuição devem ser feitas a úmido. Qual o moinho a ser escolhido, sabendo-se que o WI do minério é 13,2 e sua densidade, 3?

Solução:

a) tipo de moinho: opta-se pelo moinho de barras.

b) escolha do moinho:

F = 18.000 μm

P = 1.200 μm $\therefore$ $W = \frac{10 \times 13,2}{\sqrt{1.200}} - \frac{10 \times 13,2}{\sqrt{18.000}} = 2,83$ kWh/st

W1 = 13,2 KWh/st

EF1 – não se aplica.

EF2 – não se aplica.

EF3 – só se poderá aplicar depois de conhecido o diâmetro do moinho.

EF4 = $\frac{RR+(WI-7)\times(F-Fo)/Fo}{RR}$

RR = F/P = 18.000/1.200 = 15

Fo = 16.000 $\sqrt{13/WI}$ = 15,879   EF4 = $\frac{15+6,2\times0,13}{15}$ = 1,06

EF5 – não se aplica.

EF6 – só se poderá aplicar depois de conhecidos o diâmetro e o comprimento do moinho.

EF7 – não se aplica.

EF8 = 1,2 (moinho de barras + moinho de bolas com classificação, circuito fechado de britagem).

Então, potência necessária = 2,83 × 1,06 × 1,2 × 1/0,907 × 1,34 × 250 = 1.330 HP

(1/0,907 é a conversão de st para t; 1,34 é a conversão de kW para HP; 250 é a vazão de material a ser moído.)

A Tab. 3.17 mostra que um moinho 12,5 × 18 ft, carregado com 40% do seu volume, puxa 1.173 HP. Pode-se, então, calcular o fator EF3:

$EF3 = (8/D)^{0,2} = (8/11,55)^{0,2} = 0,929$ (note-se que D é o diâmetro interno do moinho).

Então, a potência corrigida por esse fator passa a ser:

potência corrigida = 0,929 × 1330 = 1.236 HP.

Para que o moinho de 12,5 ft de diâmetro possa absorver essa potência, é necessário aumentar o seu comprimento:

$$\text{novo } L = \frac{1.236 \times 18}{1.173}$$

Tem-se, então, um moinho de 12,5 × 19 ft.

L = 18,5 ft e D = 11,55 ft.

Pode-se agora calcular o EF6:

$$RRo = 8 + \frac{5 \times 18,5}{11,55} = 16$$

RR = 15

Como RR está no intervalo RRo ±2, EF6 não se aplica. EF3 também é o mesmo, e o moinho escolhido permanece o mesmo:

moinho de barras

descarga por *overflow*

D = 12,5 ft (interno = 11,55 ft)

L = 19 ft (interno = 18,5 ft)

L/D = 1,5

40% de carga

66% da velocidade crítica

c] escolha do motor:

A potência consumida (no pinhão) será 1.236 HP.

O motor adequado será, então, de 2.000 HP (precisa ter reserva de potência para poder partir cheio ou com a carga de minério e corpos moedores sedimentada e endurecida, após uma longa parada).

d] corpos moedores:

A Eq. 3.34 fornece o tamanho da barra máxima e a Tab. 3.20, a distribuição sazonada dos tamanhos de barras:

$$R = \frac{F^{0,75}}{160} \sqrt{\frac{WI \cdot \rho}{\%VC\sqrt{D}}}$$

onde ρ é a densidade real do minério; %VC é a % da velocidade crítica; e D é o diâmetro interno (ft).

$$R = \frac{18.000^{0,75}}{160} \sqrt{\frac{13,2 \times 3}{66\sqrt{11,55}}} = 4,1'' \cong 4''$$

% enchimento = 40%

Volume interno = $\frac{\pi \times (3,61)^2}{4} \times 5,7 = 58,1\,m^3$

Densidade aparente das barras = 6.247 kg/m³

Então, carga de barras = 58,1 × 0,4 × 6.247 = 145,2 t.

Distribuição sazonada:

Diâmetro	4"	3 ½"	3"	2 ½"	2"
%	20	27	21	15	17
t	29	39,2	30,5	21,8	24,7

3.2 Qual é o consumo de barras e revestimentos do moinho do exercício 3.1, se o índice de abrasão (AI) de Bond para esse minério for de 0,4 e o moinho operar 7.500 h/ano?

Solução:

Conforme a Tab. 3.13:

barras: $q = 155\,(AI - 0,02)^{0,2}$

revestimentos: $q = 15,5\,(AI - 0,015)^{0,3}$

potência consumida = 1.236 HP = 922 kW

7.500 horas anuais
ou, 6.922.500 KWh/ano
consumo de barras = $155 \times (0,4 - 0,02)^{0,2} \times 6.922.500 = 884,2$ t/ano
consumo de revestimentos = $15,5(0,4 - 0,015)^{0,3} \times 6.922.500 = 80,6$ t/ano

3.3 Calcular um moinho que receba o produto do moinho do exercício 3.1 e o leve até 175 μm (cerca de 80 #). Nessas condições, o WI passa para 11,7 kWh/st.

Solução:

Sabe-se, do enunciado do exercício 3.1, que se trata de um moinho de bolas, a úmido, circuito fechado. Admitiremos que a descarga seja feita por *overflow*.

a] dimensões:

F = 1.200 μm

P = 175 μm ∴ $W = \frac{10 \times 11,7}{\sqrt{175}} - \frac{10 \times 11,7}{\sqrt{1.200}} = 5,47$ kWh/st

WI = 11,7

EF1 – não se aplica.

EF2 – não se aplica.

EF3 – só se poderá aplicar depois de conhecido o diâmetro do moinho.

EF4 – Fo = $4.000\sqrt{13/11,7} = 4.216,4$.

Como F < Fo, EF4 não se aplica.

EF5 – não se aplica.

EF6 – não se aplica.

EF7 – não se aplica, pois RR = 1.200/175 = 6,9 > 6.

EF8 – não se aplica.

Então, potência necessária = $5,47 \times 1/0,907 \times 1,34 \times 250 = 2.020$ HP.

Escolhe-se o moinho 15,5 × 15 ft (D = 14,8 ft; L = 14,5 ft).

∴ EF3 = $\left(\frac{8}{14,8}\right)^{0,2} = 0,88$

$2.020 \times 0,88 = 1.764$ HP.

Da Tab. 3.18, verifica-se que um moinho de 14,5 × 14 ft (L = 13,5 ft; D = 14 ft) consome 1.588 HP. Como a potência necessária para a moagem é de 1.784 HP, o moinho precisa ser mais longo:

Fica um moinho de 14,5 × 16,3 ft (D = 14 ft; L = 15,8 ft).

Reitera-se o cálculo:

$EF3 = \left(\frac{8}{14}\right)^{0,2} = 0,68$

A potência passa a 2.020 × 0,68 = 1.734 HP.

O moinho 14,5 × 14 ft consome 1.588 HP. Para consumir 1.734 HP, precisa-se de:

$$\frac{1.734}{1.588} \times 14 = 15,3 \text{ ft}$$

O moinho passa, então, para 14,5 x 15,3 ft. Como o diâmetro ficou constante, não é mais necessário reiterar o cálculo.

O moinho selecionado, então, é:

bolas, a úmido, circuito fechado

D = 14 ½ ft (4,4 m); internamente: 14 ft = 4,3 m

L = 15,3 ft (4,7m)

40% da carga

descarga por *overflow*

70,8% da velocidade crítica (Tab. 3.18)

b] motor: potência no pinhão = 1.734 HP

motor instalado = 2.000 HP

c] corpos moedores:

$$B = \sqrt{\frac{F}{K}} \cdot \sqrt[3]{\frac{WI \cdot \rho}{\%VC\sqrt{D}}}$$

onde: k = 350; F = 1.200 μm; ρ = 3,0; WI = 11,7; %VC = 71,7; D = 14.

Portanto, $B = \sqrt{\frac{1.200}{350}} \cdot \sqrt[3]{\frac{11,7 \cdot 3}{71,7\sqrt{4}}} = 0,94'' \cong 1''$

Tab. 3.19, distribuição sazonada – todas as bolas serão de 1".

Volume do moinho = $(\pi d^2/4) \cdot 4,7 = 68,3 \text{ m}^3$

% enchimento = 40%

Densidade das bolas = 4,64 t/m³ ⇒ 126,7 t de bolas

3.4 O moinho escolhido no problema anterior foi um moinho de bolas com descarga por *overflow*. O engenheiro da usina, porém, teima em preferir um moinho com diafragma, afirmando que moinhos de diafragma geram maiores cargas circulantes e, por isso, menos finos (lenda não confirmada em experimentos industriais controlados). Qual o efeito dessa modificação sobre o equipamento escolhido?

Solução:

Potência necessária para a moagem = 1.734 HP.

Tab. 3.18: o moinho 14 x 14 ft consome 1.699 HP.

$$\frac{1.734}{1.699} \times 13\,\text{ft} = 14,3$$

Ou seja: será necessário passar a utilizar moinhos de 14 × 14,3 ft.

3.5 Dimensionar um moinho capaz de moer 100 t/h de uma alimentação proveniente de um circuito fechado de britagem, com F = 9,4 mm até P = 175 µm. Dados: WI = 11,96 kWh/st; densidade do minério = 2,7; moagem a úmido, circuito fechado.

Solução:

a) dimensões:

Escolhido um moinho de bolas, descarga por overflow.

F = 9.400 µm

P = 175 µm ∴ $W = \frac{10 \times 11,96}{\sqrt{175}} - \frac{10 \times 11,96}{\sqrt{9.400}} = 7,81\,\text{kWh/st}$

WI = 11,96

EF1 – não se aplica.

EF2 – não se aplica.

EF3 – só se poderá aplicar depois de conhecido o diâmetro do moinho.

EF4 – RR = $\frac{9.400}{175}$ = 53,7

Fo = $4.000\sqrt{13/11,96} = 4.170$ ∴ $\frac{F-F_o}{F_o} = \frac{9.400-4.170}{4.170} = 1,25$

$$EF4 = \frac{53{,}7 + 4{,}96 \times 1{,}25}{53{,}7} = 1{,}12$$

EF5 – não se aplica.
EF6 – não se aplica.
EF7 – não se aplica.
EF8 – não se aplica.

Então, potência necessária = $7{,}81 \times 1/0{,}907 \times 1{,}34 \times 1{,}12 \times 100 = 1.292{,}3\,HP$.

Da Tab. 3.18, verifica-se que um moinho de $13{,}5 \times 13{,}5\,ft$ consome 1.266 HP. Como a potência necessária para a moagem é de 1.292,3 HP, o moinho precisa ser mais longo:

$$\frac{1.292{,}3}{1.266} \times 15 = 15{,}3\,ft$$

Pode-se agora calcular EF3 = $(8/12{,}9)^{0{,}2} = 0{,}91$.

A potência necessária fica: $1.292{,}3 \times 0{,}91 = 1.174{,}5\,HP$.

Um moinho 13×13 puxa 1.130 HP. Então, $\frac{1.174{,}5}{1.130} \times 13 = 13{,}5\,ft$.

Assim, o moinho selecionado é:

bolas, a úmido, circuito fechado

13 x 13,5 ft

35% da carga

descarga por *overflow*

71,7% da velocidade crítica (Tab. 3.18)

b) motor: potência no pinhão = 1.130 HP

motor instalado = 1.500 HP

c) corpos moedores:

k = 350

F = 9.400 μm

P = 2,7

WI = 11,96

%VC = 71,7

D = 12,4 (Tab. 3.18)

Portanto, $B = \sqrt{\frac{9.400}{350}} \cdot \sqrt[3]{\frac{11{,}96 \cdot 3}{71{,}7\sqrt{12{,}4}}} = 2{,}70'' \cong 2\,¾''$.

Distribuição sazonada:

Diâmetro	2 ½"	2"	1 ½"	1"
%	34	43	17	6
t	24,6	31,1	12,3	4,3 para 72,3 t de bolas

Volume do moinho = $(\pi \times 12,4^2/4) \times 13 = 1.570$ ft^3
Enchimento = 35%
Densidade das bolas = 290 lb/ft^3 ⇒ 159.346 lb
72,3 t de bolas

3.6 Resolver novamente o exercício 3.3, usando agora um moinho de seixos. Os seixos serão blocos do próprio material que está sendo moído, peneirados a −70+30 mm, com um consumo de 6% da alimentação. O WI dos seixos é de 13,2 kWh/st.

Solução:

O dimensionamento de moinhos de seixos é mais delicado que o de moinhos de bolas ou de barras e, via de regra, exige experimentação prévia. É conveniente consultar sempre um fabricante conceituado.

a] escolha do moinho:

A potência necessária para moer o minério continua sendo a mesma já calculada no exercício 3.3, ou seja, 2.020 HP. Porém, nesse caso, é preciso considerar um acréscimo de 6% para os seixos que se degradaram até F = 1.200 μm e começam a ser moídos até P = 175 μm. Assim, − 6% de 2.020 são 121 HP.

Essa cominuição dos seixos (corpos moedores) desde o seu tamanho inicial de 70 mm = 70.000 μm até o tamanho de 1.200 μm, em que não se distinguem mais do material que está sendo moído, também consome energia:

F = 70.000 μm

$P = 1.200 \, \mu m \Rightarrow W' = \frac{10 \times 13,2}{\sqrt{1.200}} - \frac{10 \times 13,2}{\sqrt{70.000}} = 3,31 \, kWh/st$

$W1 = 13,2$

Considera-se, ainda, um FATOR DE INEFICIÊNCIA DA MOAGEM COM SEIXOS = 2 (Rowland; Kjos, 1969).

Potência = $2 \times 3,31 \times 1/0,907 \times 1,34 \times (0,06 \times 250) = 147 \, HP$

Potência total necessária = $2.020 + 121 + 147 = 2.288 \, HP$.

"Os moinhos de seixos são semelhantes a moinhos de bolas de diafragma em quase todos os aspectos de projeto [...] São consideravelmente maiores que moinhos de bolas para a mesma potência" (Rowland; Kjos, 1969).

Da Tab. 3.18, verifica-se que o moinho de $15,5 \times 15$ ft, descarga por diafragma, com 40% de enchimento, demanda 2.234 HP, o que, em termos reais, é o mesmo número.

motor: potência no pinhão: 2.288 HP

motor instalado: 3.000 HP

b] corpos moedores: já estão definidos no enunciado do problema. Rowland e Kjos (1969), porém, enunciam a seguinte regra: "Ao se usar seixos como corpos moedores, o tamanho dos seixos deve ser escolhido de modo a dar o mesmo peso que as bolas de aço necessárias para o mesmo serviço".

Essa solução do problema é, contudo, apenas uma primeira aproximação e serve para a tomada de decisões preliminares. O correto é fazer testes e consultar um bom fabricante.

3.7 Dimensionar um moinho de barras para moer 9,3 t/h de alumina, em circuito aberto, desde 19,5 mm até 0,56 mm. Dados: WI = 11,9 kWh/t; moagem a úmido; % enchimento = 40%; densidade da alumina = 2,6.

Solução:

Note-se a unidade em que o WI está expresso. Embora todo o mundo utilize kWh/st, algum excêntrico, ocasionalmente, resolve utilizar alguma unidade diferente, convicto de que sabe mais do que os outros, de que está certo e de que todos os demais estão errados. Deve-se tomar cuidado para não incorrer nesse erro.

a] dimensões:

$F = 19.500 \ \mu m$

$P = 560 \ \mu m$

9,3 t/h

$WI = 11,9$ kWh/t $= 10,8$ kWh/st

moagem a úmido

% enchimento $= 40\%$

densidade da alumina $= 2,6$

$W = \frac{10 \times 10,8}{\sqrt{560}} - \frac{10 \times 10,8}{\sqrt{19.500}} = 3,79$ kWh/st

EF1 – não se aplica.

EF2 – não se aplica.

EF3 – só se poderá aplicar depois de conhecido o diâmetro do moinho.

EF4 – $RR = \frac{F}{P} = \frac{19.500}{560} = 34,8$

$Fo = \sqrt{\frac{13}{10,8}} \times 16.000 = 17.473 \ \mu m$

$EF4 = \frac{RR+(WI-7)(F-Fo)/Fo}{RR} = \frac{34,8+(10,8-7)(19.500-17.473)/17.473}{34,8}$

$= 1,01$

EF5 – não se aplica.

EF6 – só se poderá aplicar depois de conhecido o diâmetro do moinho.

EF7 – não se aplica.

EF8 – a alumina é um produto industrial; portanto, sua granulometria é controlada e deve-se adotar EF8 $= 1,2$.

Potência necessária $= 3,79 \times 9,3/0,907 \times 1,2 \times 1,01 \times 1,34 = 63,1$ HP

Tab. 3.17: 40% carga

63,1 HP: 5 × 8 ft puxa 61 HP

$(63,1/61) \times 8 = 8,3$ ft

$L/D = 8,3/5 = 1,7$

Portanto, $EF3 = (8/5)^{0,2} = 1,1$.

$RRo = 8 + (5 \times 8,3)/5 = 16,3$ e $EF6 = 1 + \frac{(34,8-16,3)^2}{150} = 3,28$

Potência corrigida = 63,1 × 1,1 × 3,28 = 227,7 HP.

Da Tab. 3.17, 7 × 11 ft puxa 194 HP, donde 7 × 12,9 ft puxará os 228 HP necessários para a moagem.

Então, EF3 = $(8/7)^{0,2}$ = 1,03.

$RRo = 8 + \frac{5 \times 12,9}{7} = 17,2$

$EF6 = 1 + \frac{(34,8-17,2)^2}{150} = 3.07$

Potência corrigida = 63,1 × 1,03 × 3,07 = 199,2 HP.

Da Tab. 3.17, 7 × 11 ft puxa 194 HP, donde 7 × 11,3 ft é o moinho adequado.

b) motor escolhido: 300 HP (potência consumida = 199 HP)
40% de enchimento
69,9% da veloc. crítica

c) corpos moedores:

$R = \frac{19.500^{0,75}}{160} \sqrt{\frac{2,6 \times 10,8}{66,4\sqrt{7}}} = 4,12'' = 4''$

Volume interno do moinho = $\frac{\pi \times 6,5^2}{4}$ = 10,5 = 348,4 ft³

Enchimento = 40%

Densidade aparente das barras = 340 lb/ft³

⇒ peso das barras = 423 × 0,40 × 340 × 0,454 = 21,5 t

Distribuição sazonada:

Diâmetro	4"	3 ½"	3"	2 ½"	2"
%	20	27	21	15	17
t	1,1	5,8	4,5	3,2	3,7

3.8 Calcular a carga circulante de um circuito fechado de moagem em que as porcentagens de sólidos são: *overflow* - 20%; *underflow* - 70%; alimentação - 45%.

Solução:

A primeira coisa a fazer é transformar porcentagens de sólidos em relações água/sólidos.

Se o *overflow* tem 20% de sólidos, tem 80% de água. Então, a sua relação água/sólidos é 80/20 = 4.

De modo análogo:

underflow com 70% de sólidos, 30% de água, R = 30/70 = 0,43;
alimentação com 45% de sólidos, 55% de água, R = 55/45 = 1,22.
Ao aplicar-se a equação 3.18, tem-se:

$$\text{carga circulante} = \frac{4 - 1,22}{1,22 - 0,43} = 351\%$$

Referências bibliográficas

ANDREWS, C. F. Closed circuiting vibrating screens and crushers. *Pit and Quarry*, p. 85-86 e 109, Jun. 1966.

AZZARONI, E. Determinación de Ia ley de desgaste y distribucion de tamaños de las bolas en los molinos de bola. In: SIMPOSIUM SOBRE MOLIENDA, 2. *Anais...* Viña del Mar: Armco, 1977.

BARTOL, J. Revisión de carga balanceada. In: SIMPOSIUM SOBRE MOLIENDA, 2. *Anais...* Viña del Mar: Armco, 1977.

BERALDO, J. L. *Moagem de minérios em moinhos tubulares*. São Paulo: Edgard Blücher, 1987.

BERALDO, J. L. Controle de processo em usinas de concentração de minério. In: ENCONTRO NACIONAL DE TRATAMENTO DE MINÉRIOS E HIDROMETALURGIA. *Anais...* São Paulo: ABM, 1998. p. 11-36.

DENVER EQUIPMENT CO. *Grinding mills*. Denver, CO: Denver, [s.d.]. (Bulletin B2-B34B).

DUDA, W. H. *Cement data book*. Munich: Bauverlag, 1976.

FAÇO - FÁBRICA DE AÇO PAULISTA. *Manual de britagem*. 3. ed. São Paulo: Faço, 1982.

GARCIA, A. D. *Reforma e adequação de um moinho de 4.000 HP para nova aplicação*. Dissertação (Mestrado) – Escola Politécnica da Universidade de São Paulo, São Paulo, 2000.

KARRA, J. K. *Calculating the circulating load in crushing circuits*. Milwaukee: Rexnord, 1979. (Separata).

KELLY, E. G.; SPOTTISWOOD, D. J. *Introduction to mineral processing*. New York: John Wiley & Sons, 1982. cap. 8 e 10.

KJOS, D. M. Materiales ferrosos de desgaste y su diseño. In: SIMPOSIUM SOBRE MOLIENDA, 3. *Anais...* Santiago: Armco, 1980.

LOPES, M. C. *Curso de moagem*. Sorocaba: Faço, [s.d.]. (Xerox).

LUND, L. K.; NIKLEWSKY, A. Peneiramento. In: SIMPÓSIO DE TRATAMENTO DE MINÉRIOS. São Paulo: CMR, 1965.

LYNCH, A. J. *Mineral crushing and grinding circuits*. Amsterdam: Elsevier, 1977. p. 27ss.

MAIA, G. S. *Avaliação da qualidade de corpos moedores para o minério fosfático de Tapira - MG*. Dissertação (Mestrado) – Escola Politécnica da Universidade de São Paulo, São Paulo, 1994.

McGREW, B. *Crushing practice and theory*. Milwaukee: Allis Chalmers, 1953.

NORDBERG PROCESS MACHINERY. *Reference manual*. Milwaukee: Rexnord, 1976.

PERES, A. E. C.; MACHADO, I. C. O método do trapezóide de possibilidades para o cálculo e dimensionamento de moinhos. *Metalurgia-ABM*, v. 44, n. 368, p. 668-670, jul. 1988.

PERES, A. E. C.; MACHADO, I. C. Altas razões de redução em moinhos de barras: um fator crítico de dimensionamento. *Mineração e Metalurgia*, v. 53, n. 511, p. 60-62, 1990.

ROSA, A. C. *Os circuitos de moagem direto e inverso: um estudo de caso*. São Paulo, EPUSP, texto para qualificação ao mestrado, 2012.

ROWLAND, C. A.; KJOS, D. M. Rod and ball mills. *Mineral processing plant design*. New York: SME, 1969. cap. 12. p. 239-278.

TAGGART, A. F. *Handbook of mineral dressing*. New York: John Wiley & Sons, 1956. cap. 5 e 6.

TRELLEBORG. *Trelleborg mill linings*. Trelleborg: catálogo. [s.n.t.].

4 Cominuição do carvão

O carvão tem um comportamento à cominuição muito peculiar quando comparado com o dos outros minerais. Esse comportamento decorre de vários fatores, a saber (Chaves, 1972):

- ♦ O carvão mineral é um material heterogêneo. Além dos seus diversos constituintes petrográficos, denominados macerais – cada um deles com comportamento mecânico e propriedades à coqueificação característicos –, contém matéria mineral, que tanto pode estar liberada da matéria carbonosa como intimamente associada a ela. No primeiro caso, a matéria mineral vai ter o seu comportamento mecânico próprio; no segundo, ela vai alterar o comportamento do maceral e que estiver associada.

    O comportamento dos diferentes microconstituintes do carvão é sumarizado no Quadro 4.1.

- ♦ O carvão possui uma quantidade enorme de poros, trincas, interfaces e capilaridades. Cada uma dessas singularidades se constitui num ponto de fraqueza. Bond (1961) estabeleceu o princípio de que o ponto mais fraco de um sólido é o que determina a sua resistência à cominuição. No carvão, as descontinuidades são tantas, que elas prevalecem sobre quaisquer outros fatores, e são elas que determinam a capacidade de resistência do carvão à cominuição. São tantas essas imperfeições e é tão marcante a sua influência, que, para fins de teorização, o carvão pode ser considerado como um sólido pré-fraturado.

- ♦ O carvão tem uma quantidade de água (umidade) superficial ou contida nos poros e capilares muitas vezes maior que a usual para os outros minerais. Está muito bem estabelecido que a presença da água aumenta o caráter plástico/elástico dos materiais (Sickle, 1960). Está também muito bem estabelecido que rochas secas têm

4 Cominuição do carvão 289

um comportamento mais frágil que rochas úmidas, o que se traduz em uma diminuição da resistência à compressão das rochas secas em até 40%.

A explicação para esse comportamento é dada em termos de tensão superficial: a água presente nas trincas acarretaria um reajustamento das superfícies das trincas e as manteria juntas. Baugham, em 1945, verificou que a adsorção de vapor d'água facilita a deformação plástica do carvão, dificultando, em consequência, a sua moagem. No sentido inverso, Brown, em 1953, aqueceu carvão a 130°C e verificou que o carvão seco quebrava com muito maior facilidade (Sickle, 1960; Brown, 1960).

♦ Essa mesma quantidade de água torna muito difíceis as operações de peneiramento, estocagem e manuseio.

O tratamentista brasileiro deve ter em mente que a indústria do carvão mineral é muito forte e importante economicamente em todo o mundo. Aqui no Brasil, não temos consciência desse fato, exceto, talvez, os gaúchos e os catarinenses. Essa indústria se desenvolveu isolada e independentemente do Tratamento de Minérios, isto é, dos outros minerais com que estamos acostumados, e tem uma cultura própria, madura e muito rica. Por isso, apresenta certas idiossincrasias que podem chocar os menos avisados. Uma delas é o uso generalizado de peneiras de malhas circulares, em vez de malhas quadradas, convencionais para todos os outros minerais. Os manuais de fornecedores de equipamentos costumam trazer tabelas de equivalência entre malhas redondas e malhas quadradas, como exemplificado na Tab. 4.1.

A razão desse costume decorre de o carvão ser um material muito leve: densidade real entre 1,4 e 1,7. Assim, chapas finas perfuradas têm capacidade para funcionar como meios de separação em lugar de telas. Isso seria inviável com outros materiais, pois a chapa se encurvaria. Além disso, o carvão de boa qualidade é pouco abrasivo. As chapas perfuradas são, portanto, uma solução barata (podem ser fabricadas na oficina da própria usina) e conveniente,

Quadro 4.1 Características dos microconstituintes do carvão

Microlitotipos	Químicas	Mecânicas	À moagem	Densidade	Secabilidade	Potencial ζ	À coqueificação
Vitrênio	Cinzas: 0,5% a 10%; análise de uma vitrina: C: 85% H: 5,4% O: 7,6% N: 1,3% S: 1,0%	Sólido viscoelástico; boas propriedades mecânicas atenuadas por diáclases; resistência duas vezes superior à do fusênio	Concentra-se nas frações intermediárias	1,30	Fácil	< 0; decresce de pH 4 até pH 9	Funde e incha; responsável pela ligação do coque
Clarênio	Cinzas: 0,5% a 2%	Resistência três vezes superior à do fusênio	Concentra-se nas frações grossas	1,30	Fácil	< 0	Funde e incha; desprende muita matéria volátil
Durênio	Cinzas: 1% a 5%; análise de uma exinita: C: 80,1% H: 10,8% O: 7,4% N: 1,2% S: 0,5%	Muito duro e resistente; resistência dez vezes superior à do fusênio	Concentra-se nas frações grossas	1,25 a 1,45	Difícil	< 0; decresce de pH 4,5 até pH 12	Inerte à coqueificaçã; desprende muita matéria volátil
Fusênio	Cinzas: 5% a 10% ou mais; análise de uma inertinita: C: 88% H: 3,5% O: 7,2% N: 0,7% S: 0,6%	Frágil e mole	Concentra-se nas frações finas	1,40 a 1,80	Difícil	< 0; cresce até pH 9 e depois decresce	Totalmente inerte

Fonte: Chaves (1974).

embora restrita a materiais leves e não abrasivos (elas são muito usadas em indústrias de alimentos, grãos e madeira).

Tab. 4.1 RELAÇÃO ENTRE ABERTURAS REDONDAS E QUADRADAS EM PENEIRAS-TESTE PLANAS

Aberturas quadradas		Aberturas redondas	
Tamanho	pol.	Equivalente aproximado	
#4	0,187	0,23	1/4
3/8	0,375	0,45	1/2
1/2	0,500	0,60	5/8
5/8	0,625	0,75	3/4
3/4	0,750	0,90	7/8
7/8	0,875	1,06	1
1	1,000	1,21	1 1/4
1 1/8	1,125	1,36	1 3/8
1 1/4	1,250	1,51	1 1/2
1 1/2	1,500	1,81	1 3/4
1 3/4	1,750	2,11	2
2	2,000	2,41	2 3/8
2 1/4	2,250	2,71	2 3/4
2 1/2	2,500	3,02	3
3	3,000	3,62	3 1/2
3 1/2	3,500	4,22	4 1/4
4	4,000	4,82	4 3/4

Nota: o diâmetro da abertura é igual a 1,21 vez o lado da abertura quadrada, ou a abertura quadrada é 0,83 vez o diâmetro da abertura redonda.
Fonte: McNally Pittsburgh (s.d.).

4.1 Distribuição de tamanhos

Na Inglaterra, entre 1945 e 1947, uma comissão composta de produtores e distribuidores de carvão tentou padronizar os tamanhos em que o carvão seria comercializado, de modo a racionalizar e maximizar o seu aproveitamento. O objetivo era a economia de guerra. A conclusão dos três anos de trabalho foi de que nada havia a ser feito, e que a classificação já utilizada para produzir os tamanhos comercializados estava de acordo com uma lei natural de distribuição dos tamanhos das partículas de carvão (Brown, 1960).

Em 1933, Rosin e Rammler haviam descoberto que os finos de carvão se distribuem segundo a lei exponencial, que leva seus nomes. Em 1936, Bennet demonstrou que essa lei estendia-se a todos os tamanhos de ROM. Posteriormente, verificou-se que a lei de Rosin-Rammler governava a distribuição de tamanhos de todos os produtos de cominuição de carvões (Foreman, 1979). Esse fato foi comprovado para os carvões brasileiros em 1968 (Nóvoa, 1968).

A lei de Rosin-Rammler é dada por:

$$\% \text{ retida} = 100 \cdot e^{-(d/f)^n} \qquad (4.1)$$

onde:

d = abertura da peneira;
f = constante de finura;
n = constante de dispersão da distribuição.

Taggart (1936) fez a seguinte anamorfose:

$$\% \text{ retida} = 100 \cdot e^{-(d/f)^n} \qquad (4.2)$$

Então: $\frac{100}{(\% \text{ retida})} = e^{(d/f)^n}$, e $\ln = \frac{100}{(\% \text{ retida})} = \left(\frac{d}{f}\right)^n$.

$$\ln\left[\ln = \frac{100}{(\% \text{ retida})}\right] = \ln\left(\frac{d}{f}\right)^n = n\ln(d/f) = n(\ln d - \ln f) = n\ln d - n\ln f$$

Ao se fazer:

$y = \ln\left[\ln = \frac{100}{(\% \text{ retida})}\right]$
$x = \ln d$
$c = n \ln f = $ constante, fica: $y = n x + c$

A função de Rosin-Rammler, portanto, pode ser representada por uma reta em papel logarítmico. A Fig. 4.1 mostra esses resultados para carvões brasileiros.

4 Cominuição do carvão   293

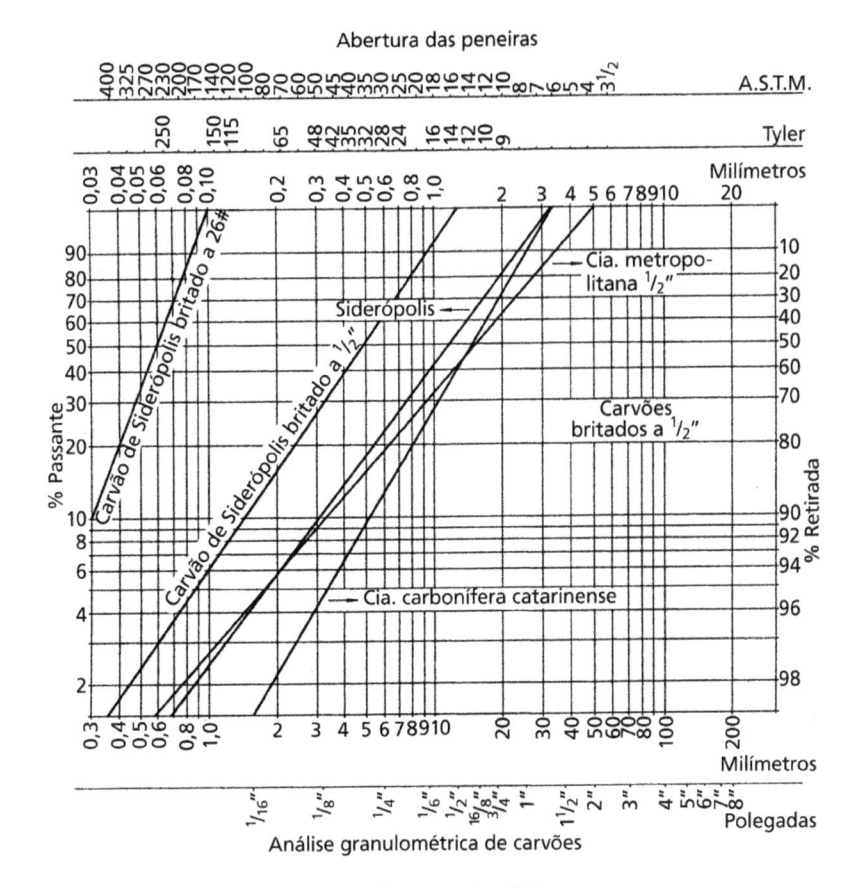

Fig. 4.1 Distribuição granulométrica de carvões brasileiros
Fonte: Paulo Abib Engenharia (1977).

Ao se fazer $d = f \Rightarrow$ (% retida) $= 100 \cdot e^{-1} = 100/e = 36{,}8$.

Ou seja, f, a *constante de finura*, representa a abertura na qual 36,8% da amostra de carvão ficaria retida.

O significado de n, por sua vez, é imediato: n representa a inclinação da reta no papel logarítmico.

Toda distribuição de probabilidades pode ser representada por um valor central e por uma medida de dispersão. No caso bem conhecido da distribuição normal, o valor central é a média (que, nesse caso especial, coincide com a moda e com a mediana, outras duas medidas de valor central), e a medida da dispersão é o desvio padrão (ou a variância). Se imaginarmos a função de Rosin-Rammler-Bennet como a medida das probabilidades de que as partículas de um dado produto de cominuição de um carvão se distribuam pelas diferentes faixas granulométricas, a constante de finura f é o valor central e a constante de dispersão, a medida de dispersão.

Podemos aceitar como fato consumado, portanto, que TODO PRODUTO DE COMINUIÇÃO DE QUALQUER CARVÃO OBEDECE À DISTRIBUIÇÃO DE ROSIN-RAMMLER. Isso posto, decorrem quatro fatos de extrema importância:

1) qualquer carvão escalpado superiormente conterá uma quantidade constante de finos, que se percebe ser significativa;
2) o cuidado que se tomar na cominuição do carvão para alterar a distribuição, para gerar menores quantidades de finos, somado ao cuidado no manuseio para evitar a degradação granulométrica e a consequente geração de finos, pode resultar em tamanhos maiores das partículas. Isso, porém, ocorrerá à custa da resistência mecânica, e qualquer esforço mecânico a que as partículas sejam submetidas implicará a reversão imediata à distribuição estável de tamanhos;
3) uma vez conhecida a constante de dispersão de um dado carvão, a distribuição granulométrica dos diferentes produtos de cominuição pode ser prevista com total confiança, com o peneiramento em uma única peneira;
4) o rank dos carvões não afeta o fato de a sua distribuição granulométrica obedecer à lei de Rosin-Rammler, embora as propriedades de cominuibilidade, abrasão, cisalhamento e dureza sejam afetadas (Brown, 1960).

4.2 Medida da cominuibilidade dos carvões

O ensaio do *work index* de Bond não se aplica aos carvões, isto é, os resultados obtidos não correspondem à realidade, em função do

4 Cominuição do carvão 295

comportamento plástico e elástico do carvão durante a cominuição num moinho de bolas ou de barras.

A medida da cominuibilidade dos carvões é feita por meio do ensaio Hardgrove, desenvolvido em 1932 e normalizado pela ASTM a partir de 1935. A norma ASTM D 409-51 está em vigor desde 1951.

Os dois parâmetros podem ser relacionados pela fórmula (Bond, 1961):

$$WI = \frac{435}{HGI^{0,91}} \quad \text{(4.3)}$$

Esse ensaio é conduzido numa máquina especial para isso, a máquina de Hardgrove (Fig. 4.2). Ela consta de uma pista de rolamento sobre a qual rolam oito bolas de 1" de diâmetro. Um anel é colocado sobre elas e as faz rolar ao mesmo tempo que lhes transmite uma carga constante de 64 ±1/2 lb. O equipamento tem um contador de rotações e para automaticamente após 60 rotações. A amostra, de 50 g, deve estar na faixa −16+30# (−1,2+0,6 mm). Ela é alimentada à máquina, submetida às 60 rotações e, então, peneirada em 200# (0,074 mm). O resultado é dado por:

$$HGI = 13 + 6,93 \times \text{peso do} - 200\# \quad \text{(4.4)}$$

A preparação da amostra para o ensaio Hardgrove é trabalhosa:

♦ a amostra de cabeça é peneirada em 4,8 mm, rejeitando-se todo o material passante;

♦ o +4,8 mm é homogeneizado e quarteado em quarteador Jones até se obter uma alíquota de cerca de 1 kg;

♦ essa alíquota é secada ao ar por, no mínimo, 12 horas e, no máximo, 48 horas. Alternativamente, permite-se secá-la em estufa com recirculação de ar a 40°C até peso constante;

♦ a alíquota é britada em britador de rolos até 100% passante em 1,2 mm. Peneira-se em 0,6 mm e rejeita-se o passante;

♦ o produto −1,2+0,6 mm é quarteado até 120 g.

A cominuibilidade do carvão varia com o *rank*, conforme mostra a Fig. 4.3. A equipe do Bureau of Mines, em 1970, desenvolveu um

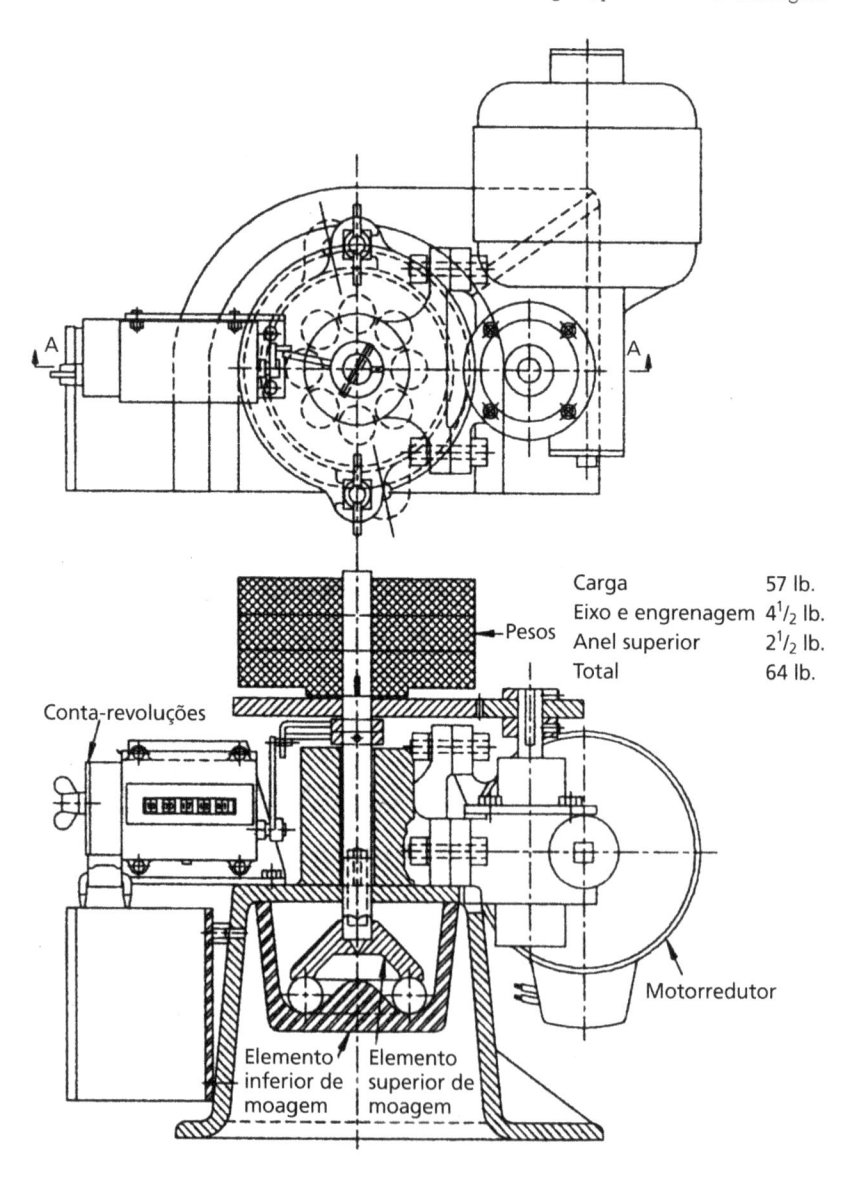

Fig. 4.2 Máquina de Hardgrove

algoritmo para a previsão do HGI usando a análise imediata, o poder calorífico, o teor de enxofre e dados petrográficos (Yancey, 1960). Foram desenvolvidas diferentes equações para diferentes faixas. Uma delas,

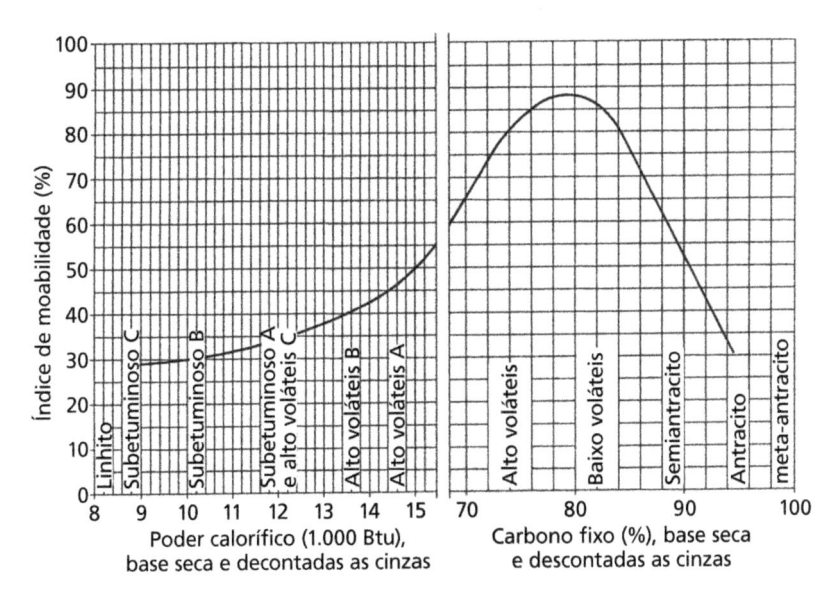

Fig. 4.3 Moabilidade dos carvões segundo o *rank*
Fonte: Yancey (1960).

válida para carvões com teores de matérias voláteis entre 12,8% e 49,2%, e para HGI entre 40 e 110, é:

$$HGI = -190,687S - 232,73325(V/F) - 5781,3015[(V/F)/e^{V/F}] \quad (4.5)$$
$$+ 0,56197453v - 1,6082502e + 8779,3683[(V/100)e^{V/100}]$$

onde:

S = teor de enxofre;
V = % matérias voláteis (maf);
F = % carbono fixo (maf);
v = teor de vitrinita, em volume (%);
e = teor de exinita, em volume (%).

4.3 Mecanismos de cominuição dos carvões

4.3.1 Comportamento microscópico

Os macerais do carvão possuem as seguintes características:

♦ *vitrinita*: esse maceral origina-se da alteração do material celulósico dos vegetais que deram origem ao carvão mineral. Existem duas variedades, a colinita e a telinita, que são fases homogêneas e contínuas. Soltam-se facilmente dos demais constituintes. Segundo Loison (1970), assemelham-se a um sólido viscoelástico — quando lhe é aplicada uma força, ocorre uma superposição de uma deformação puramente elástica, de uma deformação remanente temporária e de uma deformação permanente, que pode ser considerável;

♦ *exinita*: esse maceral origina-se dos esporos, das cutículas de folhas, das esclerotas de cogumelos, todos materiais muito resistentes mecanicamente, especialmente tenazes. Esporos de samambaias e de outros vegetais podem permanecer dormentes por dezenas de anos até encontrarem condições propícias para germinar. Essa capacidade decorre da resistência da sua cutícula protetora. Em consequência, a esporinita se constitui de grãos duros e resistentes, com formato arredondado. A cutinita, que se origina de cutículas de folhas, apresenta essas mesmas características em planos basais, paralelos ao acamamento. Yancey (1960) reporta o mesmo comportamento viscoelástico. É de se esperar, entretanto, acentuada anisotropia no caso da cutinita;

♦ *inertinita*: é em tudo semelhante ao carvão vegetal, com propriedades mecânicas desprezíveis. Ela decorre da carbonização da lignina ou parte rígida do vegetal e preserva a estrutura das células originais, tendo grande número de vazios. Em princípio, a inertinita é, portanto, muito frágil, exceto quando esses vazios forem preenchidos por outros minerais, num processo epigenético.

Essas características afetam, em maior ou menor extensão, os diferentes microlitotipos: o vitrênio e o fusênio terão os mesmos comportamentos da vitrinita e da inertinita, respectivamente. A vitrinertita é composta de vitrinita como fase contínua, com inclusões de inertinita. Ela terá comportamento semelhante ao do vitrênio, mas a resistência é atenuada pela presença da inertinita. O oposto acontecerá com o clarênio, que é uma matriz de vitrinita com inclusões de exinita. Ele apresenta comportamento semelhante ao do vitrênio, porém maior resistência, que tende a aumentar com o aumento da proporção de exinita.

4.3.2 Comportamento macroscópico

Como resultado, os litotipos apresentarão os seguintes comportamentos:

◆ *fusênio*: caráter frágil, baixas propriedades mecânicas. É extremamente friável e se desagrega em pó fino sob a menor ação mecânica;

◆ *vitrênio*: é caracterizado por um diaclasamento intenso, o que atenua a sua resistência mecânica. Tem, porém, propriedades superiores às do fusênio e apresenta certa plasticidade;

◆ *durênio*: é duro e frágil, dez vezes mais resistente que o vitrênio (Gomez; Hazen, 1970);

◆ *clarênio*: apresenta propriedades intermediárias entre o vitrênio e o durênio.

O fusênio requer o menor consumo de energia para a fratura; o vitrênio, o dobro; o clarênio, o triplo; e o durênio, 7,5 vezes mais (Harrison, 1963).

Mais importante, porém, é a heterogeneidade física e a ocorrência de pontos de fraqueza aleatoriamente distribuídos, juntas, interfaces, falhas e capilaridades. Por isso, o que Bond chama de "história anterior do material" afeta o carvão em maior extensão que os outros materiais. História anterior é o conjunto de todas as ações mecânicas sofridas por um material até ele chegar ao equipamento de cominuição (Bond, 1961). Dependendo da sua natureza e intensidade, elas podem ter gerado pontos de fraqueza, de modo que dois pedaços de carvão aparentemente idênticos poderão ter propriedades completamente diferentes, em função dos métodos de desmonte, manuseio, transporte, britagens anteriores etc.

Harrison (1963) fez ensaios de queda, martelamento e compressão lenta com diferentes carvões. O martelamento mostrou que a fratura ocorre, em sua maior parte, através do acamamento do carvão; que ela ocorre principalmente no fusênio e que a fratura no vitrênio era proporcional à quantidade de vitrênio presente. Nos ensaios de compressão lenta, a tensão de ruptura variou conforme a compressão era perpendicular ou paralela ao bandeamento, e a fratura ocorria sempre segundo as direções principais de cisalhamento. Em ambos os casos, observou-se o que se denominou de "fratura característica do vitrênio": a fratura ocorria, na maior parte das vezes, no fusênio, no clarênio ou na matéria mineral, *na interface com o vitrênio*, expondo, dessa maneira, faces livres desse litotipo.

Brown (1960) fez ensaios com britadores de rolos lisos. Ao passar pedaços de carvão de diâmetro 1,01 d em um par de rolos com abertura d, eles saíam intactos; ao aumentar o diâmetro para 1,02 d, ocorria uma única fratura. Ao aumentar o diâmetro a partir daí, notava, de início, várias fraturas distintas e, finalmente, fragmentação múltipla e irregular.

O mesmo Brown submeteu pequenos cubos de carvão, isentos de trincas visíveis, a um grande número de pequenos impactos, cada um deles muito pequeno para ter qualquer efeito prático. Inicialmente não se notava nenhuma mudança visível. Decorrido certo tempo, o cubo começou a trincar tanto paralela como perpendicularmente às forças aplicadas. O cubo ficou dividido em poucos pedaços, usualmente menos que oito, com quase total ausência de pó.

Outro tipo de ensaio consistiu em manter a forma do cubo, envolvendo-o com uma banda elástica e aplicando uma sucessão de pequeninos impactos. O comportamento mudou: o cubo desintegrava-se repentinamente, de maneira completa, com produção de grande número de pedaços e de grande quantidade de pó.

A experiência industrial mostra que a geração de finos ocorre principalmente por abrasão (impacto e compressão são pouco significativos). A alimentação do britador ou moinho com alimentações maiores ou menores que a nominal é o principal fator para o aumento da proporção de finos no produto.

4 Cominuição do carvão 301

4.3.3 Modelo de cominuição de carvão

Tudo isso leva a idealizar o carvão como um solido pré-fraturado, isto é, com fraquezas e descontinuidades dispostas aleatoriamente por todo o seu volume. O modelo de cominuição do carvão admite, então, que:

1) as fraturas se iniciam nessas descontinuidades;
2) uma parte da energia aplicada é empregada na propagação das fraturas e o restante, para gerar novas fraquezas.

Simulando-se esse mecanismo e considerando-se a distribuição das fraquezas preexistentes e das fraquezas geradas como aleatória, obtém-se uma lei estatística de distribuição de tamanhos semelhante à lei de Rosin-Rammler.

4.3.4 Segregação granulométrica

É de se esperar, portanto, que os vários microconstituintes do carvão venham a se distribuir de maneira diferenciada nas diferentes frações granulométricas de um produto de cominuição. É de se esperar a concentração do fusênio nas frações finas e do durênio nas frações grossas. Consideradas as diferenças de composição mostradas no Quadro 4.1, é de se esperar que as cinzas, as matérias voláteis e o enxofre se distribuam diferentemente pelas várias frações granulométricas. A Fig. 4.4 mostra resultados obtidos com carvão do Paraná, levando a diferenças de 12% entre os teores de cinzas das frações de maior e de menor teor, e de 8% para o carbono fixo.

Existem vários processos de beneficiamento baseados na cominuição seletiva. O processo Burstlein (1954) consiste de uma série de moagens em circuito fechado e destina-se a gerar uma distribuição granulométrica que dê o coque ótimo nas coquerias.

4.4 Equipamentos

Os equipamentos utilizados na britagem de carvões são o britador Bradford, os britadores de impacto, de rolos (especialmente o

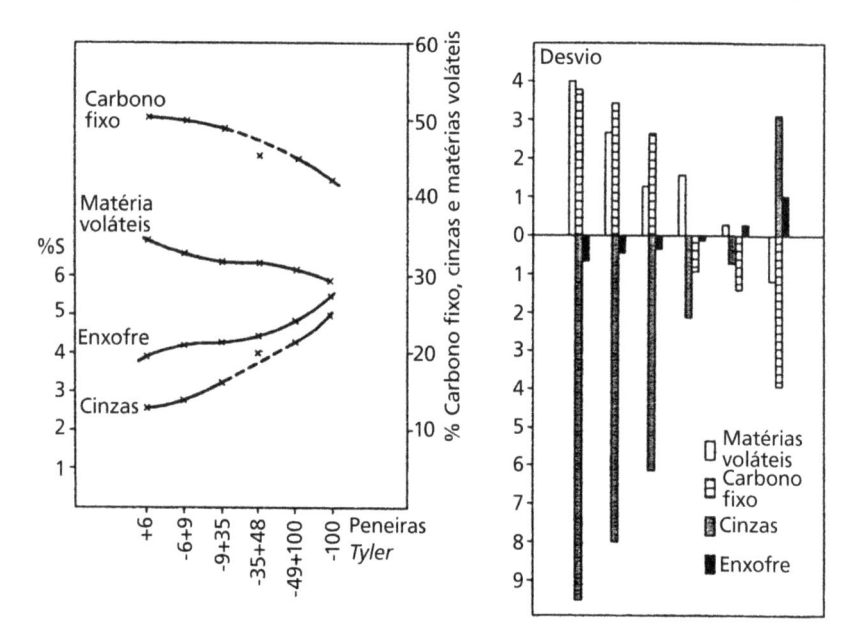

Fig. 4.4 Carvão da Cia. Carbonífera Cambuí (PR): valores medidos e desvios em referência aos valores originais, por fação granulométrica

de um rolo), e os moinhos de martelos. Especial importância assumem os *feeder breakers* na mineração subterrânea.

Existem, entretanto, alguns equipamentos de uso específico na moagem fina que merecem ser vistos. É importante ressaltar que eles vêm sendo aplicados também a outras matérias-primas minerais e industriais.

4.4.1 Moinhos de galga

A Fig. 4.5 mostra um deles. Esses moinhos têm uma pista sobre a qual rolam uma ou mais rodas pesadas. As partículas a moer são colocadas sobre a pista e a roda passa sobre elas, esmagando-as. A cominuição ocorre tanto por compressão como por abrasão, e esses equipamentos são considerados excelentes misturadores. Os moinhos de galga são chamados na literatura de língua inglesa de *roller mills*.

O arrastre (Fig. 4.6), muito utilizado nas minas chilenas, peruanas e mexicanas do passado, era a versão mais rudimentar dos moinhos de galga. As rodas eram substituídas por pedras que eram arrastadas sobre o minério. O produto da sua evolução é o "moinho chileno" (Fig. 4.7). A velocidade foi aumentada, melhorando assim o seu desempenho.

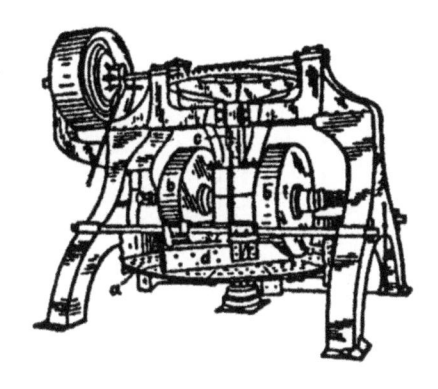

Fig. 4.5 Moinho de galga
Fonte: Taggart (1936).

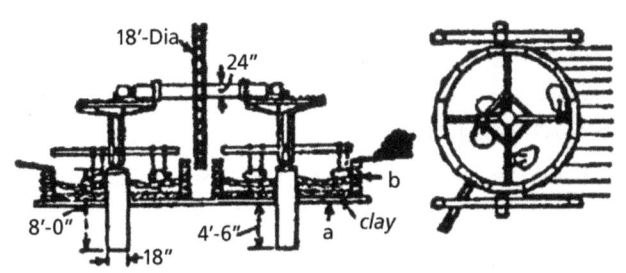

Fig. 4.6 Arrastre
Fonte: Taggart (1936).

Os moinhos de galga são extensamente utilizados como amalgamadores de minérios de ouro e como misturadores de aditivos para areias de fundição. Vêm sendo usados na moagem do entulho cerâmico da construção civil.

A Fig. 4.8, extraída de um catálogo da Allis Chalmers para moagem em fábricas de cimento,

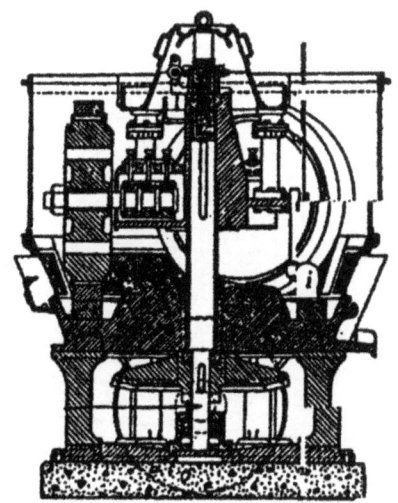

Fig. 4.7 Moinho chileno
Fonte: Taggart (1936).

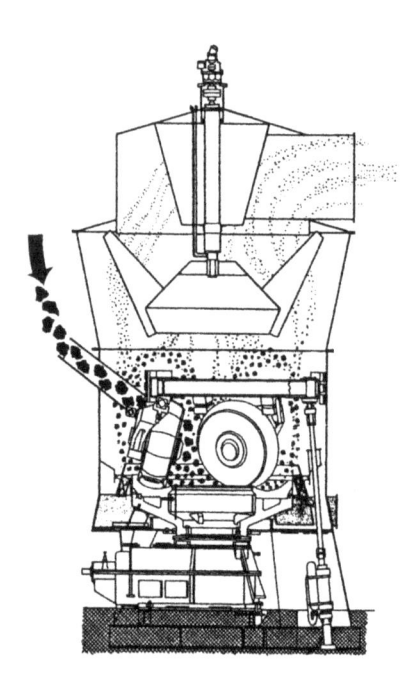

Fig. 4.8 *Roller mill* (moinho de galga)

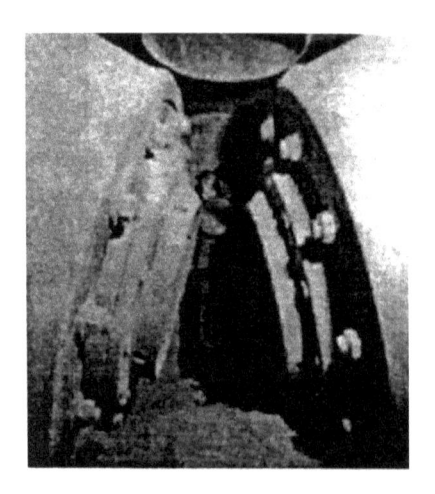

Fig. 4.9 Moinho de galga: câmara de moagem
Fonte: Loesche (s.d.).

mostra a versão mais moderna dos moinhos de galga. A Fig. 4.9 mostra a câmara de moagem de um modelo usado para a moagem de clínquer e dá uma ideia do seu porte. Nesses modelos, as rodas são fixas e a mesa é que se move.

O moinho de galga evoluiu para duas famílias de equipamentos que serão mostradas a seguir.

4.4.2 Moinhos Raymonds

Esses moinhos apresentam uma série de feições características (Verdés, s.d.):

1) A trilha, que era horizontal, tornou-se um anel vertical. As rodas têm eixo aproximadamente vertical e são suspensas como pêndulos por eixos fixos a uma mesa superior, que gira. Com o movimento circular, a força centrífuga comprime as rodas contra a trilha.

2) A alimentação é continuamente dosada no centro da máquina. Uma pá percorre essa região central, à frente das rodas, e lança na trilha o material a ser cominuído.

3) Um fluxo contínuo de ar arrasta as partículas, que deixam a trilha em direção a um

4 Cominuição do carvão 305

classificador pneumático. As partículas abaixo da granulometria desejada são removidas e as maiores retornam para a câmara de moagem.

4) Esse ar pode ser aquecido, de modo que o moinho admite materiais com umidade relativamente elevada.

A Fig. 4.10 mostra um esquema de construção desse equipamento. Ele é extensamente usado na indústria de cimento, cerâmica, de fosfatos e de outros materiais de baixa dureza e pouco abrasivos. A necessidade de abater as poeiras gera instalações bastante complicadas, como a que foi mostrada na Fig. 1.2, logo no início deste volume, que comparava instalações de cominuição a seco e a úmido.

4.4.3 Pulverizador de bolas

Nesse equipamento, as rodas foram substituídas por esferas que rolam sobre uma trilha em meia cana. Elas são pressionadas por uma mesa superior, que gira e força o seu movimento. Essa mesa transmite a pressão que as bolas exercerão sobre o material a ser moído, como mostra a Fig. 4.11.

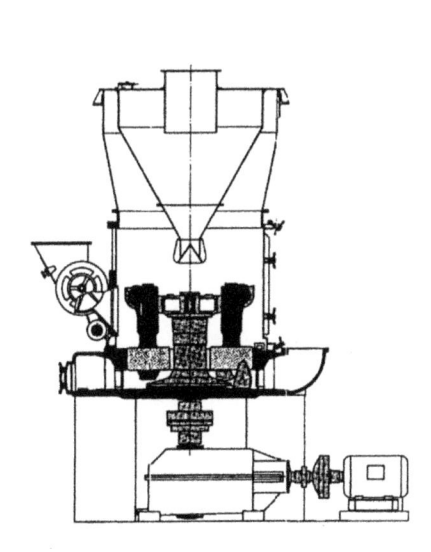

Fig. 4.10 Moinho Raymonds 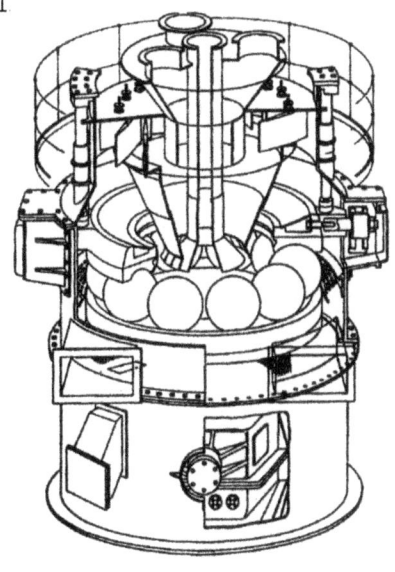 **Fig. 4.11** Pulverizador de bolas
Fonte: Williams (1986).

Exercícios resolvidos

4.1 Plotar as distribuições granulométricas indicadas a seguir, utilizando papel milimetrado, papel monolog, papel log-log, papel log normal e papel de Rosin-Rammler. Qual a função que representará melhor cada distribuição granulométrica?

1a – produto de britador giratório, APA = 6", britagem primária de ROM;
lb – britador giratório secundário, basalto escalpado, APA = 2";
lc – britador cônico em circuito aberto, calcário, APF = 5/8";
1d – idem, circuito fechado;
1e – calcário, moinho de martelos, grelha de 15 mm, 1.100 rpm;
1f – carvão, -4";
1g – carvão, britado a -4" e escalpado em 2".

Porcentagens passantes:

	16"	8"	4"	2"	1"	1/2"	1/4"	1/8"	12#	20#	35#
1a	0	93	60	33	18	10	5,5	–	–	–	
1b	0	0	99,9	74	43	25	14	8	–	–	
1c	0	0	0	0	95	45	19	9	6,5	–	
1d	0	0	0	0	0	75	30	15	8,5	–	
1e	0	0	0	0	100	98	90	65	47	37	
1f	0	0	100	70	34	14,5	5,8	2,7	–	–	
1g	0	0	0	100	34	14,5	5,8	2,7	–	–	

Obs.: Este primeiro exercício deverá ser resolvido pelo leitor.

4.2 Fazer a previsão da distribuição granulométrica do produto de britagem do carvão 1f, a 100% passante em 1".

Solução:

A curva construída no papel de Rosin-Rammler para o exercício anterior mostra que esse carvão obedece muito bem a essa lei.

4 Cominuição do carvão

Qualquer outra distribuição terá, portanto, a mesma inclinação e será representada por uma reta passando pelo ponto pré-fixado, que, no caso, é fornecido pelas coordenadas 100% e 1".

4.3 Se o material do exercício 4.2 for peneirado em 3/4", como ficará a distribuição granulométrica do *undersize*?

Solução:

A curva do material escalpado é a mesma curva, truncada em 3/4".

4.4 50 g de uma amostra de carvão −16+30# foram colocados num moinho Hardgrove para a determinação da sua moabilidade. O carvão havia sido previamente secado ao ar e a amostra não tinha nenhum fino. A máquina tem uma carga de 64 lb, e um contador de revoluções desligou-a após exatas 60 revoluções. A amostra foi cuidadosamente varrida com uma trincha para um recipiente adequado e, depois, peneirada em tela de 200# durante 20 minutos. Pesou-se o material retido na malha 200 (37,45 g) e calculou-se a quantidade W de material passante, por diferença entre o material retido e as 50 g iniciais. Qual é o índice de moabilidade Hardgrove desse carvão?

Solução:

A fórmula fornecida pela norma ASTM D 409 é:

$$HGI = 13 + 6{,}93\, W$$

Sendo $W = 50 - 37{,}45 = 12{,}55$, então:

$$HGI = 13 + 6{,}93 \times 12{,}55 = 100.$$

4.5 Qual é o consumo energético na moagem do carvão indicado no exercício anterior, de 4" ($d_{80} = 2\,½"$) a −1 ¼" ($d_{80} = 10\#$)?

Solução:

O consumo energético é dado pelo *work index* de Bond. A relação entre os dois índices é:

$$WI = \frac{435}{HGI^{0{,}91}}$$

Assim: $WI = 435/(100^{0,91}) = 6,6$ kWh/st.

A potência consumida na moagem é:

$$W = \frac{10WI}{\sqrt{P}} - \frac{10WI}{\sqrt{F}}$$

$F = 2\ \text{½}" = 63.500\ \mu m$
$P = 10\# = 1.680\ \mu m$
Portanto, $W = 1,35$ kWh/st.
Transformando em unidades mais significativas: 2,0 HP/t.

4.6 50 g de uma amostra de carvão −16+30# foram colocados num moinho Hardgrove para a determinação da sua moabilidade. O carvão havia sido previamente secado ao ar e a amostra não tinha nenhum fino. A máquina tem uma carga de 64 lb e um contador de revoluções desligou-a após exatas 60 revoluções. A amostra foi cuidadosamente varrida com uma trincha para um recipiente adequado e, depois, peneirada em tela de 200# durante 20 minutos. Pesou-se o material retido na malha 200 (43,94 g) e calculou-se a quantidade W de material passante, por diferença entre o material retido e as 50 g iniciais. Qual é o índice de moabilidade Hardgrove desse carvão?

Solução:
A fórmula fornecida pela norma ASTM D 409 é:
$$HGI = 13 + 6,93\ W$$
Sendo $W = 50 - 43,94 = 6,06$, então:
$HGI = 13 + 6,93 \times 6,06 = 55$.

4.7 Qual é o consumo energético na moagem do carvão indicado no exercício anterior, de 4" ($d_{80} = 2\ \text{½}"$) a −1/4" ($d_{80} = 10\#$)?

Solução:
O consumo energético é dado pelo *work index* de Bond. A relação entre os dois índices é:

$$WI = \frac{435}{HGI^{0,91}}$$

Assim: $WI = 435/(55^{0,91}) = 11,3$ kWh/st.

A potência consumida na moagem é:

$$W = \frac{10WI}{\sqrt{P}} - \frac{10WI}{\sqrt{F}}$$

$F = 2\ \frac{1}{2}" = 63.500\ \mu m$

$P = 10\# = 1.680\ \mu m$

Portanto, $W = 2,31$ kWh/st.

Transformando em unidades mais significativas: 3,4 HP/t.

4.8 Quais são os consumos energéticos para cominuir esses dois carvões (exercícios 4 e 6), de 1/2" até 10# (ambos os valores se referem a d_{80})?

Solução:

Ao aplicar-se a fórmula $W = \frac{10WI}{\sqrt{P}} - \frac{10WI}{\sqrt{F}}$, com:

$F = 1" = 25.400\ \mu m$,

$P = 10\# = 1.680\ \mu m$, fica:

♦ para $WI = 6,6$ (HGI = 100), $W = 1,8$ HP/t;
♦ para $WI = 11,3$ (HGI = 55), $W = 3,0$ HP/t.

Referências bibliográficas

BOND, F. C. Crushing and grinding calculations. *British Chemical Engineering*, Jan. 1961. (Separata).

BROWN, R. L. Problems of fracture and structure of coal. *Crushing and grinding* – a bibliography. London: Chemical Publishing, 1960.

BURSTLEIN, E. La preparation selective et petrographique des charbons en vue de leur cokegaction. *Chaleur et industrie*, n. 353, p. 351ss; n. 354, p. 14ss, 1954.

CHAVES, A. P. *Estrutura e comportamento dos carvões*. Dissertação (Mestrado) – Escola Politécnica da Universidade de São Paulo, São Paulo, 1972.

CHAVES, A. P. Mineralurgia del carbón. In: CONGRESO LATINOAMERICANO DE MINERALURGIA, 2. Anales... Lima: ALAMI, 1974.

CLAUDIUS PETERS. Grinding plants for minerals. Claudius Peters: catálogo. Hamburgo, [s.d.].

FOREMAN, W. E. Screening. In: LEONARD, J. W. (Ed.). Coal preparation. New York: SME, 1979. ch. 8. p. 8-30.

GOMEZ, M.; HAZEN, F. Prediction of coal grindability from exploration data. Report of Investigation 7421, US Bureau of Mines, Aug. 1970.

HARRISON, J. A. Application of coal petrography to coal preparation. AIME Transactions, p. 346, Dec. 1963.

LOESCHE. Dry grinding plants. Loesche GmbH: catálogo. Dusseldorf, [s.d.].

LOISON, R. et al. Le coke, principes de la fabrication, recherche da la qualité. Paris: Dunod, 1970.

McNALLY PITTSBURGH. McNally coal preparation manual. Pittsburgh: McNally, [s.d.]. p. 133.

NÓVOA, R. V. Estudo das possibilidades de beneficiamento do carvão de Siderópolis a diversos tamanhos máximos de moagem. In: CONGRESSO BRASILEIRO DE METALURGIA, 1968. Anais... (Separata).

PAULO ABIB ENGENHARIA. Tratamento do carvão de Candiota em ciclones classificadores. Relatório 063-0119-11-2102, [s.l.], 1977.

SICKLE, W. H. Fundamental aspects of crushing and grinding. Crushing and grinding - a bibliography. Londres: Chemical Publishing, 1960.

TAGGART, A. F. Handbook of ore dressing. New York: John Wiley & Sons, 1936.

VERDÉS. Molinos pendulares. Verdés Máquinas e Instalações: catálogo. Itu, [s.d.].

WILLIAMS, R. M. Roller mills. *SME minerals processing handbook*. Littleton: SME, 1986.

YANCEY, H. F. Hardness, strength and grindability of coal. *Chemistry of coal utilization*. New York: John Wiley & Sons, 1960. v. 1. p. 145.

5 Moagem fina

Clínquer de cimento portland e concentrado de minério de ferro para pelotização precisam ser moídos a granulometrias extremamente finas. A medida de tamanho passa a ser feita, então, de maneira mais conveniente, pela área específica, razão entre a área das partículas e sua massa, cm^2/g ou blaine. Veja a explicação no primeiro volume desta série. Para as duas substâncias citadas, o significado físico dessa grandeza pode ser entendido da seguinte forma:

- ◆ o cimento vai reagir com a água adicionada à argamassa ou concreto para dar os compostos hidráulicos desejados. Essa reação ocorre de fora para dentro da partícula, através da sua superfície. Se a relação entre o tamanho da superfície (área) e a massa contida não for adequada, a reação química pode demorar mais que o desejado ou mesmo não se completar;
- ◆ na pelotização, duas partículas de hematita ou de magnetita serão unidas pelo filme de água entre elas, isto é, permanecerão unidas enquanto a tensão superficial for capaz de mantê-las unidas. Se uma das partículas tiver massa muito grande em relação à área pela qual está aderida à outra, as duas partículas acabarão se soltando.

Como demonstrado por Charles (ver Fig. 3.26), a moagem ultrafina não obedece mais à lei de Bond, sendo o consumo energético mais fielmente traduzido pela lei de Rittinger.

Por tratar-se de moagens extremamente finas, as moagens de *pellet feed* e de clínquer de cimento Portland em moinhos de bolas são operações muito caras, em razão do consumo de energia e de corpos moedores, e também pelo porte dos equipamentos utilizados, que estão entre os maiores moinhos do mundo (Rabelo et al., 2007). Constata-se, portanto, que os moinhos de bolas são pouco eficientes para esse serviço, havendo necessidade de utilizar outros equipamentos, como moinhos vibratórios, micronizadores e moinhos de carga agitada.

Os próprios Bond e Rowland já haviam percebido essa distorção e introduzido o fator EF5 para tentar corrigir o consumo energético em moagens abaixo de 74 μm. Entretanto, parece muito mais inteligente trabalhar nessas faixas granulométricas segundo a Lei de Rittinger.

Agindo assim, o parâmetro de referência passa a ser a área específica. No primeiro volume desta série, tratamos desse assunto e explicamos que a área específica pode ser medida em [cm^2/cm^3] ou em [cm^2/g], unidade chamada de blaine. Esse parâmetro é muito importante em várias operações industriais, como as duas moagens referidas anteriormente. Por exemplo, a remoagem do concentrado na Samarco é controlada medindo-se dois parâmetros: o valor passante em 0,044 mm (325#) e a área específica medida por permeâmetros Fisher ou Blaine. Na Samarco, os valores típicos são 88% passante em 0,044 mm e blaine 1.650, na remoagem do concentrador de Germano. Na unidade de pelotização em Ubu (ES), o concentrado passa por uma etapa de prensagem de rolos que eleva o blaine em cerca de 400 unidades.

A Fig. 5.1 mostra a relação entre a área específica e o tempo de moagem, em moagens de laboratório, em bateladas. A correlação linear entre a superfície gerada e o tempo de moagem é quase perfeita.

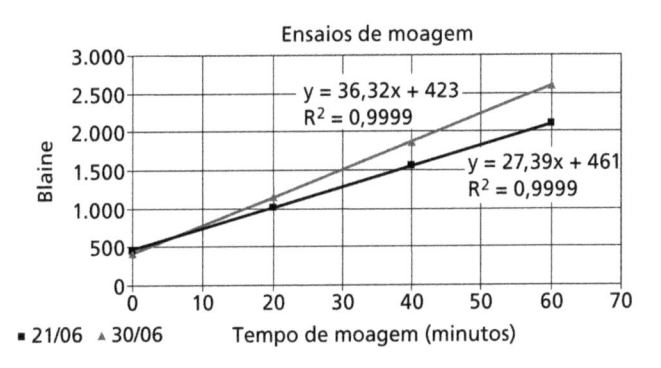

Fig. 5.1 Tempo de moagem em bateladas x área específica
Fonte: Donda (2003).

Notam-se inclinações diferentes para as duas retas. Essas inclinações medem a moabilidade dos materiais. Quanto maior a geração de superfície (cominuibilidade) de um material, maior a inclinação da reta e menores o tempo de moagem e a energia necessários para atingir uma dada área específica no produto, partindo-se de alimentações com áreas específicas equivalentes.

A Samarco utiliza, então, o quociente (área específica/energia) para quantificar a sua moagem. Esse índice foi utilizado no dimensionamento dos moinhos de remoagem do Concentrador de Germano, em 1974, por Grandy (1974). A base do dimensionamento foi o índice Δblaine/ΔkWh/t, que é a inclinação da reta.

Na Fig. 5.2 são apresentados os dados de um ensaio de laboratório padronizado por Donda (2003), efetuado em um moinho de 0,25 × 0,25 m.

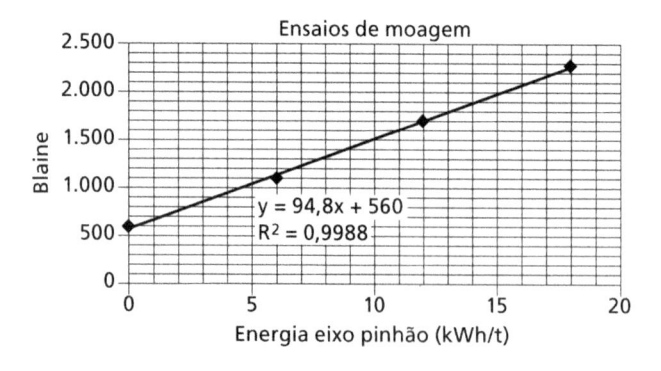

Fig. 5.2 Resultado de ensaio padronizado em moinho 0,25 x 0,25 m

Os dados da regressão linear mostram que o índice BSA/kWh/t é de 94,8 $(cm^2/g)/(kWh/t)$. Esse índice pode ser calculado com dados industriais, dispondo-se do consumo específico de energia e do blaine do produto e da alimentação. BSA significa *blaine surface area*.

No caso de minérios de ferro, diferentes minerais têm comportamentos diferentes. Mourão e Stegmiller (1990) apresentam um índice de geração de superfície para diferentes minérios da CVRD. Na Fig. 5.3 é apresentado o efeito do percentual de hematita especular

5 Moagem fina 315

Estudo feito com amostras da Samarco de
diferentes percentuais de hematita especular

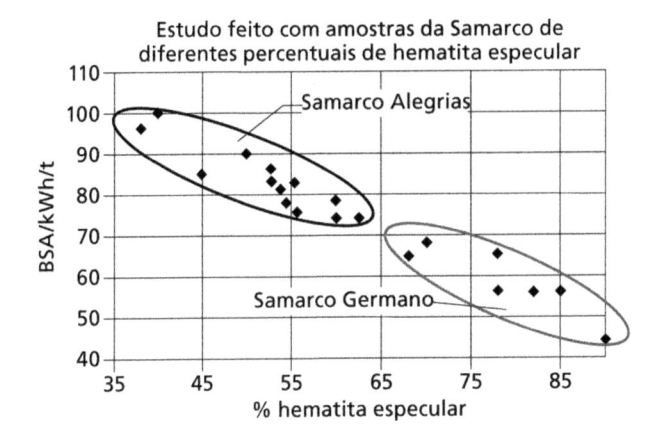

Fig. 5.3 Ensaios de laboratório - efeito da mineralogia

para os minérios da Samarco. A figura mostra como o índice reflete o comportamento dos minérios de diferentes minas.

A composição mineralógica básica dos concentrados produzidos pela Samarco é hematita especular, martita e goethita, com pequena fração de quartzo e magnetita. Com o aumento do percentual de hematita especular, naturalmente há um decréscimo nos percentuais de martita e goethita. A hematita especular apresenta menor geração de ultrafinos/superfície. Isso significa que, para o mesmo blaine na alimentação e no produto, podemos ter consumos específicos de energia maiores e produtividades de moinhos menores.

Esse tipo de informação é muito importante, pois permite discriminar entre efeitos decorrentes dos diferentes minérios alimentados e de outros fatores. Atualmente são lavradas as minas de Alegria 6, Alegria 3, 4 e 5 e Alegria 8 e 9, em Minas Gerais. O percentual de hematita especular é diferente para cada uma das minas.

Extrema importância tem a relação entre o índice encontrado em laboratório e o industrial. Na Tab. 5.1 são apresentados dados de laboratório e industriais. Os índices BSA/kWh/t das moagens em laboratório foram calculados por meio de regressão linear das retas obtidas em diferentes energias aplicadas, e o índice industrial foi calculado por meio do consumo específico de energia medido industrialmente

Tab. 5.1 Comparação do índice BSA/kWh/t obtido em laboratório com o obtido industrialmente

Referência	BSA/kWh/t		(1) ÷ (2)
	Laboratório (1)	Industrial (2)	
27/11/2001	94	95	0,99
07/12/2001	92	83	1,10
16/1/2002	91	83	1,10
24/1/2002	78	80	0,97
29/1/2002	82	92	0,89
Jun. 2002	97	92	1,05
Jul. 2002	96	107	0,90
Ago. 2002	94	104	0,90
Set. 2002	89	95	0,93
Out. 2002	95	100	0,95
Nov. 2002	92	98	0,94
Dez. 2002	95	102	0,93
Médias	91	94	0,97

e a diferença do blaine do produto e da alimentação. As amostras moídas em laboratório foram compostos obtidos de amostragens no mesmo período em que os dados industriais foram levantados. Estão apresentados dados de amostragens horárias e compostos mensais.

Os desvios obtidos pontualmente são da ordem de 10%, com aproximação muito boa para as médias. Aproximações como essas são mais que suficientes para comprovar que a aplicação da lei de Rittinger é uma excelente ferramenta. É desnecessário mencionar o que é possível realizar em uma operação de moagem com informações como essas, em que se transita com segurança de escala de laboratório para uma operação industrial e vice-versa.

Perguntas que naturalmente surgem: a linearidade permaneceria até quais valores? Poderia haver mudança nesse comportamento? Para responder a essas perguntas, foram realizadas moagens em laboratório buscando valores altos de área específica (Donda, 2003). Na Fig. 5.4 estão

Ensaios em laboratório ajuste polinomial

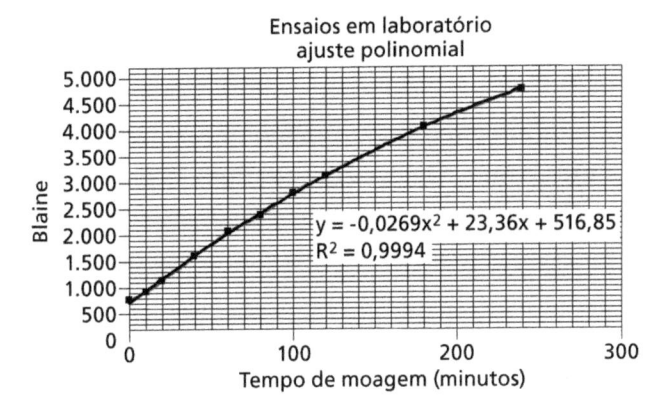

$y = -0,0269x^2 + 23,36x + 516,85$
$R^2 = 0,9994$

Eixo Y: Blaine (0 a 5.000)
Eixo X: Tempo de moagem (minutos) (0 a 300)

Fig. 5.4 Ajuste polinomial

plotados os dados de blaine x tempo de moagem para vários tempos de moagem. Como se pode observar, as moagens foram estendidas a valores muito superiores àqueles normalmente praticados. Na moagem de 240 minutos, a área específica é e 4.565 blaines. Visualmente, observa-se linearidade até valores da ordem de 3.000 blaines. Após esse valor, a geração de superfície decresce. Verifica-se um ajuste polinomial de segundo grau bastante razoável.

5.1 Remoagem em moinhos com carga agitada por impelidores[1]

De acordo com o tipo de moagem, se mais fina ou mais grossa, diferentes tipos de moinho serão mais adequados ou menos adequados. Nesse sentido, é importante entender o funcionamento e os potenciais benefícios gerados por um tipo de moinho ainda pouco estudado na literatura especializada, que é o moinho com carga agitada por impelidor. Neste capítulo serão apresentadas características básicas dessa tecnologia, mais especificamente do Vertimill, a marca de moinho predominante no Brasil nessa categoria.

---

1. A autoria da presente seção é de Maurício Guimarães Bergerman.

O consumo energético de moinhos de bolas convencionais (ou tubulares) aumenta significativamente para moagens abaixo de 75 μm. Otimizações podem ser implementadas aos moinhos tubulares, de forma a melhorar sua eficiência energética, como a utilização de moinhos multicâmaras, nos quais os corpos moedores podem ser ajustados ao tamanho do material ou com o uso de classificadores (Wellenkamp, 1999). De qualquer forma, esses moinhos tendem a tornar-se não econômicos para moagens finas. Wellenkamp (1999) defende que, mesmo com corpos moedores adequados, não é possível provocar energia suficiente para altas taxas de quebra de partículas finas, sendo esse o motivo de tais equipamentos serem raras vezes empregados na moagem ultrafina de minerais. Nesse contexto, o uso de moinhos com carga agitada por impelidores tem contribuído, nos últimos anos, para a viabilidade de projetos que necessitem moagens mais finas (Jankovic, 2003). A Fig. 5.5 ilustra o consumo energético das duas tecnologias nos diferentes estágios de moagem.

Ao contrário dos moinhos tubulares, nos quais a rotação do corpo cilíndrico imprime movimento aos corpos moedores, nos moinhos agitados por impelidor a movimentação da carga é imposta por "agitadores"

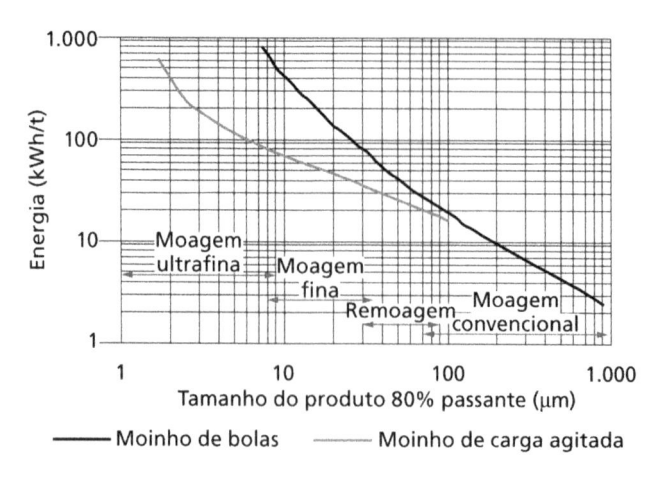

Fig. 5.5 Consumo de energia em diferentes estágios de moagem
Fonte: adaptado de Jankovic (2003).

internos ao corpo do moinho, enquanto a parte cilíndrica não se move. Por esse motivo, esses equipamentos são chamados de moinhos de carga agitada por impelidores (em inglês, o termo utilizado é *stirred mills*).

Segundo Napier-Munn (1999), os primeiros moinhos de carga agitada por impelidores eram chamados de atritores e aplicados mais à limpeza superficial de partículas do que à cominuição propriamente dita. No entanto, com a necessidade de moagens cada vez mais finas, esses equipamentos passaram a ser uma boa opção para a obtenção de produtos mais finos com menores consumos energéticos.

Segundo Lichter e Davey (2006), os moinhos com carga agitada por impelidor operam, em geral, com uma alimentação entre 300 e 50 μm, podendo chegar a até 6 mm, e produtos na faixa de 50 a 5 μm. Eles podem ser classificados em diferentes subcategorias, conforme sua velocidade de agitação da carga, sua geometria e sua orientação do eixo de agitação da carga (horizontal ou vertical).

Existem duas classes principais de moinhos nessa categoria. A primeira categoria inclui os Tower Mills, Vertimills e Pin Mills, nos quais o eixo agita os corpos moedores com velocidade menor. A segunda categoria de moinhos, que inclui o Stirred Media Detritor e o Isamill, opera com corpos moedores mais finos e a velocidade do eixo é rápida o suficiente para fluidizar os corpos moedores. Em geral, os moinhos do grupo do Vertimill, por utilizarem corpos moedores maiores, são mais adequados para alimentações um pouco mais grosseiras e minérios com maior dureza. Os moinhos do grupo do Isamill, por sua vez, são mais adequados para moagens ultrafinas com alimentações finas. Segundo Lichter e Davey (2006), o principal fator para a correta operação de cada tecnologia reside na escolha dos corpos moedores de tamanhos adequados.

5.1.1 Vertimill ou Tower Mill

No Brasil, o moinho de carga agitada por impelidores que tem mais significativo número de unidades em operação é o Vertimill, razão pela qual será feita uma descrição mais detalhada dessa família de equipamentos. Em termos industriais, além do Vertimill, fornecido pela empresa Metso, o fabricante Nippon Eirich Co. comercializa o Tower Mill, cujos funcionamento e estrutura interna são similares aos do Vertimill.

Conforme ilustrado pela Fig. 5.6, no Vertimill o material a ser cominuído é alimentado na porção inferior do moinho, por uma bomba de polpa, formando um fluxo ascendente de polpa. As partículas mais finas seguem o fluxo ascendente e são descarregadas do moinho, enquanto as mais grossas permanecem na região onde se encontram os corpos moedores. Estes são levantados pela rosca e caem pela sua lateral, junto ao espaço livre com o revestimento, permanecendo na parte inferior do moinho. A polpa que é descarregada do moinho passa por um classificador interno, no qual os grossos retornam à bomba de alimentação do moinho e a fração fina pode seguir para a etapa seguinte, usualmente um estágio adicional de classificação em ciclones.

Os revestimentos internos podem ser construídos de placas metálicas ou de borracha. Em geral, a frequência típica de troca dos revestimentos é de seis meses a um ano (Menacho; Reyes, 1987). Nesses moinhos, os corpos moedores tendem a formar uma camada de proteção dos revestimentos, contribuindo para a maior duração destes. Alguns fabricantes possuem um revestimento magnético que contribui para a formação dessa camada protetora. Esses equipamentos normalmente operam com corpos moedores entre 40 e 6 mm, e as potências instaladas variam de 15 a 3.000 HP.

Nesse tipo de equipamento, a rosca gira a velocidades relativamente baixas, em comparação aos moinhos de carga agitada com carga fluidizada. Segundo Napier-Munn (1999), os moinhos de carga agitada por impelidores são, em geral, aplicados para a faixa mais grossa da moagem fina. Ele atribui isso à limitação imposta pelo projeto da rosca na velocidade de rotação. Em razão do seu efeito de levantamento da carga, velocidades de rotação muito altas podem provocar um levantamento excessivo da carga em vez da sua agitação, que é necessária para a moagem mais fina. A velocidade também tem de ser adequada

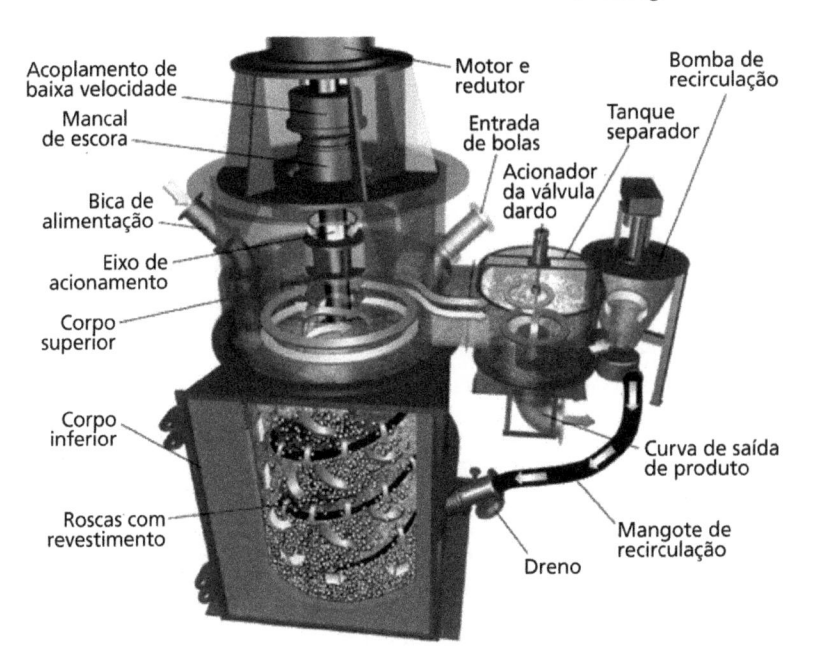

Fig. 5.6 Ilustração de um Vertimill
Fonte: Metso (2005).

para impor movimento às bolas. No caso de bolas muito pequenas, essa velocidade tem de ser substancialmente mais alta que a imposta pelo moinho vertical. Ao mesmo tempo, para bolas maiores, deve-se tomar cuidado com velocidades altas, pois pode ocorrer centrifugação.

Napier-Munn (1999) recomenda que a velocidade seja ajustada de forma que a camada externa de bolas fique quase estacionária, o que garantiria um mínimo desgaste nas paredes do moinho, com a moagem ocorrendo no interior da carga. Além disso, afirma que o mecanismo de quebra no moinho de carga agitada por impelidor é por atrição, em função do movimento imposto pela espiral interna aos corpos moedores.

Apesar de terem custo mais alto que os moinhos de bolas convencionais, os custos com obras civis para implantação de moinhos de carga agitada por impelidores é menor. A literatura também indica ganhos operacionais, como menores gastos com corpos moedores e revestimentos, além de possuírem alta disponibilidade, produzirem menos ruído e serem mais seguros de operar, por não possuírem partes móveis. Além desses benefícios, em sua faixa ótima de aplicação, os ganhos de consumo de energia que podem ser auferidos, se comparados à moagem de bolas convencional, são da ordem de 30% a 40% (Knorr; Allen, 2010; Menacho; Reyes, 1987; Pena, 1990).

Atualmente existem 30 Vertimills em operação ou em plantas que se encontram em construção no Brasil, nos seguintes locais:
- mina de cobre do Sossego/Vale (Pará);
- mina de cobre Salobo/Vale (Pará);
- mina de cobre Chapada/Yamana Gold (Goiás);
- mina de cobre Caraíba/Mineração Caraíba (Bahia);
- mina de ouro RPM/Kinross (Minas Gerais);
- mina de ferro do Germano/Samarco (Minas Gerais);
- minas de ferro projeto Rio Minas/Anglo American (Minas Gerais).

Por fim, podemos destacar que a tecnologia de moagem de minérios em moinhos de carga agitada passou a ser usada para altas vazões de processamento apenas nas duas últimas décadas, em função do desenvolvimento de equipamentos com potências superiores a 1.000 HP. A Fig. 5.7 mostra a potência instalada de Vertimills no mundo, ilustrando essa tendência. Dessa forma, trata-se de tecnologia que ainda merece estudos, principalmente na indústria mineral brasileira.

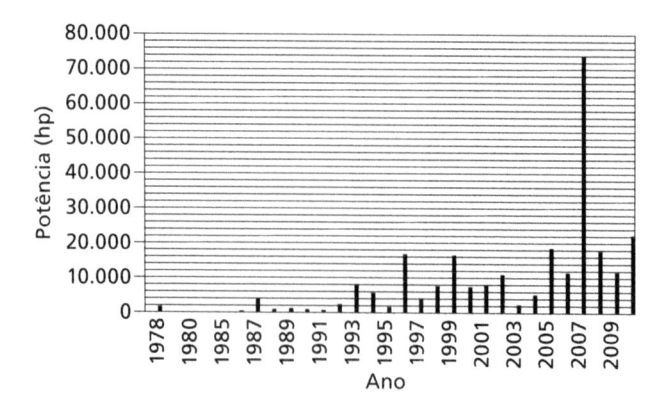

Fig. 5.7 Potência instalada de Vertimills no mundo, por ano de venda do equipamento

Referências bibliográficas

DONDA, J. D. *Um método para prever o consumo específico de energia na (re)moagem de concentrados de minérios de ferro em moinhos de bolas*. Tese (Doutorado) – CPGEM/UFMG, Belo Horizonte, 2003.

GRANDY, G. A. Samarco secondary mill capacity. *Bechtel Inter-office Correspondence*, May 10, 1974.

JANKOVIC, A. Variables affecting the fine grinding of minerals using stirred mills. *Minerals Engineering*, v. 16, p. 337-345, 2003.

KNORR, B. R.; ALLEN, J. Selection criteria of stirred milling technology. In: COMMINUTION' 10, 2010, Cape Town. *Proceedings*... Cape Town: MEI, 2010.

LICHTER, J. K. H.; DAVEY, G. Selection and sizing of ultrafine and stired grinding mills. In: KAWATRA, K. *Advances in comminution*. Colorado: SME, 2006. p. 69-85.

MENACHO, J. M.; REYES, J. M. El molino de torre como alternativa en la remolienda de concentrados de cobre. In: V SIMPOSIUM SOBRE MOLIENDA, 1987, Viña del Mar. *Proceedings*... Viña del Mar: Armco, 1987.

METSO MINERALS. *Manual de britagem*. Sorocaba: Metso, 2005.

MOURÃO, J. M.; STEGMILLER, L. Influência da estrutura dos minérios de ferro na sua moabilidade. In: XIV ENCONTRO NACIONAL DE TRATAMENTO DE MINÉRIOS E HIDROMETALURGIA, Salvador. *Anais*... São Paulo: Associação Brasileira de Metais, 1990. v. 1. p. 228-243.

NAPIER-MUNN, T. J. et al. *Mineral comminution circuits: their operation and optimization* (JKMRC Monograph Series in Mining and Mineral Processing). Indoorroopilly: Julius Kruttschnitt Mineral Research Centre/University of Queensland, 1999.

PENA, F. Update on Vertimills for the mining industry. In: VI SIMPOSIUM SOBRE MOLIENDA, 1990, Viña del Mar. *Proceedings...* Viña del Mar: Armco, 1990.

RABELO, J. B.; DONDA, J. D.; PERES, A. E. C.; CHAVES, A. P. Rittinger, 140 anos depois - uma demonstração de sua aplicação a uma instalação industrial. *Metalurgia e Materiais* (caderno técnico), v. 63, p. 463-466, set. 2007.

WELLENKAMP, F. J. *Moagem fina e ultrafina de minerais industriais:* uma revisão. Rio de Janeiro: CETEM/MCT, 1999. (Série Tecnologia Mineral, 75).